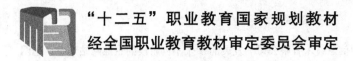

"十二五"职业教育国家规划教材
经全国职业教育教材审定委员会审定

普通高等职业教育计算机系列规划教材

网页设计与制作
（第 2 版）

黄 颖 郑代富 主 编

电子工业出版社
Publishing House of Electronics Industry
北京·BEIJING

内 容 简 介

本书共分 3 个学习情境，分别从"科源信息技术有限公司"发展的 3 个不同阶段的企业网站形态，把网页设计与制作、网络营销策划与分析、网站版面与色彩运用、网站运营与推广等知识和技能融入 3 个渐进的学习情境中。每个学习情境都呈现了一个完整的网站建设过程，将学习目标和工作目标有机地结合在一起，充分体现了"学习的内容是工作"、"通过工作来学习"的新职业教育理念，为未来的工作起到了良好的引领和示范作用。

本书适合作为全国各职业院校和培训机构的网页设计与制作、网站建设的专业基础教材，也可以作为网络营销策划师、网站优化工程师、网站运营工程师、网站编辑维护人员、网站美工师、网站开发人员等电子商务应用与服务岗位的从业人员的参考资料，还可供自学者学习使用。

未经许可，不得以任何方式复制或抄袭本书之部分或全部内容。
版权所有，侵权必究。

图书在版编目（CIP）数据

网页设计与制作 / 黄颖，郑代富主编．—2 版．—北京：电子工业出版社，2015.7
"十二五"职业教育国家规划教材

ISBN 978-7-121-24196-3

Ⅰ.①网… Ⅱ.①黄… ②郑… Ⅲ.①网页制作工具—高等职业教育—教材 Ⅳ.①TP393.092

中国版本图书馆 CIP 数据核字（2014）第 198905 号

策划编辑：徐建军（xujj@phei.com.cn）
责任编辑：郝黎明
印　　刷：北京京华虎彩印刷有限公司
装　　订：北京京华虎彩印刷有限公司
出版发行：电子工业出版社
　　　　　北京市海淀区万寿路 173 信箱　邮编 100036
开　　本：787×1 092　1/16　印张：18.5　字数：473.6 千字
版　　次：2010 年 9 月第 1 版
　　　　　2015 年 7 月第 2 版
印　　次：2018 年 2 月第 3 次印刷
定　　价：38.00 元

凡所购买电子工业出版社图书有缺损问题，请向购买书店调换。若书店售缺，请与本社发行部联系，联系及邮购电话：（010）88254888，88258888。
质量投诉请发邮件至 zlts@phei.com.cn，盗版侵权举报请发邮件至 dbqq@phei.com.cn。
本书咨询联系方式：（010）88254570。

前　言

编者对商务网站在营销、策划、开发、美化、优化、运营、维护等相关岗位所需的知识和技能进行了分析，按照"学习的内容是工作"、"通过工作来学习"的职业教育理念，结合课程建设的实践经验编写了本书。本书共分 3 个学习情境，分别对应"科源信息技术有限公司"发展的 3 个不同阶段的企业网站形态，从初期企业的形象宣传网站，到企业客户服务网站，最后到移动商务网站。根据 3 个阶段所对应的网站自然地形成 3 个渐进的学习情境，在网站建设的过程中把网页设计与制作、网络营销策划与分析、网站版面与色彩运用、网站运营与推广等知识和技能融入到学习情境中。每个学习情境都是一个完整的网站建设过程，遵循"学习的过程就是工作的过程"的教学要求，力图为今后的工作起到示范和引领作用。

1. 本书内容

（1）学习情境 1：科源公司形象宣传网站。在网站建设过程中突出以"信息发布为主"的网络品牌推广目标，实现简单信息发布的宣传网站。在网页设计与制作上主要体现网页结构布局认知、色彩认知、图像和动画的认知，以及 Photoshop、Dreamweaver、HTML、CSS、DIV+CSS 网页布局、网页外观和兼容性的测试等技术。

（2）学习情境 2：科源公司客户服务网站。在网站建设过程中突出以"客户服务为主"的客户关系维护目标，实现基本信息反馈和调查的网站。在网页设计与制作中除了延展学习情境 1 的知识和技术外，还新增了版式设计、字体与导航设计、色彩搭配设计、jQuery、PHP+MySQL、PHP 程序与数据库测试等技术。

（3）学习情境 3：科源公司移动商务网站。在网站建设过程中突出以"移动商务为主"的整合营销目标，实现移动互联网的网站。在设计与制作上主要体现移动手机网站主题、风格、创意的设计，HTML5、CSS3、移动手机网站的制作与兼容性测试等技术。

2. 本书体例结构

每个学习情境均按网站建设的完整过程分成 4 个工作任务，任务间自然衔接、紧紧相扣，又相互独立，各自功能明确，充分体现工作过程系统化的职业工作特点，如下图所示。

在本书内容的组织中，编者将理论指导与实践应用自然融合，充分考虑教学过程中"教与学"的互动，配合行动导向教学法的实施，如下图所示。

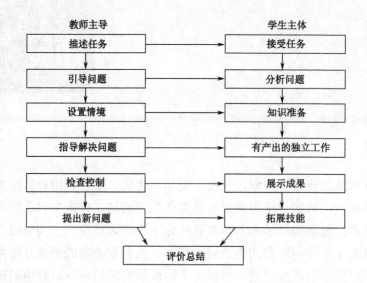

3．本书特色

（1）能力导向：本书内容源于真实化的企业案例，有利于培养学习者形成"理实"一体的实践意识，增强知识技能的应用能力。

（2）工作导向：学习内容融入系统化的工作过程，有利于培养学习者形成"工学"一体的职业意识，增强职业岗位的适应能力。

（3）行动导向：本书用例采用过程化的组织结构，有利于培养学习者形成"学做"一体的学习意识，增强终身学习的自学能力。

本书由黄颖、郑代富共同策划并担任主编，蒲茜、李冰、舒泳涛、张莉、严珩、李伟参加了编写。在本书内容的编写过程中，编者得到了成都诺亚信息产业有限公司总经理刘刚和技术总监湛军的大力支持，在此表示衷心的感谢。

为了方便教师教学，本书配有电子教学课件，请有此需要的教师登录华信教育资源网（www.hxedu.com.cn）注册后免费下载，如有问题可在网站留言板留言或与电子工业出版社联系（E-mail：hxedu@phei.com.cn），也可以与编者联系（E-mail：keyuan94@126.com）。

由于编者对基于工作过程系统化的学习情境式的教学仍处于经验积累和改进优化过程中，同时，由于编者实践经验和理论水平有限，加之时间仓促，书中难免存在疏漏和不足之处，希望使用本书的专家和读者给予批评和指正。

编　者

目 录

学习情境 1　科源公司形象宣传网站

工作任务 1　策划形象宣传网站 ··· 2

1.1　形象宣传网站目标 ··· 2
　　1.1.1　网络营销目标 ·· 2
　　1.1.2　定位受众人群 ·· 3
　　1.1.3　网站定位 ··· 3
1.2　网站技术方案 ·· 4
　　1.2.1　网页技术 ··· 4
　　1.2.2　域名 ·· 5
　　1.2.3　网站空间 ··· 7
1.3　网站推广策略 ·· 8
1.4　素材收集与加工 ··· 9
1.5　进度计划 ··· 9

工作任务 2　设计形象宣传网站 ·· 11

2.1　网站界面设计原则 ··· 11
　　2.1.1　网站 CIS 设计 ·· 11
　　2.1.2　网页版面设计 ·· 14
　　2.1.3　交互设计 ·· 17
　　2.1.4　选择设计软件 ·· 19
2.2　形象宣传网站的界面设计 ·· 19
　　2.2.1　形象宣传网站的 CIS 设计 ··· 19
　　2.2.2　形象宣传网站的网页版面设计 ·· 21
　　2.2.3　交互设计 ·· 22
2.3　形象宣传网站的图像和多媒体素材制作 ···································· 23
　　2.3.1　公司标识制作 ·· 24
　　2.3.2　整理加工和绘制素材 ··· 29
　　2.3.3　制作动态广告条 banner 和 banner-sub ····························· 33
2.4　形象宣传网站的界面制作 ·· 37
　　2.4.1　绘制欢迎引导页 ··· 37
　　2.4.2　绘制首页 ·· 41
　　2.4.3　绘制次级页面 ·· 53

工作任务 3　制作形象宣传网站 ··· 58

3.1　网站页面制作准备 ··· 58
3.1.1　HTML 技术 ··· 58
3.1.2　Web 标准 ··· 62
3.1.3　HTML 标记和属性 ··· 63
3.1.4　CSS 技术 ··· 73
3.1.5　DIV+CSS 网页布局技术 ··· 79

3.2　网站页面制作 ··· 84
3.2.1　网站目录结构设计 ··· 84
3.2.2　Dreamweaver 建立站点 ··· 85
3.2.3　欢迎引导页面的制作 ··· 91
3.2.4　网站首页和次级页面的 DIV+CSS 技术的布局设计 ··· 95
3.2.5　首页制作 ··· 102
3.2.6　公司介绍页面制作 ··· 109
3.2.7　其他次级页面制作 ··· 110
3.2.8　浮动框架技术的新闻动态模块制作 ··· 111
3.2.9　表格技术的产品服务模块制作 ··· 112
3.2.10　框架技术的维修服务模块制作 ··· 113
3.2.11　首页中超链接的设置 ··· 116

3.3　网站测试 ··· 119
3.3.1　应用 Dreamweaver 的超链接、标签、兼容性测试 ··· 119
3.3.2　本地访问测试网站的超链接、兼容性外观测试 ··· 121

工作任务 4　运营形象宣传网站 ··· 123

4.1　网站发布 ··· 123
4.1.1　申请网站空间 ··· 123
4.1.2　网站备案 ··· 124
4.1.3　使用 Dreamweaver 上传网站 ··· 125
4.1.4　W3C 验证 ··· 126

4.2　网站推广 ··· 127
4.2.1　免费的搜索引擎 ··· 127
4.2.2　竞价排名 ··· 128
4.2.3　共享软件推广 ··· 129
4.2.4　策划线下推广活动 ··· 130

4.3　网站维护 ··· 130
4.3.1　网站空间和域名的维护 ··· 130
4.3.2　网站内容的更新维护 ··· 130

学习情境 2　科源公司客户服务网站

工作任务 5　策划客户服务网站 ·· 133

5.1　客户服务网站目标 ··· 133
    5.1.1　网络营销目标 ··· 133
    5.1.2　定位受众人群 ··· 134
    5.1.3　网站定位 ·· 134
5.2　网站技术方案 ·· 135
5.3　网站推广策略 ·· 136
    5.3.1　关键字优化策略 ·· 136
    5.3.2　实施网站优化与搜索引擎优化 ·· 138
5.4　素材收集与加工 ··· 138
5.5　进度安排 ··· 139

工作任务 6　设计客户服务网站 ·· 141

6.1　网站设计技巧 ·· 141
    6.1.1　网站整体设计技巧 ··· 141
    6.1.2　色彩设计技巧 ··· 142
    6.1.3　字体设计技巧 ··· 143
    6.1.4　导航设计 ·· 146
6.2　客户服务网站的界面设计 ··· 148
    6.2.1　形象宣传网站的 CIS 设计 ·· 148
    6.2.2　客户服务网站的网页版面设计 ·· 148
    6.2.3　交互设计 ·· 149
6.3　客户服务网站的图像和多媒体素材制作 ······································· 150
    6.3.1　收集整理素材和资料文件 ·· 150
    6.3.2　制作通用页面图像 ··· 150
    6.3.3　制作次级页面图像 ··· 156
    6.3.4　制作多媒体动画 ·· 159

工作任务 7　制作客户服务网站 ·· 169

7.1　养成利于搜索引擎优化的编码习惯 ·· 169
    7.1.1　网站结构设计 ··· 169
    7.1.2　网页结构设计 ··· 170
    7.1.3　网页代码设计 ··· 170
7.2　网站网页制作 ·· 171
    7.2.1　建立网站站点 ··· 171
    7.2.2　网站页面的布局设计 ·· 172
    7.2.3　首页制作 ·· 173

7.2.4 使用 Dreamweaver 的模板创建次级页面 ················ 180
7.3 jQuery 特效添加 ················ 186
  7.3.1 jQuery 技术 ················ 186
  7.3.2 jQuery 的日期显示 ················ 187
  7.3.3 jQuery 的 Flash 外部链接 ················ 187
  7.3.4 jQuery 的折叠菜单 ················ 188
  7.3.5 jQuery 的选项卡 ················ 189
7.4 论坛制作 ················ 190
  7.4.1 PHP 动态网站技术和 MySQL 数据库技术 ················ 190
  7.4.2 搭建 PHP+MySQL 的动态网站开发环境 ················ 191
  7.4.3 Dreamweaver 配置动态站点 ················ 193
  7.4.4 科源社区论坛功能描述 ················ 194
  7.4.5 创建论坛页面 ················ 195
  7.4.6 创建 MySQL 论坛数据库 ················ 197
  7.4.7 连接论坛数据库 ················ 200
  7.4.8 开发论坛各功能 ················ 200
7.5 网站测试 ················ 209
  7.5.1 本地站点测试 ················ 209
  7.5.2 局域网站点测试 ················ 212

工作任务 8 运营客户服务网站 ················ 214

8.1 网站发布 ················ 214
  8.1.1 虚拟服务器选择技巧 ················ 214
  8.1.2 申请动态网站空间 ················ 215
  8.1.3 工信部网站重新备案 ················ 216
  8.1.4 绑定域名与空间 ················ 216
  8.1.5 数据库配置 ················ 217
  8.1.6 使用 FTP 上传网站 ················ 219
8.2 网站推广 ················ 219
  8.2.1 搜索引擎优化工具应用 ················ 219
  8.2.2 软文推广 ················ 221
  8.2.3 社区论坛 ················ 222
  8.2.4 许可 E-mail 营销 ················ 222
  8.2.5 线下宣传 ················ 222
8.3 网站维护 ················ 223
  8.3.1 网站内容的更新维护 ················ 223
  8.3.2 数据库备份 ················ 223

目 录

学习情境 3 　科源公司移动商务网站

工作任务 9　策划移动商务网站 ·· 225
 9.1　移动商务网站目标 ·· 225
  9.1.1　网络营销目标 ·· 225
  9.1.2　定位受众人群 ·· 226
  9.1.3　网站定位 ·· 226
 9.2　网站技术方案 ·· 227
 9.3　网站推广策略 ·· 229
 9.4　素材收集与加工 ·· 229
 9.5　进度安排 ·· 230

工作任务 10　设计移动商务网站 ·· 232
 10.1　面向移动设备的网站设计 ·· 232
  10.1.1　移动设备端设计原则 ·· 232
  10.1.2　移动设备端导航 ·· 233
 10.2　移动商务网站的界面设计 ·· 233
  10.2.1　移动商务网站的 CIS 设计 ·· 233
  10.2.2　客户服务网站的网页版面设计 ···································· 234
 10.3　移动商务网站的图像和多媒体素材制作 ···································· 236
  10.3.1　PC 端网站界面制作 ·· 236
  10.3.2　移动端的网站界面制作 ·· 240

工作任务 11　制作移动商务网站 ·· 244
 11.1　网站页面制作准备 ·· 244
  11.1.1　HTML 5 语义标记 ·· 244
  11.1.2　使浏览器支持 HTML 5 ·· 245
  11.1.3　CSS 3 技术的使用选择 ·· 247
  11.1.4　配置 PC 端和移动端的开发环境 ···································· 248
 11.2　PC 端网站页面制作 ·· 249
  11.2.1　PC 端网页布局分析 ·· 249
  11.2.2　兼容性的选择 ·· 251
  11.2.3　首页制作 ·· 253
  11.2.4　次级页面制作 ·· 259
 11.3　移动端网站页面制作 ·· 260
  11.3.1　移动端网页布局分析 ·· 260
  11.3.2　制作<header>区域 ·· 262
  11.3.3　制作<nav>区域 ·· 265
  11.3.4　制作<article>区域 ·· 268

11.3.5 制作\<aside\>区域 ·················· 268
11.3.6 制作\<footer\>区域 ·················· 269
11.3.7 移动端检测 ·················· 270
11.4 网站测试 ·················· 271

工作任务 12 运营移动商务网站 ·················· 273

12.1 发布网站 ·················· 273
  12.1.1 自建 Web 服务器 ·················· 273
  12.1.2 安装配置服务器 ·················· 276
  12.1.3 发布网站 ·················· 278
12.2 网站推广 ·················· 278
  12.2.1 监控网站的访问量 ·················· 278
  12.2.2 应用外部链接 ·················· 279
  12.2.3 精准网络营销 ·················· 280
  12.2.4 "病毒"营销 ·················· 280
  12.2.5 应用线下商业推广 ·················· 280
  12.2.6 客户吸引与维护 ·················· 281
12.3 网站维护 ·················· 281
  12.3.1 自建服务器维护 ·················· 281
  12.3.2 域名和备案维护 ·················· 282
  12.3.3 网站内容的更新维护 ·················· 282
  12.3.4 网站安全 ·················· 282

学习情境 1

科源公司形象宣传网站

引言

科源信息技术有限公司成立于 2006 年,是一家微型 IT 公司,主要从事计算机销售、软硬件维修、信息系统集成等。作为立志于以技术服务为核心的 IT 服务商,科源信息技术有限公司以"客户至上"为核心发展思想,建立了一套严格、规范、行之有效的服务管理方法和成熟的管理制度。

"无忧服务,客户至上"是公司长期的服务理念。公司拥有专业、诚信的服务团队,灵活、周到的服务模式和完善、规范的质保承诺,全方位保证企业和家庭计算机系统稳定、安全、高效运转。公司将坚持"客户导向、服务为本"的策略,专注于在信息技术领域开拓发展成企业、政府、家庭信息化的推动者和服务者;秉承"和谐、创新"的企业文化,与客户和合作伙伴齐心协力一起成长、共同发展。

公司提供专业的服务项目有:计算机维护、网络调试、显示器及打印机维修、计算机整机、外部设备、网络通信设备、多媒体设备、数码产品、软件及耗材批发与零售。目前公司经营业务有:联想全系列产品(联想家用计算机系列产品,联想商用计算机产品)及联想服务器、打印外设等办公设备。

公司使命:为客户提供信息类产品和专业化服务。
公司理念:诚信、协同、创新。
　　　　　诚信是公司的立身之本。
　　　　　协同是公司的生存之道。
　　　　　创新是公司的发展之源。
公司精神:在和谐的环境中,使公司与员工同步成长。
公司愿景:与客户共赢,与时代共进,与社会共担。
公司电话:(+86)088-88888888　　传真:(+86)088-88888888

工作任务 1　策划形象宣传网站

任务导引

（1）明确形象宣传类网站的营销目标。
（2）采用虚构用户法确定网站的目标受众。
（3）准确进行网站定位。
（4）确定静态网页技术的解决方案。
（5）确定搜索引擎网站的推广方法。
（6）制定网站的建设计划。

1.1　形象宣传网站目标

2009 年上半年，中国互联网有效受众规模达 3.51 亿，截至 2009 年 12 月，电子商务的总网站数达到 1.56 万家，互联网在中国步入高速发展阶段。面对如此多的网民和网站，企业网站如何吸引网民呢？

1.1.1　网络营销目标

在考虑建立网站时，需要回答：为了什么，怎么做，要做到什么？

科源信息技术有限公司（以下简称科源公司）成立已有 9 年了，在网络平台亚马逊和淘宝上开设了网店。虽然公司努力推进主营业务，主要销售联想计算机及常用外设，也为客户提供基本的计算机维修服务，但是业务范围单一，商品类别少，业务量较小，在社会上还没有太高的知名度。有哪些途径能打开局面，提高公司的整体业绩呢？

科源公司通过多方调研、专家咨询，收集到众多的建议和方案，其中一个建议是建设一个网站，通过网站来加强对外宣传，扩展营销范围。经过进一步研讨，确定了建立网站的主要目标。

（1）发布公司信息。将网站作为企业的一种信息载体，信息发布确定为网站的基本职能，也是实现网络营销的基本职能，实时地将信息传递给目标人群，包括顾客/潜在顾客、媒体、合作伙伴、竞争者等。

（2）推广网址。建立网站之后，尽快开展网址的推广活动，以便使目标人群知道企业网站，并吸引他们来访问。

（3）树立网络品牌。建立网站的核心目的是在网上建立并推广企业的品牌，使企业的实体品牌可以在网上延伸，力图通过网站快速树立企业品牌，并提升企业整体形象。

知识解说：

通俗地讲，网络营销就是以互联网为主要手段开展的营销活动。组织或个人可基于开放便捷的互联网络，对其产品、服务进行一系列经营活动，从而达到满足组织或个人需求的全过程。因此，网络营销可定义为通过有效地利用计算机网络技术，最大限度地满足顾客需求，以达到开拓市场、增加盈利能力、实现企业市场目标的过程。网络营销的目标有网络品牌、信息发布、网站推广、在线调研、顾客关系、顾客服务、销售渠道、销售促进等。

1.1.2 定位受众人群

这个网站的受众是谁呢？

经过市场调研发现：科源公司位于高校园区附近，周边有 5 所大学，学生总人数约 45000 人，每年约有 15000 人（新生）进入，是一个流动性很强的客户群体，至少 1/2 的学生会购买计算机产品，几乎全部学生会购买 USB 闪存盘等数码产品。在高校园区内，IT 公司的客户基本以在校学生为主，计算机、数码产品市场竞争激烈。品牌计算机主要有 5 种，联想品牌的知名度较高，但在本地的市场份额一般，目前仅有科源公司一家，高校园区的学生对于其所经营的产品及服务了解较少。所有公司均未建立企业网站，营销手段基本上采用传单和店面广告宣传。

网站的目标受众：主体为年龄在 18~22 岁的大学生，其次为学校员工。

主体受众的特点：上网经验丰富，操作熟练；对网速要求高，网上待机时间长；喜欢时尚，消费能力有限。

经验分享：

企业网站通过将目标客户引向企业网站，实现企业的品牌宣传和业务拓展的目的。事实上，目标客户已占到网站主动来访者的 90%~95%，因此，应根据主要目标客户来设计网站的方式、采用的技术及网站的内容。

主要受众的网民特征模拟描述主要包括性别、年龄、受教育程度、经济及社会地位、种族及信仰、职业与爱好、计算机操作水平、时间及金钱支配方式，最重要的是对网站内容的关注点。

1.1.3 网站定位

互联网上网站无数，企业网站如何立身于网站之林？关键在于企业网站要有明确的定位。所谓网站定位就是网站在 Internet 上扮演什么角色，要向目标群（浏览者）传达什么样的核心概念，通过网站发挥什么样的作用。网站架构、内容、表现等都围绕这些网站定位展开。因此，网站定位的实质是对用户、市场、产品、价格及广告诉求的细分与定位，明确网站在用户心中的形象地位。网站定位的核心在于寻找或打造网站的核心差异点，然后在这个差异点的基础上在消费者的心目中树立一个品牌形象、一个差异化概念。网站定位主要有两个方面：一是网站主题，二是网站功能。

所谓主题，就是指网站所提供内容的中心思想。对于企业网站而言，主题首先来自其主体业务，其次为提升网站的客户价值，还可基于其业务附加相关的内容或服务。

科源通过网站主要是传达联想品牌信息和联想计算机、计算机零配件的销售信息，也给用户普及一些计算机维护的知识以便用户更好地使用产品。因此,科源网站的主题以联想计算机、计算机部件的销售信息为主,计算机维护知识为辅。

所谓功能,就是指访客通过这个网站能干什么,网站发挥什么样的作用。

科源形象宣传网站,主要功能有企业基本情况介绍、企业新闻报道、各种产品的价格信息、在线产品咨询、计算机维护知识介绍、友情站点链接信息等。

根据网站主题和功能进行分块规划,即网站栏目设置。科源形象宣传网站的栏目分为公司介绍、新闻动态、产品服务、维护保养、在线咨询、联系我们。其中公司介绍栏目主要由公司主营业务、组织机构图及业务流程图构成;新闻动态栏目为公司的最新活动动态及前沿科技知识等;产品服务栏目则是计算机及常用外设信息页面;维护保养栏目考虑到目标客户为在校大学生,加入了一些计算机及常用外设的维护、保养常识,提供给目标客户学习参考;在线咨询栏目则能提供在线业务咨询服务。通过网站,将为顾客提供全面的计算机选购、使用和维护保养知识。

网站不仅要在功能(内容)上满足访客的目标需要,还应有一定的特色来满足访客的审美需求。

科源公司网站的主要受众是在校大学生,页面呈现轻快、有活力,给人鲜亮色感的橘黄色块;主体业务领域为计算机硬件及外部设备,页面背景采用代表现代和科技的蓝色。网站是面向年轻人的宣传网站,且业务领域少,总体布局简洁、直观,页面内容采用黑色的宋体清晰呈现。企业网站标识简明,企业文化直观展现。

1.2 网站技术方案

1.2.1 网页技术

若快速使用为原则,网页应采用什么技术?科源公司网站的目标是介绍公司及其业务信息,网站不会收集和保存访客的信息。实际上网站只需根据访客的请求,直接将已制作好的静态网页传递到访客的浏览器显示即可。因此,本网站采用静态网页技术进行实现。根据目前多数计算机的配置情况,决定按 800×600 的分辨率,以微软的 IE 6.0+浏览器支持的技术标准为基准进行设计。

知识解说:

静态网页是指基本上全部使用 HTML 制作的网页,网页文本是以.htm、.html 等为扩展名的。静态页面的内容是固定不变的,网络用户在进行浏览时不需要与服务器端发生程序的交互。但是静态页面的内容不是完全静止不动的,也可以出现各种动态的效果,如 GIF 格式的动画、Flash 动画、滚动字幕等,这些只是视觉上的"动态效果"。

动态网页是基本的 HTML 语法规范与 Java、VB、VC 等高级程序设计语言、数据库编程等多种技术的融合,以期实现对网站内容和风格的高效、动态和交互式的管理。页面代码虽然没有改变,但显示的内容是可以随着时间、环境或者数据库操作的结果而发生改变的,静态网页与动态网页处理流程对此如图 1-1 所示。

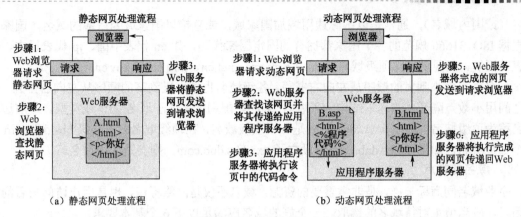

图 1-1 静态网页与动态网页处理流程对比

1.2.2 域名

互联网上的网站这么多,如何进行辨识呢?实际上每个网站都有一个名称,即域名(Domain Name)。如同人的名字一样,好的域名会给用户留下深刻印象,成为互联网上的一张好名片。

1. 域名

域名是由一串用点分隔的名称组成的 Internet 上某一台计算机或计算机组的名称,用于在数据传输时标识计算机的电子方位(有时也指地理位置)。每一个域名都是独一无二、不可重复的。域名注册遵循先申请先注册的原则,管理认证机构对申请的域名是否违反了第三方的权利不进行任何实质性审查。

经验分享:

开心网是中国著名的社交网络服务网站之一。2008 年 2 月,程炳皓创立了北京开心人信息技术有限公司,2008 年 3 月正式创办开心网,拟选择域名 kaixin.com,但由于该域名早在 2000 年就被一个美国人注册,当时开心网无法支付高价的域名使用费,所以选择使用 kaixin001.com.作为其域名。

1)域名的管理

互联网名称与数字地址分配机构(The Internet Corporation for Assigned Names and Numbers, ICANN)是一个集合了全球网络界商业、技术及学术各领域专家的非营利性国际组织,负责互联网协议(IP)地址的空间分配,协议标识符的指派,通用顶级域名(gTLD)、国家和地区顶级域名(ccTLD)系统的管理,以及根服务器系统的管理。最为通用的域名.com/.net 的管理机构是 ICANN,但 ICANN 并不负责域名注册,ICANN 只是管理其授权的域名注册商,在 ICANN 和注册商之间还有 VeriSign 公司,注册商相当于从 VeriSign 公司批发域名,但管理注册商的机构是 ICANN。

中国域名管理机构,即 CN 域名的管理机构是 CNNIC,CNNIC 授权注册商,注册商是直接从 CNNIC 批发域名的。

2)域名结构

不同的后缀代表不同的含义,常见的国际通用域如下:.com(表示商业机构)、.net(表示网络服务机构)、.org(表示非营利机构)、.gov(表示政府机构)、.edu(表示教育机构等)。CN

域名（或国内域名），通常是以国际通用域加国家域，或直接以国家域为后缀的域名，国家域是根据 ISO 31660 规范的各个国家都拥有的固定国家代码，如 cn 代表中国、jp 代表日本、uk 代表英国等，常见的 CN 顶级域名有.cn、.com.cn、.net.cn、.org.cn 和.gov.cn 等。

域名采用由小到大的顺序从左向右书写，各级域名也按由低到高的顺序从左向右排列，相互之间用小数点隔开，其基本结构为子域名.域类型.国别域名或子域名.团体域类型。最右边的域名称为顶级域名。假设 www.dnb.com 是一个顶级域名，在顶级域名的下一级 bbs.dnb.com 是一个 2 级域名，如果在 bbs.dnb.com 下设立了 xxx.bbs.dnb.com，则其是 3 级域名。

2. 域名的特点

企业域名同商标一样，是非常重要的资源。域名不仅是网络标识，也是用户访问与否的重要因素，应当慎重对待域名的选取。一个好的域名应满足以下 6 个基本要求。

（1）短小。在常用的.com、.net 等为后缀的域名中，可以利用单词的缩写或追加一个有意义的简单词汇或数字，还可以采用汉语拼音或纯数字的域名，建议尽量采用 5 个字符以下的域名。

（2）易于记忆。好记的域名便于传播。一般来说，通用词汇容易记忆，如 china.com、internet.com 等。另外，采取有特殊效果或读音的域名也容易记忆，如 yahoo.com、Amazon.com 等。

（3）避免与其他域名混淆。避免与已有域名相近，且应尽量避免出现连字符；要特别注意与已有的域名名称相同，但后缀不同的域名情况。例如，.com 或者.net 分属不同网站，国际域名（不带国别域名）和国内域名（.cn 后缀）也分属不同网站，否则易因为域名混淆而造成混乱；不要注册其他公司拥有的独特商标名或国际知名企业的商标名，否则会引起法律纠纷。

（4）避免拼写错误。拼写错误的域名可能会被竞争对手利用而造成不可估量的损失。字符数过多的域名或者无规律的缩写字符组合而成的域名容易造成拼写错误。

（5）要与公司名称、商标或核心业务相关。与公司名称、商标或核心业务相关的域名有利于提高网络营销的效果。如 etravel.com、auctions.com 的域名会联想到在线旅游或者拍卖网站。

（6）避免文化冲突。域名具有跨越区域、国别的特点，域名选取就应当避免出现有悖民族、国家或地区的风俗、禁忌、宗教信仰等的相关内容，还应当符合所在国家法律的规定，甚至符合道德规范。

3. 企业域名的选择技巧

（1）企业名称的汉语拼音。该方式是为企业选择域名的较好方式，如海尔集团的域名为 haier.com，华为技术有限公司的域名为 huawei.com。

（2）企业名称相应的英文名。该方式适用于与计算机、网络和通信相关的一些行业。例如，长城计算机公司的域名为 greatwall.com.cn，中国电信的域名为 chinatelecom.com.cn。

（3）企业名称的缩写。有些企业的名称比较长，如果用汉语拼音或者用相应的英文名作为域名显得过于繁琐，可以采用企业名称的缩写作为域名。其中，包括两种方法：一种是汉语拼音缩写，另一种是英文缩写。例如，广东步步高电子工业有限公司的域名为 gdbbk.com，计算机世界的域名为 ccw.com.cn。

（4）汉语拼音的谐音。现在采用这种方法的企业也不少。例如，美的集团的域名为 midea.com.cn，康佳集团的域名为 konka.com.cn，格力集团的域名为 gree.com，新浪网的域名为 sina.com.cn。

（5）中英文结合。例如，荣事达集团的域名是 rongshidagroup.com，中国人的域名为 chinaren.com。

（6）企业名称前后加上与网络相关的前缀和后缀。常用的前缀有 e、i、net 等；后缀有 net、web、line 等。例如，中国营销传播网的域名为 emkt.com.cn，联合商情的域名为 it168.com。

（7）与企业名不同但有相关性的词或词组。当企业的品牌域名已经被别人抢注时，新的域名可能更有利于开展网上业务。例如，Best Diamond Value 公司是一家在线销售宝石的零售商，它选择了 jeweler.com 作为域名。

4. 查询域名

根据域名选择的原则，决定以公司名为基础进行查询。

（1）搜索网站空间提供商。在搜索引擎上查找全国十大域名空间提供商的网站，如 http://www.west263.com（西部数码），进入该网站，选择其"域名"选项卡比较价格，确定为科源公司申请.com 后缀的顶级域名。

（2）查询可使用的英文域名，输入如 keyuan、ky 等域名显示查询结果，直到找到没有被注册并合适的域名，最后确定注册域名为数字加公司简称，再继续查询符合公司要求的，最后确定为 94ky.com，如图 1-2 所示。

图 1-2　域名查询

5. 注册域名

域名查询确定后，需要注册付费，一般域名是按年收费的，第二年要续费，若不续费，域名会被取消，也有更长的注册时长，需要查看注册网站上的说明和要求。

（1）单击图 1-2 中确定要注册的域名后的"单个注册"超链接进行申请，提示用户登录，需先注册为该网站的会员，会员注册完成后登录并进入用户管理中心，选择"域名注册"，再次查询域名，确定注册的域名，填写域名注册信息。

（2）域名注册信息填写完成后下订单，显示订单的详细信息，进入用户管理中心，选择订单管理中的订单查询和注册域名的订单，显示详细信息后，单击"正式注册"按钮，进入付款页面。

（3）使用在线付款，选择付款方式，选择支付的银行，填写账户名及付款金额。付款完成后，再次进入用户管理中心，选择"域名管理"进行查询，域名申请成功。

1.2.3　网站空间

网站建成后，存放在哪里呢？网站的存放点通常分为自有服务器和虚拟服务器两种。从管理成本和技术难度上来讲，对于首次建设网站的科源公司而言，虚拟服务器是较好的选择。根据科源公司目前的业务范围和业务量均有限，网站的数据量小，又是一个静态的网站，对网络空间没有特殊要求，因此决定直接租用互联网公司的服务器空间，以减少服务器管理的成本。

知识解说：

1. 自有服务器

自有服务器：用户自己拥有产权的服务器。

1）独立服务器

独立服务器是指一台服务器只有一个用户，资源独享，服务器所有者为服务商，服务器维护由服务商负责。

2）主机托管

主机（服务器）托管是客户自身拥有服务器，并把它放置在数据中心的机房，其所有权和使用权属于客户，服务器的维护由服务商或其他签约人进行维护。如果企业既想拥有独立的网络服务器，又不想花费更多的资金进行通信线路、网络环境、机房环境等维护，则可以使用主机托管服务。

2. 虚拟服务器

虚拟服务器：采用特殊的软硬件技术把一台完整的服务器主机分成若干个服务器。

1）虚拟主机

虚拟主机是指多个用户分享一台服务器资源，具有独立的域名和完整的 Internet 服务器（支持 WWW、FTP、E-mail 等）功能，并由用户自行管理。虚拟主机价格便宜、管理简单，只要把需要的代码上传到服务器即可。但一台服务器主机只能够支持一定数量的虚拟主机，当超过这个数量时，用户会感觉性能急剧下降。通常一个虚拟主机能够架设上百至上千个网站。

2）VPS 主机

VPS（Virtual Private Server，虚拟专用服务器）主机指利用虚拟服务器软件在一台物理服务器上创建多个相互隔离的虚拟服务器。这些虚拟服务器分别运行独立的操作系统，一个虚拟服务器崩溃不会波及其他的虚拟服务器，它的运行和管理与普通服务器完全相同。虚拟专用服务器确保所有资源为用户独享，给用户提供更高的服务品质保证。一般同一主机上有 10～40 个 VPS。

1.3 网站推广策略

科源公司网站是一个新建网站，如何才能得到网络关注呢？没有关注就没有访问，没有访问就没有价值。新建网站需要通过各种推介活动宣传自己，由于对网站推广的方法了解不多，拟采用以下方法进行网站推广。

一是采用传统的线下推广方法，即开展店面活动及发送广告传单，将公司网站的相关信息直接告知目标群体。

二是在网站上提供共享软件来吸引访问者，即在网站中增加计算机及常用外设的维修及保养常识介绍，并提供常用工具软件下载，逐步增加网站的人气。

三是免费的登录搜索引擎，目前搜索引擎有百度、谷歌、搜狗等，让它们收录公司的网站，通过搜索引擎来增加访问量。

四是付费的搜索引擎竞价排名，所有的搜索引擎都可以开展有偿的竞价排名服务。

1.4　素材收集与加工

为了提高后续网页设计与制作的效率，前期需要积累大量的素材，并根据网站栏目的设置进行分类整理。

（1）素材收集。对于企业网站来讲，关于企业的基本情况方面的信息是必不可少的，包括科源公司的企业形象识别、高管人员信息、机构设置、资质证书等；业务领域方面的资料也是非常重要的，包括科源公司的业务内容介绍、产品规格说明、业务流程、业务联系方式，以及计算机维护方面的经验文章和共享软件等。从表现形式上，可以是文字、图片、声音、视频，甚至是实物或样品，以及产品说明书或软件安装包。

（2）素材加工。所有素材收集好之后，还需将素材进行必要的数字化处理。为了加快网站的访问速度，应尽可能减少页面的数据量。按以下策略将素材进行加工：一是将音视频资料进行适度低流量转换，如将 AVI 格式转化为 MP4、FLV 格式，将 CD 格式、WAV 格式转化为 WMA、MP3 格式；二是图片文件进行适度压缩，如将 BMP、PSD 等格式转化为 JPG、GIF 格式；三是文档类资料的版权性保护，如将电子文档、演示文稿格式的资料转化为 PDF 或 SWF 格式的文档。

1.5　进度计划

科源公司为了保证网站建设工作顺利完成，组织具有一定网站建设经验和专业背景的员工成立了网站建设项目组。公司总经理张铁任网站项目经理，陈美负责网站设计，郑好负责网站制作，陈美协同并进行页面优化，李晓负责网站运营维护，王萍负责资料收集、整理。项目组成员在明确各自分工的基础上，强调相互协同，任务分工如表1-1所示。

表 1-1　任务分工

任　务	内　容	时　间	责 任 人	备　注
网站规划	负责组织市场调查与分析、网站栏目设置、确定技术方案、制定建设日程表	3 个工作日	张铁	
资料准备	公司情况介绍、主要产品资料、维护经验介绍、驱动程序及工具软件	3 个工作日	王萍	与网站规划并行
网站设计	公司形象识别设计、主页设计、二级页面样例设计	3 个工作日	陈美	与资料准备并行
网站制作及测试	页面制作、网站测试	8 个工作日	郑好	与网站设计并行
域名、空间的申请	域名注册、空间申请	2 个工作日	李晓	与网站制作并行
网站发布	网站发布及兼容性测试	1 个工作日	李晓	
网站运维	网站推广、页面更新	网站发布之后	李晓	直到网站弃用

为了保证网站建设工作按计划完成，科源公司制定了建设日程表，如表1-2所示。

表 1-2 建设日程表

序号	任务名称	开始时间	完成	持续时间	2009年03月01日						2009年03月08日						2009年03月15日					
					2	3	4	5	6	7	8	9	10	11	12	13	14	15	16	17	18	19	20
1	网站规划	2009/3/2	2009/3/4	3 天	■	■	■																
2	资料准备	2009/3/4	2009/3/6	3 天			■	■	■														
3	网站设计	2009/3/5	2009/3/9	3 天				■	■	■	■	■											
4	网站制作及测试	2009/3/6	2009/3/19	10 天					■	■	■	■	■	■	■	■	■	■	■	■	■		
5	申请域名和网络空间	2009/3/17	2009/3/18	3 天															■	■			
6	网站发布	2009/3/20	2009/3/20	1 天																			■

由于有些工作可以并行开展，因此整个建设工期为 15 个工作日。

任务总结

【巩固训练】

假设一名在校大学生准备创业，拟建立电子商务网站宣传并销售产品，根据创业的要求进行网站策划。具体要求如下。

（1）学生模拟或真实创业的一个公司，模拟内容包括公司的规模、业务及流程、制作网站的初步需求、目标客户、需要发布的宣传信息等。根据这些形成文档。

（2）确定网站的特色，明确网站的定位，制定网站实现的路径。根据这些形成文档。

【任务拓展】

拓展 1：电子商务网站可分为几类？各有什么特点？请通过互联网搜索举例。

拓展 2：电子商务网站与一般网站之间有什么区别？请举例说明。

拓展 3：请为自己所在地区的"网上家用电器商场"进行市场分析和网站定位。

拓展 4：amazon.com、alibaba.com、taobao.com 这 3 个电子商务网站分别属于哪种类型？各具有什么特色？它们的竞争者网站分别有哪些？又各具什么特色？

拓展 5：企业的域名被恶意抢注后应该怎么办？

【参考网站】

网络营销手册：http://www.tomx.com。

网上营销新观察：http://www.marketingman.net。

【任务考核】

（1）模拟客户的内容是否清晰、流畅。

（2）网站策划是否有创意。

（3）制定的网站实现的路径是否合理。

工作任务 2　设计形象宣传网站

 任务导引

（1）按照四标准则，进行网站 CIS 分析和设计。
（2）按照网站界面设计的设计原则和步骤，进行版面设计和交互设计。
（3）手绘设计草图。
（4）学习 Photoshop 的基本操作，学习图层样式及选区的使用方法。
（5）使用 Photoshop 加工企业形象宣传网站所需的素材。
（6）制作欢迎引导页、首页、次级页面的整体界面。
（7）按照网页制作的需要，正确进行页面的切片。

2.1　网站界面设计原则

企业网站不仅是企业的网络门户，也是企业永不停息的营销员。公司网页不仅要以优美的设计吸引顾客的眼球，更需要以超值的服务回报顾客的到访。在设计网页时，应当统筹规划，增强网站的价值。

2.1.1　网站 CIS 设计

CIS（Corporate Identity System，企业形象识别系统）是对企业形象的理念、视觉、行为的标识，应体现企业的文化内涵和经营理念。具有创意的 CIS 能对网站的宣传和推广起着重要的作用，可以使用企业原有的 CIS，也可根据企业特点及网站定位进行重新设计。

经验分享：

蚂蚁集团是一家与国际接轨的专业物流供应链服务商，从 1996 年仅拥有一台车、6 名员工的单一的搬家业务，迅速发展成拥有近千辆车、3000 多名员工，先后在全国各地开设多家子公司，物流综合年产值突破 2 亿。

蚂蚁集团网站为 http://www.chinaant.com。该网站以集团公司的经营领域和业务流程处理为主题，内容上体现同城配送、冷链配送、仓储租赁、安装服务等一体的大型、专业、综合型物流服务，已与淘宝、京东、宜家、苏宁、国美、元祖食品进行了深度合作，展示了集团的规模和实力，从而反映其在行业中的优势，吸引更多合作商。

蚂蚁搬家网站是集团的搬家搬运业务的分公司，以服务客户为主题，包括服务小件快搬、迷你仓储、办公室搬迁、精品搬家、涉外搬家等，展示了企业的服务内容和服务品质，吸引更多顾客选择该公司的服务。

企业形象识别系统用于企业对外宣传,包括工作室、工作车辆、工作人员服装等,并把该形象应用于集团网站与分公司网站。以不同形态的蚂蚁来象征蚂蚁集团各分公司的工作性质。

集团网站首页采用方框构图,橙色、蓝色为主色调,使用大面积图像、结构清晰、色彩鲜明,其他区域色彩采用浅灰色和白色,以衬托色彩鲜艳的配图,配以高明度导航条小色块,构图简洁明快。分公司网站首页采用圆角矩形构图,以蓝色为主色调,使栏目分明,整洁清晰,如表2-1所示。

表2-1 蚂蚁网站形象标识

蚂蚁集团标志	工作中的蚂蚁,随时为客户服务	搬家蚂蚁,不知疲倦,肩负重任,大步向前	保洁蚂蚁,粗中有细,热情服务,手到尘去	汽修蚂蚁,技能全面,排忧解难,马不停蹄

蚂蚁网站的宣传语和形象的识别元素分别如图2-1和图2-2所示。

图2-1 蚂蚁网站宣传标语

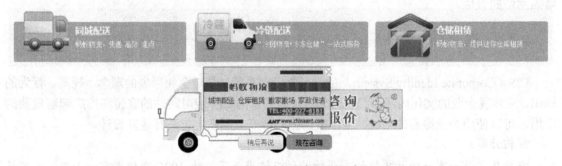

图2-2 蚂蚁网站的形象识别元素

在网站CIS设计中,通常以"四标"来确定,即网站标识、网站标语、标准颜色、标准字体。

1. 网站标识

网站标识就像商标一样,是网站特色和内涵的集中体现。在网站形象设计中,网站标识同网站名称一样重要,看见网站标识就能使访问者联想起对应的站点。网站标识创意来自网站的名称和内容,如文字、符号、动植物形象、花草虫鱼图案等,标识色彩要求简练醒目,具有视觉冲击力。

经验分享：

图 2-3 所示为一些网站标识的设计范例，其中，新浪网用字母 sina（加眼睛）作为标识，用眼睛看世界；动感一百手机网运用手机卡通化图案来表现，言简意赅地显示了网站经营范围。

  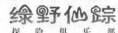

图 2-3　网站标识的设计范例

网站标识的设计步骤与技巧如下。

（1）经过分析，提炼出核心词汇作为网站标识的主体。

（2）选择适宜的字体，大多数时候人们都避免直接选用字库中的字体，字库中的字体是为了印刷、阅读而设计的，将其图形化才符合网站标识的要求。

（3）如果对字体的变形比较少，或者难以对字体进行变形，则需加上图形来辅助。图形创意是一项有难度的工作，在进行图形创意的时候，需要多参考优秀的标识和图形设计。

网站标识设计的过程中需要与企业方充分沟通，真正了解企业特点，理解企业文化。

（4）如果 CIS 中已经指定了标准色，则可按企业提供的标准色进行设计，如果没有标准色作为参考，则网站标识色彩的选择要符合网站建设企业的行业特征，如机械、电子行业以蓝色为主，食品行业以嫩黄、金黄、巧克力色等为主，女性行业以粉色、紫色、玫瑰色等为主，男性行业以蓝色、深绿、黑色等为主，时尚行业使用当前的世界流行色等。

2. 网站标语

网站标语可以是网站的精神、网站的目标、网站的经营理念，也可以是产品或活动等的宣传广告语，用一句话甚至一个词来高度概括公司。

经验分享：

很多大网站在标语设计上匠心独具。例如，新浪——一切由你开始（世界在你眼中、你的网上新世界）；格力空调——好空调，格力造（格力掌握核心科技，引领中国创造）；阿里巴巴——让天下没有难做的生意；淘宝网——淘！我喜欢；京东——多快好省；唯品会——专门做特卖的网站。

3. 标准色彩

网站的色彩应能产生视觉冲击，不同的色彩搭配会产生不同的效果。标准色彩是指能体现网站形象和延伸内涵的色彩，标准色彩反映了网站的文化内涵，并会影响到访问者的心理。根据人的经验、记忆、知识、修养、性格、生活环境、职业、时代、民族、年龄、性别等方面的不同，对于色彩的想象也不同。设计搭配颜色，一定要符合网站受众对象的想象习惯，否则会产生负面效果。一个网站的标准色彩不超过 3 种，太多的颜色会使网页显得凌乱，影响网页主题的有效展现。标准色彩主要用于网站的标识、标语、主菜单和主色块，应形成整体统一的视觉效果，其他色彩作为点缀和衬托。

经验分享：

新浪网面向商业类大众用户使用的橙色，是欢快活泼的光辉色彩，是暖色系中最温暖的色彩，它使人联想到金色的秋天，丰硕的果实，是一种富足、快乐而幸福的颜色；腾讯公司面向社交类大众用户使用非常讨人喜欢的明亮的蓝色，使网站显得整洁自然、值得信赖；2009 年快乐女生使用女性化的粉色、紫色，展示女性的时尚与魅力；可口可乐面向青年人使用的红色，体现出狂野、充沛、动感、激情；NBA 网站使用灰黑色背景配以橘红显示独特的个性。

4. 标准字体

标识、标题、主菜单及正文的字体、大小、行间距、字间距、文字数量、位置等都需要仔细衡量才能保持整体的均衡，新手设计时要多借鉴优秀网站的设计数据。中文网站中一般正文内容文字使用宋体、微软雅黑，为了体现站点的特色，题目等处根据需要选择一些特别的字体。在互联网上可以下载几百种中英文字体，但只有客户端安装了的字体才能被显示出来，因此，建议除了常用字体之外所有字体都栅格化（转换成图形格式）之后再用于网页。

2.1.2 网页版面设计

网站版面能给访问者带来最直接的视觉感受，是吸引访问者的关键。应当将文字与图形、文学与美术、信息技术与营销策略进行巧妙的结合。

1. 网页版面的基本元素

一般网页的基本内容包括网站页眉、导航、主体内容、页脚等，如图 2-4 所示。

（1）页眉。页眉位于页面的上端，在此放置网站标识和网站宗旨、宣传口号、广告语，有些网页也设计为广告出租。

（2）导航。导航一般有 4 种标准显示位置：左侧、右侧、顶部和底部。有的站点运用多种导航，如在页面顶部设置主菜单，在页面左侧建立了二级栏目，又在页面的右侧设置了多种超链接，这些都是为了增强网页可访问性。

（3）主体内容。主体内容可以是二级超链接内容的标题，或者是内容的摘要，或者是内容的全部，表现手法一般是图像和文字相结合。它的布局通常按内容的分类进行分栏安排。页面的注意力值一般按是从左到右、从上到下的顺序排列的，所以重要的内容一般安排在页面的左上位置，次要的内容安排在右下方向。

（4）页脚。页脚通常用来标注站点所属单位的名称、地址、网站版权、电子邮箱等，从而使访问者了解该站点所有者的一些情况。

图 2-4　网页元素构成展示

2. 页面的尺寸

（1）页面的安全宽度。当显示分辨率设置为 1024×768 时，即浏览器的屏幕最大宽度为 1024 像素（简写为 px，像素是计算机屏幕上能显示的最小单位），因浏览器的边框和垂直方向的滚动条占去 22 像素，所以网页的安全宽度为 1002 像素。所以页面的设计宽度最好限制在 1002 像素以内。由于分辨率设置的不同，不同计算机屏幕显示效果亦有区别。

（2）页面的最佳长度。页面长度要考虑整个网页的下载速度、浏览者的方便、信息含量、网站类型等因素。根据经验，中小型网站的页面的最佳长度应为 1~2 屏，大型网站为 3~4 屏。

3. 常见的网页界面布局

网页的构图布局和平面设计构图布局有相似之处，但因技术的限制，网页构图不如平面设计那样随意灵活。网站的布局已从单一、刻板转向多元化、人性化、富有亲和力的复合型设计，风格独特、创意新奇更能吸引人们的注意力。常见的网页布局有对称对比、同字形、回字形、匡字形、自由式、三字形等，如图 2-5~图 2-8 所示。

图 2-5　对称对比布局的网页

对称对比布局：采取左右或者上下对称的布局，一半深色，一半浅色，一般用于设计型站点。其优点是视觉冲击力强；缺点是将两部分有机地结合比较困难。

图 2-6　同字形布局的网页

同字形布局：页面上面有广告条+导航条，左面是超链接，右面是友情超链接等，中间是主要内容。其优点是充分利用了版面，信息量大；缺点是页面拥挤，不灵活。

回字形布局：在同字形的下面增加一个横向通栏，页脚充分利用起来。

匡字形布局：将回字形的右侧或左侧栏目去掉，改善回字形的封闭型结构。

这三种结构及其变形应用广泛。

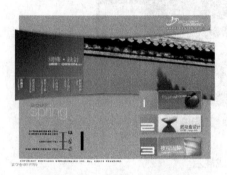

图 2-7　自由式布局的网页

自由式布局：将图像、Flash 动画或者视频作为主体内容，其他的文字说明及栏目条均分布到不显眼的位置，起装饰作用，这种结构在时尚类网站中使用非常多。其优点是富于美感，可以吸引大量的浏览者欣赏；缺点是文字过少，导航条的指引作用不明显。

图 2-8　三字形布局的网页

三字形布局：通过横向色块，将页面整体分割为三部分，色块中大多放广告条。其优点是充分结合了同字形和自由式的特点，大幅色彩丰富图像使网页具有美感，又有比较适中的信息量，不显拥挤；缺点是上下比例不易协调，大幅图像的色彩和构图是网页布局的关键。

经验分享：

网页的版面布局要简洁清晰，不能只把大量的信息堆集在页面上，那样会干扰浏览者的阅读。主体部分的设计尤其要注意以下原则。

（1）Miller 公式。根据心理学家 G. A. Miller 的研究表明，人一次性接收的信息量在 7±2 比特为宜。因此，一个网页上的栏目为 5~9 个最佳，如果信息太密集，人在心理上就会烦躁、压抑、疲累。相对而言，国外的网站在栏目的设置上更简洁，页面布局更合理。

（2）分组处理。上面提到，对于信息的分类，不能超过 9 个栏目。如果内容太多，超出了 9 个，则需要进行分组处理，每隔约 7 篇加一个空行、平行线或形状划分为一组。

（3）视觉平衡。网页中的各种元素（如图形、文字、空白）都会产生视觉上的引力。

① 与文字相比较，图形的引力较大。为了达到视觉平衡，在设计网页时需要以更多的文字来平衡一幅图片。

② 中国人的阅读习惯是从左到右、从上到下，因此视觉平衡也要遵循这个道理。例如，很多的文字采用了左对齐〈Align=left〉，需要在网页的右面加一些图片或一些较明亮、醒目的颜色。

③ 每个网页都会设置页眉和页脚，页眉常放置一些 banner 广告或导航条，而页脚常放置联系方式和版权信息等，页眉和页脚在设计上也要注重视觉平衡。

④ 重视空白的价值。如果网页上所显示的信息非常密集，则不但不利于读者阅读，甚至会引起读者反感，破坏该网站的形象。在网页设计上，适当增加一些空白，精简网页，会使页面更有亲和力。

2.1.3 交互设计

从用户角度来说，交互设计是一种如何让产品易用、有效而使人愉悦的技术，它致力于了解目标用户和他们的期望，了解用户在同产品交互时彼此的行为，了解"人"本身的心理和行为特点。网站交互设计的目的是增加网站的友好度、可用性和易用性，从而使用户能够简单、快速和有效地完成网站赋予的或用户自身所需的服务、功能和目标。

1. 网站交互设计的前期准备

（1）了解用户群体和用户需求。以公司战略目标为依据，提取所定位的用户群体（包含此类人群的数量、年龄、性别、学历、收入、所在地区）的信息和需求。

（2）分析用户习惯。根据用户群体特性（如年龄、职业、性别、经常使用的产品等），调查或推断用户群体的习惯。

2. 网站交互设计的内容

可视性：功能可视性越好，越方便用户发现和了解使用方法。

反馈：反馈与活动相关的信息，以便用户继续下一步操作。

限制：在特定时刻显示用户操作，以防误操作。

映射：准确表达控制及其效果之间的关系。

一致性：保证同一系统的同一功能的表现及操作一致。

启发性：充分准确的操作提示。

3. 网站交互设计原则

网站交互设计在以网站定位为主线，并以准确有效的用户群体分析数据为依据的基础上，便于网站与用户交流的设计，必须遵循以下原则。

（1）专注于用户要执行的任务，而不是技术。考虑用户的使用环境，而不是开发者，不需要开发者炫耀技术。

（2）简单但不简陋，不要把用户的任务复杂化。不给用户额外的问题，清除用户需经过琢磨推导才会用到的东西。

（3）可预知却不能盲目。可预知是指用户在网站中可以对自己的下一步操作有一定的预知性。

（4）与用户看任务的角度一致。使用用户的词汇，不暴露程序的内部运作，在功能与复杂度间找到平衡。

（5）方便用户学习使用。减小用户的记忆量，保持与网络常见使用习惯一致。

（6）先考虑功能，再考虑展示。以用户的任务功能进行概念设计，再考虑视觉的设计。

（7）传递信息，而不是数据。屏幕是用户的，依据用户群的偏好进行视觉设计，保持显示的惯性。

（8）为响应度而设计。即刻确认用户的操作，让用户知道网站是否在忙，在等待时允许用户做的其他事情，动画要做到平滑和清晰，让用户能终止长时间等待的操作，让用户能够预计操作所需的时间，尽可能让用户掌握自己的工作节奏。

（9）让用户试用测试后再修改。理解用户如何看待网站要解决的问题，发现网站与用户期望不一致或不相容的地方，即原型不符合用户直觉和习惯的地方，只要用户能发现问题，就要更正问题，完善网站。

经验分享：

交互的细节设计如下。

1）入口明确

入口包括导航、按钮、选单、输入框、文字超链接等。要求入口的摆放位置、命名规范的清晰和准确，同时入口需要为新用户起到引导的作用。入口需要在色彩和视觉上有所区别，鼠标指针放在上面也应该改变为可点击的形态。

2）突出重点

通过页面布局、构图、颜色或隐藏次要内容来突显重要内容，让用户能够更快速、有效地找到用户希望看到的内容。通过使用特定元素，把用户寻找的内容突显出来。

3）清晰易懂

在网站表现中通过文字、颜色、图标、页面布局、声音等形式将内容体现出来。例如，红色图标传达错误的信息，敲门声传达有好友来访等信息。

4）减少记忆负担

尽量减少需要用户记忆的信息并突出重点，同时帮助用户记忆（如记住密码）。很多网站的登录界面中会显示上次登录时使用的用户名，帮助用户对用户名的记忆，有一些网站还提供了"两周内自动登录"的功能，为用户提供贴心的操作设计。注册时有时要设置安全问题，答案和问题因为不是唯一的，是用户长期记忆的负担，现在很多网站都取消了该设计。有的网站提供了搜索功能，显示的结果中搜索词却消失了，用户会经常忘记搜索词，这就造成了短期记忆的负担。

2.1.4 选择设计软件

在进行网页的界面设计时，常用的软件主要有 Photoshop、Fireworks、Illustrator 等，本书使用 Photoshop CS5。

1. Adobe Photoshop

Adobe Photoshop 简称"PS"，是优秀的图像处理软件。它主要处理以像素构成的数字图像，应用于图像、图形、文字、视频、出版等各方面。

2. Adobe Fireworks

Adobe Fireworks 是 Adobe 推出的一款专为网络图形设计的图形编辑软件，是创建与优化 Web 图像和快速构建网站与 Web 界面原型的理想工具。Fireworks 不仅具备编辑矢量图形与位图图像的灵活性，还提供了一个预先构建资源的公用库，并可与 Adobe Photoshop、Adobe Illustrator、Adobe Dreamweaver 和 Adobe Flash 等集成。

3. Adobe Illustrator

Adobe Illustrator（简称 AI）是一款应用于出版、多媒体和在线图像的工业标准矢量插画软件，其最大特征在于贝塞尔曲线的使用，使得操作简单、功能强大的矢量绘图成为可能。它还集成了文字处理、上色等功能，不仅在插图制作，在印刷制品（如广告传单、小册子）设计制作方面也广泛使用，它是当前桌面出版（DTP）的业界默认标准。

2.2 形象宣传网站的界面设计

网站外观设计的指导思想为版式活泼、基调明快，访问网站像是阅读一本杂志。

2.2.1 形象宣传网站的 CIS 设计

1. 网站标识设计

网站面向的对象是在校学生，以学习为主，以知识专有代表物品"书"作为设计的蓝本，将"书"抽象为符号，再在"书"的封面加上公司名称"科源"的拼音缩写"KY"，表示知识和科学技术的重要性，学生学习计算机知识，能为适应社会增强就业竞争力。

手绘网站标识的设计如图 2-9 所示。

2. 宣传标语设计

用公司的理念"科源，科学技术的源泉/用科技创造顾客价值！"和服务宗旨"无忧服务"、"准确、及时、有效、周到"，作为网站的宣传标语。

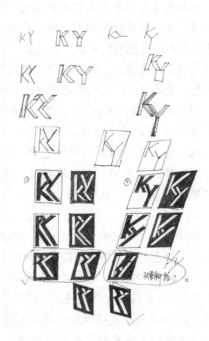

图 2-9 网站标识的手绘草图

3. 标准色彩设计

销售产品以计算机为主,采用计算机的蓝色作为主色调,给人以专业、科技、理智的感觉,用蓝色的对比色——橙色作为辅助色调,给人以轻快、欢欣、热烈、时尚的感觉,黑色作为主要文字内容的色调。

知识解说:

1)色彩原理

颜色的种类主要分为光源色和物体色。会发光的太阳、灯和从内部发出颜色的电视机、显示器等属于光源色,如图 2-18 所示。光照射到某一物体后经过反射或穿透显示出的效果就是物体色。在进行网页设计时,要使用光源色系统。光源的三原色是红色(Red)、绿色(Green)、蓝色(Blue),显示器的色彩是由光构成的,因此,设计软件中颜色的数值是由 RGB 三者的数值构成的,如图 2-11 所示。

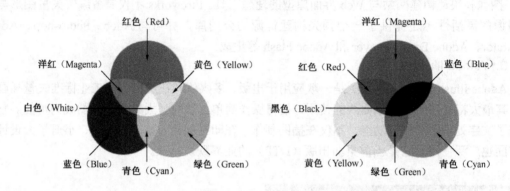

图 2-10 光源的三原色及其混色   图 2-11 物体的三原色及其混色

根据人类心理和人眼对光的感受对颜色进行分类,称为用户直观颜色模式,又称为 HSB 模式。在此模式中,所有颜色都用色相或色调(H)、饱和度或纯度(S)、亮度或明度(B)三个特性来描述。色相就是色彩的相貌,红、黄、蓝、紫、青等就是对色彩相貌的表述,金、银、黑、灰这 5 种颜色属于无色相色。饱和度就是颜色鲜艳的程度,饱和度高的色彩较艳丽,饱和度低的色彩接近灰色。亮度就是颜色的明暗程度,亮度最高得到纯白,最低得到纯黑。

图 2-12 所示为 Windows 中"画图"程序的颜色拾取器,将色调(色相)、饱和度、亮度分别等分 240 等份来表示不同的颜色。色调在一个色调环上度量,0~240 分别表示从红、橙、黄、绿、青、蓝、紫再到红等色调,0 和 240 都是红色调。饱和度最高为 240,表示最纯最艳丽;饱和度最低为 0,表示最灰暗。亮度最高为 240,此时得到纯白;亮度最低为 0,此时得到纯黑。

2)数码色彩

数码色彩是通过由 0 和 1 构成的数字信号显示出的颜色,是通过数据流交换数据的所有设备中显示的颜色。在网络中,即使是相同的颜色也会因显示设备、操作系统、显卡及浏览器的不同产生不同的显示效果,其中显卡的影响最大。在显示器的屏幕内侧均匀分布着红色、绿色、蓝色的荧光粒子,8 位真彩色是将红、绿和蓝的荧光粒子数的多少分成 0~8,最后形成 8×8×8=256 种颜色,24 位真彩色是将 3 种色阶分别分配为 256 种亮度值,即 256×256×256=16777216 种颜色。同一图像会因不同真彩色而有明显的显示效果差异。

网页颜色采用 RGB 模式,256 种亮度值表示为(0~255),十六进制表示为(0~FF)。常用颜色表示：黑色——#000000、(0，0，255)，白色——#FFFFFF、(255，255，255)，红色——#FF0000、(255，0，0)，绿色——#00FF00、(0，255，0)，蓝色——#0000FF、(0，0，255)；黄色——#FFFF00、(255，255，0)，洋红——#FF00FF、(255，0，255)，青色——#00FFFF、(0，255，255)。

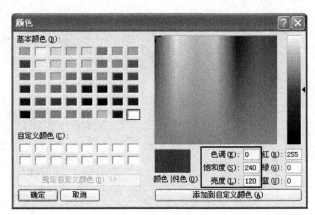

图 2-12　色彩三要素的混合

4. 标准字体设计

本网站中文字采用宋体小五号（12 像素），网站标识、栏目标题采用黑体，16～20 像素不等，宣传标语需突出，使用如黑体、书体坊米芾体、方正稚艺简体、方正毡笔黑简体等字体。

2.2.2　形象宣传网站的网页版面设计

1. 网页规划

本网站主要设计了 6 个页面，分别是欢迎引导页（welcome）、首页（index）、公司介绍页（introduce）、新闻动态页（news）、产品服务页（product）和维护保养页（maitain）。

2. 各页面尺寸设计

设计时，考虑网页布局的宽度为 800 像素，高度为 700～1000 像素，屏幕为 1～2 屏，兼容 1024×768 及以上的分辨率。最终 6 个页面的尺寸如表 2-2 所示，尺寸单位均为像素。

表 2-2　各页面尺寸

单位：像素

页　　面	内容实际尺寸	设计页面效果尺寸
欢迎引导页（welcome）	800×600	1000×600
首页（index）	800×745	1000×745
公司介绍页（introduce）	800×1010	1000×1010
新闻动态页（news）	800×1068	1000×1068
产品服务页（product）	800×1064	1000×1064
维护保养页（maitain）	可缩放宽度×524	1008×524

经验分享：

实际网页制作时，页面宽度是绝对的，但客户访问时，因浏览器或屏幕分辨率不同，可能页面右侧出现多余部分，为了避免没有设计而出现页面内容之外的白边现象，在设计时通常在页面内容两侧加上页边背景，制定好多余部分的背景颜色，以使网页效果更完美。

3. 各网页界面布局设计

本网站 6 个页面的布局均先由设计师画出草图，如图 2-13～图 2-15 所示，以供用 Photoshop 制作界面效果图时参照绘制。

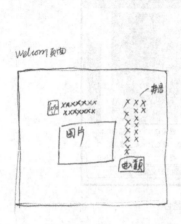
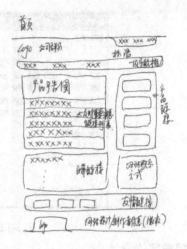

图 2-13　手工绘制的欢迎引导页草图　　　　图 2-14　手工绘制的首页版面草图

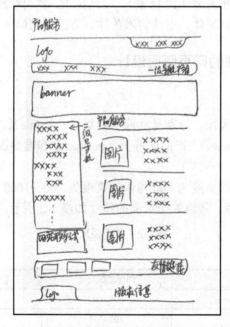

图 2-15　手工绘制的次页版面草图

2.2.3　交互设计

先明确主导航入口功能。首页中将按功能模块的分类（公司介绍、新闻动态、产品服务）放置在导航中，子页中使用竖排导航进入详细内容介绍，如图 2-16 所示。

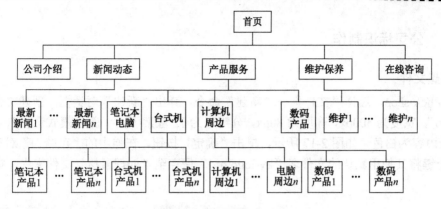

图 2-16　网站导航设计图

再明确相关超链接入口功能。将加入收藏、设为主页放在最顶部，与多数用户使用习惯一致。经调查发现，用户在网站中关注度更高的是笔记本电脑等关键字，而这些内容在导航中属于三级栏目，因此在首页的广告条的右侧，与广告条的图片配合，提供笔记本电脑、台式机、计算机周边、数码产品等热门销售内容的超链接。考虑将用户感兴趣的维护保养资料放在首页的内容超链接处，以增加客户忠诚度。在友情超链接部分，将公司的淘宝网店与亚马逊网店放在中间，以提高网店的销量。

在页面中，当前在什么页面，必须给予提示，方便用户返回或者另寻其他需要的模块。在主导航中，当前模块是黄色文字显示，其他模块是白色显示。次级页面的竖排导航中，当前页面用深蓝色显示，其他页面用黑色显示。正文标题处需显示当前页面的指向路径。

提供更多（MORE）、前往（go）、时间排序 1、2、3、4 等操作指向型设计。

2.3　形象宣传网站的图像和多媒体素材制作

本网站中需要自行绘制公司标识、可重用的小图标；对产品类的图片进行统一尺寸、裁剪、去背景等操作；图像素材需进行整理归类，处理好的图像和动画要保存为 PNG 或 GIF 格式。

本网站设计阶段使用 5 个文件夹，分别为原始素材（为制作网页搜集的素材）、处理素材（用于保存制作过程中处理的半成品或素材文件）、源文件（用于保存各页面的 PSD 文件）、页面效果（用于存放各页面的 JPG 效果图）、images（用于存放为制作网页绘制的切片）。

经验分享：

最初的互联网上只有纯文本信息，但随着网络技术的发展，图像使网页更生动。图像在网页上除了有网页装饰作用外，还有发布信息的作用。按图像的来源可分为两种类型：照片类和绘图类，照片类图像由数码照相机、扫描仪等获得，绘图类由软件制作或对照片进行处理获得。由于图像标准种类很多，不同图像处理软件有不同的格式。

在一个全部是静态元素组成的页面中添加一些动态效果，当浏览该页面时，视线的焦点就会落在动态的内容上，在互联网上，网络广告商将自己的宣传标语、标识图案、栏目标题、按钮等制作成动态形式，突出其重要性和独特性，达到吸引访问者的宣传效果。多媒体包含声音、视频、Flash 动画等。

2.3.1 公司标识制作

1. 新建文件

打开 Photoshop，选择"文件"→"新建"命令，弹出"新建"对话框，新建文件的名称为"ky-logo"，宽度为 300px，高度为 80px，分辨率为 72 像素/英寸，颜色模式选择 RGB 颜色、8 位，背景内容为白色，如图 2-17 所示，单击"确定"按钮，在弹出的"存储为"对话框中按 Ctrl+S 组合键将其使用默认的文件名"ky-logo.psd"保存至"处理素材"文件夹中，如图 2-18 所示。

图 2-17 "新建"对话框

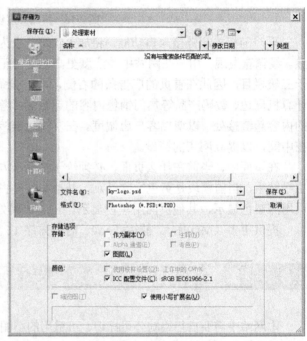
图 2-18 "存储为"对话框

经验分享：

显示器分辨率的默认值为 72 像素/英寸，表示显示器每英寸有 72 个像素点，而网页的图像是相对于显示器屏幕进行显示的，本书中所有图像都是为网页设计制作的，网页图像的分辨率不适宜印刷使用，因此如果素材图还需要用在印刷媒体上，则要注意备份符合印刷要求的图像文件。

2. 添加参考线

选择"视图"→"标尺"命令调出标尺，选择"编辑"→"首选项"→"单位与标尺"命令，设置标尺的单位为"像素"，使用 Alt+鼠标中轴滚动放大显示比例，以清楚显示和编辑。在画布中添加纵向 60px，横向 10px、20px、40px 的参考线。

经验分享：

Photoshop 中自带"参考线"和"标尺"工具，可用于界面规划和对齐。

参考线是在画布中用于精确对齐物体的辅助线，通过按住鼠标左键从文档的标尺中拖出可生成，显示为荧光感蓝色实线。确保标尺的单位为像素，如果不是，也可以在"编辑"→"预置"→"单位与标尺"中设置。当参考线的作用完成后,可以选择"视图"→"清除参考线"命令来删除所有参考线。

3. 绘制书封面蓝色矩形

(1) 移动手绘蓝图扫描图片到文件中。打开网站标识手绘蓝图并扫描图片,如图 2-19 所示;在工具栏中选择矩形选框工具,如图 2-20 所示;在手绘蓝图上框选手绘最终稿,如图 2-21 所示。使用工具栏中的移动工具,如图 2-22 所示;移动手绘最终稿到 keyuan-logo 文件上,这时会发现扫描的标志太大,无法在文件中全部显示,如图 2-23 所示,这是由于两个文件的分辨率不同造成的。

图 2-19　手绘蓝图扫描图片

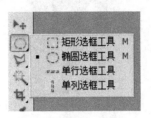
图 2-20　使用矩形选框工具

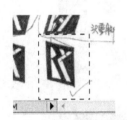
图 2-21　选中手绘最终稿

图 2-22　移动工具

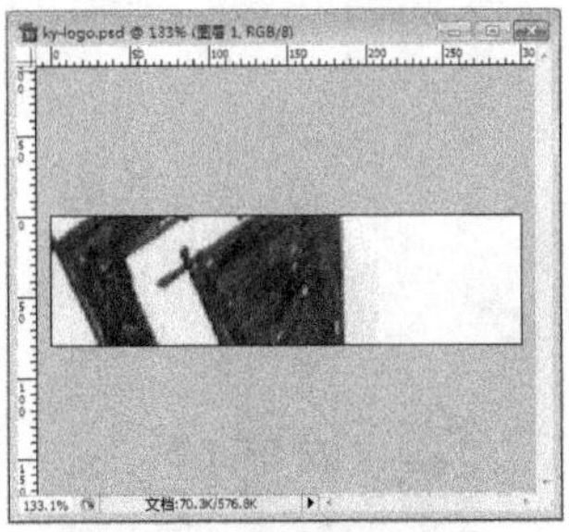

图 2-23　无法全部显示扫描稿

(2) 调整手绘蓝图扫描图片。按 Ctrl+T 组合键(或选择"编辑"→"自由变换"命令),这时手绘标志四周出现控点,如图 2-24 所示;使用 Shift+鼠标左键可等比例缩放图形,按住 Ctrl 键拖动控点中的任意一个可以调整图形的倾斜度,将手绘蓝图调整到画布可显示的大小,如图 2-25 所示。双击手绘蓝图扫描图片图层名称,将其重命名为"底稿",避免调整其他图层时移动"底稿"图层,为"底稿"层加锁以禁止修改,如图 2-26 所示;保持该图层为工作图层(工作图层即显示为蓝色的图层)。

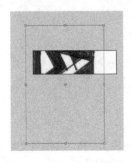
图 2-24　选择手绘蓝图扫描图片

图 2-25　扫描图片调整完毕

图 2-26　重命名"底稿"并加锁

(3) 绘制蓝色矩形。根据手绘蓝图扫描图片中的书封面建立基准参考线,如图 2-27 所示。新建图层并将该图层重命名为"蓝色矩形",使用矩形选框工具,绘制与参考线近似大小的矩形选区，如图 2-28 所示。使用渐变工具 ■，如图 2-29 所示，选择渐变模式为"线性渐变"，单击"点按可编辑渐变"按钮，如图 2-30 所示，弹出"渐变编辑器"对话框，双击左侧色标游标，在弹出的"选择色标颜色"对话框中设置渐变颜色为#2485C5，如图 2-31 所示。同样的，设置右侧的渐变色标为#026BAD，单击"新建"按钮保存该颜色方案，弹出"选择色标颜色"对话框，如图 2-32 所示，单击"确定"按钮后在矩形选区中从左至右拖动鼠标进行渐变填充，如图 2-33 所示，完成后按 Ctrl+D 组合键取消选区。

图 2-27　建立基准线

图 2-28　建立矩形选区

图 2-29　渐变工具

图 2-30　编辑渐变色

图 2-31　"渐变编辑器"对话框

图 2-32　"选择色标颜色"对话框　　　　图 2-33　使用鼠标拖动实现渐变填充

选择"自由变换"命令依照参考线调整矩形，以使矩形形状与"底稿"层相同。"蓝色矩形"层位于"底稿"层上方，这样影响其他图形绘制，拖动"底稿"层并将其置于"底稿"层下方，如图 2-34 所示。

图 2-34 移动"蓝色矩形"层

图 2-35 多边形套索工具

4. 绘制"KY"符号

新建图层，重命名为"KY"，在工具栏中选择多边形套索工具，如图 2-35 所示；以"底稿"层手绘标志为准描绘白色的字体变形，形成选区后填充白色（在使用直线套索工具时，按住 Shift 键可以多选，按住 Alt 键可以减选；填充完颜色后，按 Ctrl+D 组合键可以取消选中状态）。

5. 完成"书"的形态

（1）整理图层。同时选中"蓝色矩形"、"KY"两个对象，按 Ctrl+G 组合键将其放入一个组，将名称修改为"书"并加锁固定。

（2）制作灰色阴影。新建图层，重命名为"灰色阴影"，用多边形套索工具按照"底稿"层绘制灰色矩形，填充色为灰色。

（3）删除"底稿"层。标识绘制完成后，拖动"底稿"层至"图层"面板右下角的垃圾桶中删除。

（4）调整剩余图层顺序。3 个图层自上而下的顺序为"KY"、"蓝色矩形"、"灰色阴影"。按住 Shift 键选取这 3 个图层，按 Ctrl+T 组合键，调整标志的大小和形状。

6. 制作公司中英文名称

使用文字工具 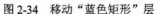，分别输入"科源信息技术有限公司"和"Keyuan Information Technology Co，Ltd"，选择"窗口"→"字符"命令，打开"字符"面板，设置两个文字层中对象的属性，填充黑色、黑体字，中文文字大小为 20 点、字距为 100，英文文字大小为 12 点、字距为–25，移动文字对象使其与"书"的距离协调，完成后的效果如图 2-36 所示。

图 2-36 制作完成的公司标识和名称

7. 保存并备份两种效果图

完成设计制作后，隐藏"背景"层，保存到"处理素材"文件夹中，并选择"存储为"命令将其另存为"ky-logo-black.png"，如图 2-37 所示。再将中文和英文字体图层选中，更改字体颜色为白色，另存为"ky-logo-white.png"。

图 2-37　存储为 PNG 格式

知识解说：

1）矢量图与位图

矢量图又称为向量图，是由点、线、面等来描述和记录的图，记录的是对象的几何形状、线条粗细、角度、圆弧、面积、填充、色彩等。生成的矢量图的文件存储量小，任意放大或缩小不会出现图像失真现象，更适用于文字设计、图案设计、版式设计、计算机辅助设计（CAD）等。但矢量图不易制作色彩丰富的图像，并且在不同的软件之间交换数据也不便。

位图又称为点阵图或像素图，由多个像素的色彩组合形成图像，打印的图片或照片由墨点构成，计算机屏幕上的图是由屏幕上的发光点（像素）构成的。在处理位图图像时，编辑对象是像素，它的存储容量和质量取决于图像中的像素点的多少，每单位尺寸中所含像素越多，图像越清晰，颜色之间的过渡也越平滑。位图图像的优点在于表现力强、真实、细腻、层次多。但在对图像进行拉伸、放大等处理时，其清晰度和光滑度会因单位尺寸像素的变化而受到影响。

2）常用的图像文件格式

（1）GIF：图像交换格式，该格式能够支持不大于 256 色的图像压缩格式，一般用于主要包含纯色的图像，支持透明和动画。

（2）JPG：又称为 JPEG，支持 32 位颜色的图像，能以很高压缩比来保存图像，图像质量损失较少，适宜网页使用，既保证了图像质量，又不会影响浏览速度。

（3）PNG：具备 GIF 和 JPG 的优点，在压缩时不影响图像品质，且在显示全彩图时可支持 48 位色彩，在 IE 4.0 版本及以上才支持此图像格式。

（4）BMP：Windows 操作系统的标准图像文件格式，该格式图像信息大、不压缩、体积大。

（5）TIFF：一种比较灵活的图像格式，支持 256 色、24 位、32 位、48 位色等，同时支持 GRB、CMYK 等多种色彩模式，支持多平台等，文件体积较大，适用于印刷。

（6）WBMP：移动计算机设备使用的标准图像格式，这种格式特定使用于 WAP 网页，支持 1 位颜色，只包含黑色和白色像素，版幅较小。

（7）SWF：利用 Flash 制作出的动画，体积较小，可边下载边查看，因此特别适合网络传输；SWF 动画是基于矢量技术制作的，因此无限放大也不会破坏画面质量。

（8）PSD：Photoshop 的专用文件格式，可支持图层、通道、蒙版和不同色彩模式的图像特征，是非压缩的原始文件保存格式。PSD 文件体积较大，一般用于保存尚未制作完成的图像。

3）网页图像格式的选择

需要透明图像、动画图像、颜色数少、占空间少时选择 GIF 格式的图像；当需要简单的动画时使用 GIF 动画格式。需要相片、有渐变色的图像、颜色丰富的图像、需要大量压缩图像存储容量时选择 JPG 格式。压缩时在图像处理软件中可以设置压缩图像的值。在网页中较少使用 BMP 和 TIFF 格式。

2.3.2 整理加工和绘制素材

页面中使用到的各种图片素材需要整理，筛除不用的图片，将需要的图片统一大小、抠图、制成 PNG 格式待用，一些符号如 more、arrow1、arrow2、arrow3 等，需自行绘制。

1. 整理图片

查看"原始素材"文件夹中的图片，将"处理素材"文件夹分为"欢迎"、"首页"、"公司介绍"、"新闻动态"、"产品服务"和"维护保养"6 个子文件夹以便存放处理好的素材。

2. 简单加工图片

分析各页面需要使用的图片，可先将图片处理好。这里做两个图片的处理，网站中所用到的其余图片参照此进行处理。

（1）在 welcome 页面中要使用的计算机图片，需要进行抠图处理。

打开该图片，另存为"电脑.psd"，保存至"处理素材"→"欢迎"文件夹中，双击默认锁定的图片层，将其解锁并重命名为"电脑"图层，如图 2-38 所示。

使用魔棒工具，在属性栏设置容差值为 25 ，其余默认，在白色背景处选中白色部分，按 Delete 键删除。按 Ctrl+D 组合键取消选区，使用矩形选框工具，将图片下部的文字残留选中并删除。再使用多边形套索工具，将未删除的计算机阴影部分选中并删除，如图 2-39 所示，将其另存为"电脑.png"。

图 2-38　重命名新建图层　　　图 2-39　使用多边形套索工具进行区域选择

（2）首页中的 4 个产品图片显示效果应一致，如图 2-40 所示，故需要将非白色背景、下载网站的标识及文字等去除，并裁剪为 45px×45px 大小。

打开笔记本电脑的图片，将背景层拖动至"创建新图层"按钮 处，生成背景层的副本，如图 2-41 所示，隐藏背景层，副本层宽度改为 45px，这时高度仅为 39px ，利用固定选区选择 45px×45px，选择"图像"→"裁剪"命令，将画布裁剪为选区大小，如图 2-42 所示。由于首页背景与现有背景一致，因此可直接将其保存为"045045 笔记本.png"。

图 2-40　产品链接区的 4 类产品

图 2-41　通过拖动复制图层

图 2-42　固定大小的区域裁剪后的效果 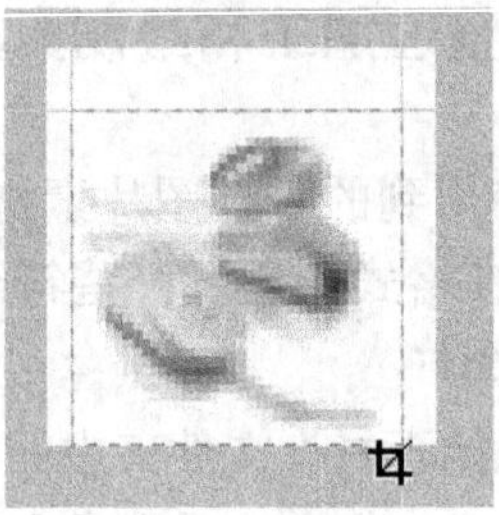　　　　图 2-43　裁剪区域

打开鼠标的相关文件，该文件是 GIF 格式的，打开后只能显示其第一帧，图层名为"索引"，不能直接复制和修改，将该图层放入新建的文件，变换大小为 45px×45px，按住 Ctrl 键选中该图层，沿选区的边线加上参考线，使用裁剪工具，沿参考线选择裁剪保留的区域，如图 2-43 所示，完成后按 Enter 键，再选择"图像"→"画布大小"命令，弹出"画布大小"对话框，如图 2-44 所示，查看修改后的画布大小是否准确，如不准确可在该对话框中进一步调整，完成后保存画布。

用同样的方法处理"台式机"和"U 盘"图，分别保存为"045045 笔记本.png"、"045045 电脑周边.png"和"045045 数码产品.png"和"045045 台式机.png"，处理好的 4 张图片如图 2-45 所示。

045045 笔记本.png　　045045 电脑周边.png　　045045 数码产品.png　　045045 台式机.png

图 2-44　"画布大小"对话框　　　　　　　　图 2-45　处理好的 4 个图片

经验分享：

有些网站在设计规划时，已经确定了图片的大小，可以先将图片处理成需要的效果和大小，保存时，将PNG格式的文件以能标识文件内容和大小的名称保存，如"045045笔记本.png"。

（3）首页和次页中的其他图片，使用魔棒、多边形套索、橡皮擦等工具，分别去除白色背景，保存为PNG格式至相关素材文件夹中备用。将无需单独处理的素材也放入各页面文件夹中。

各页面中的图片整理和处理后的效果如图2-46～图2-48所示。

图2-46　首页页面整理和处理的素材

图2-47　公司介绍页面整理和处理的素材　　图2-48　产品服务页面整理和处理的素材

3. 绘制小图标

图2-49所示的小图标都是形状简单、尺寸小、色彩鲜艳的图像，放于文字内容区域，起点缀美化的作用，通常这种图像高度在15px以下，宽度为10～40px，其上的文字为9～12px，通常为GIF图片格式或GIF动画格式，做成GIF动画格式时会有简单的闪烁效果，在软件中制作时需要把视图放大到8倍以上，逐像素调整。

这里只做静态效果，可创建一个名为"icon.psd"的文件，把所有需要的小图像全部事先绘制好并分组，便于今后使用。编辑时，选择"视图"→"显示"→"网格(快捷键为Ctrl+')"命令，显示网格，并选择"编辑"→"首选项"→"参考线、网格和切片"命令，设置网格线间隔为10px，子网格为2。放大显示比例至800%以上，逐像素调整。

1）绘制"go"图标

如图2-50所示，使用椭圆选框工具，设置固定大小为10 px ×10 px，新建图层"go"，绘制一个正圆，设置前景色为#04B4F4，按Alt+Delete组合键填充前景色。

使用文字工具添加文字"go"，设置字符属性如图2-51所示。"go"图像的难点在于，制作文字"go"的细线清晰效果。默认情况下，像素较小的文字晕化、不清晰，要实现细线清晰效果，需要在"字符"面板的右下方将文字的消除锯齿方式设为平滑。

图 2-49　自己绘制的小图标

图 2-50　绘制"go"图标的过程　　　　图 2-51　设置字符的属性

2）绘制箭头 1

先绘制一个颜色为#008CED 的圆角矩形，大小为 15px×15px，再使用直线工具，如图 2-52 所示，在新图层上绘制 3 条粗细为 1px 的白色直线，如图 2-53 所示，绘制完成后可将两个图层组合为组。

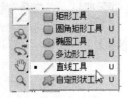

图 2-52　直线工具　　　　　　　图 2-53　绘制"箭头 1"图标的过程

经验分享：

绘制形状时，可先按住 Shift 键再绘制，可以得到正方形、正圆、水平直线、垂直直线或 45°斜线。

3）绘制箭头 3

箭头 3 的箭头可以直接绘制，使用自定义形状工具，设置前景色为#FFC801，在属性处设置绘制"填充像素"，在自定义形状中将箭头形状加载追加到现有形状列表之后，如图 2-54 和图 2-55 所示。

这时选择"箭头"，在画布中拖动鼠标绘制即可。

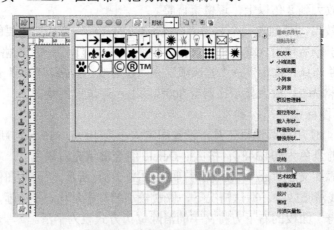

图 2-54　绘制"自定义形状"

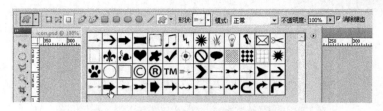

图 2-55 将"箭头"形状追加到现有形状后

所有图标绘制好后的效果如图 2-56 所示。

图 2-56 绘制完成的小图标

2.3.3 制作动态广告条 banner 和 banner-sub

首页的 banner 和次级页面的两个 banner 很类似,都是在渐变背景上放置商品的图片和文字,不同的是次级页面的 banner 有文字变化的动画效果,导出格式为 GIF 动画。

1. 制作首页的广告条 banner

(1) 新建文件,宽为 540px、高为 205px,画布为白色,保存到"处理素材"中,名称为"banner.psd"。

(2) 绘制上圆角下直角的矩形:新建图层"背景色",使用椭圆选框工具,修改选区属性为"添加到选区" ,固定大小为 30px×30px。在画布的左上角单击以创建圆形,同时按住鼠标左键将其移动至左上角与画布左侧和顶部相切的位置,使用相同方法创建右上角圆形。

使用矩形选框工具,选区属性改为"添加到选区",在画布中选择与两个圆相连的矩形,顶部制作完成。在与圆形选区相接部分再次绘制矩形选框,完成圆角矩形的绘制。使用渐变工具,设置线性渐变填充颜色为#FD7704→#FFC801,从左到右拖动填充渐变色,效果如图 2-57 所示。完成后锁定图层,取消选区。

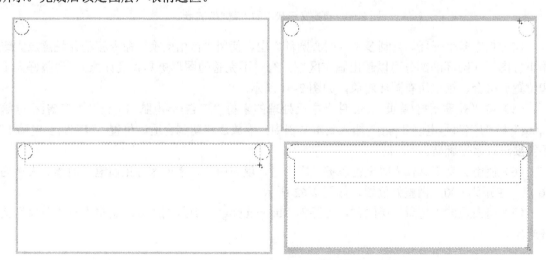

图 2-57 利用选区绘制圆角矩形的过程

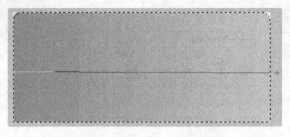

图 2-57 利用选区绘制圆角矩形的过程（续）

（3）绘制圆环。新建图层"同心圆环"，使用椭圆选框工具，绘制一个 170px×170px 的固定大小的圆形选区，填充白色。将选区模式改为"从选区中减去"，选择"选择"→"变换选区"命令，将选区的宽和高都变换为 80%，确定后，删除白色。按 Alt+S+T 组合键，变换选区为 75%，填充白色；再变换选区为 70%，删除白色；再次变换选区为 60%，填充白色，过程如图 2-58 所示。调整该图层的不透明度为 10%，如图 2-59 所示。

 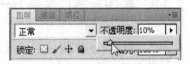

图 2-58 绘制圆环过程　　　　　　　　图 2-59 修改图层的不透明度

知识解说：

同心圆环也可以直接使用 自定形状工具 中的"符号"，在"形状"下拉列表中找到"靶心"来绘制，如图 2-60 所示。

图 2-60 自定义形状中的"靶心"形状

（4）制作多个圆环。复制多个"同心圆环"层，使用"自由变换"命令移动并任意放大或缩小各图层（圆环的部分可以超出画布区域。有时不完整的图形更具备设计感），调整好大小和位置后组合、锁定所有圆环对象，如图 2-61 所示。

（5）将"处理素材/首页"文件夹中已处理的素材"广告区-电脑 1.png"、"广告区-电脑 2.png"和"广告区-电脑 3.png"加入到本文档中，缩放后移动到合适的位置。"广告区-电脑 1"还需要进行水平翻转。

（6）使用文字工具输入"无忧服务"广告语，填充白色、字体为方正毡笔黑简体、大小为 36 点、字距为 600，调整好位置，如图 2-62 所示。

（7）将白色的"背景"层隐藏，另存为"banner.png"，放入到"处理素材"→"首页"文件夹中。

图 2-61　复制多个圆环

图 2-62　图片和文字都制作完成后的效果

2. 制作次级页面的广告条 banner-sub

两个次级页面中广告条的效果，与首页中的广告条基本相同，但需要制作文字变化的动画，导出格式为 GIF 动画。在后面操作中，通过更改首页"广告条"图片，增加宽度、减少高度，完成静态的 JPG 格式图像，再通过增加多帧，生成 GIF 动画。

（1）新建文件，宽为 800px、高为 180px，画布为白色，保存到"处理素材"中，名称为"banner-sub.psd"。

（2）在"处理素材"文件夹中打开"banner.psd"文件，在"图层"面板中将除"背景"层之外的所有图层复制到"banner-sub.psd"中。

（3）在"背景色"图层中将原图层内容全部删除，重新绘制橙色背景的圆角矩形，宽为 790px、高为 170px，填充渐变颜色不变；双击"背景色"层，在弹出的"图层样式"对话框中将该图层样式设置为"外发光"，具体设置如图 2-63 所示，发光颜色为#BEBEBE。完成后锁定图层，图层显示如图 2-64 所示。

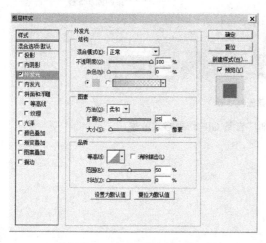

图 2-63　"图层样式"对话框

图 2-64　锁定图层

（4）解锁同心圆环组，复制若干圆环，通过放大缩小、改变位置调整圆环。从"处理素材"→"公司简介"文件夹中将"广告区-电脑 4"添加到文件中，与之前的 3 张计算机图片相同处理，缩放并调整位置。更改"无忧服务"文字为"准确、及时、有效、周到"，文字大小为 30点，字距为 400。效果如图 2-65 所示。

图 2-65　次级页面广告条 JPG 格式效果

(5)导出 JPG 图像。选择"文件"→"存储为"命令,将其存储到"处理素材/images"中,命名为"banner-sub.jpg"。JPG 格式的图像处理完成。

(6)制作 GIF 动画。选择"窗口"→"动画"命令,打开界面下方的动画工具,默认情况下只有一帧,是将之前完成的画面中所有图层全部放入的效果,"永远"表示永久循环,可设置无循环或者循环的次数。单击动画工具下方"复制所选帧"按钮 复制 4 帧,为了文字效果将原来一层的 "准确、及时、有效、周到"4 个词依次放入复制的 4 个图层。

选中每一帧,更改前 4 帧,每帧具体的文字和效果如图 2-66 所示。单击每一帧的"选择帧延迟时间"按钮,修改帧的延时值,如图 2-67 所示,设置好的全部帧的延时如图 2-68 所示。在视图区域的底部单击"播放"按钮,预览动画。

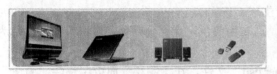
第一帧 0.5 秒

第二帧 0.5 秒

第三帧 0.5 秒

第四帧 0.5 秒

第五帧 3 秒

图 2-66 次级页面广告条 GIF 动画格式效果

图 2-67 设置帧的延时

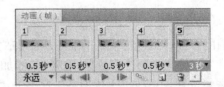

图 2-68 设置好的全部帧的延时

(7)保存为 GIF。选择"文件"→"存储为 Web 和设备所用格式"命令,弹出存储为 Web 和设备所用格式对话框,进行如图 2-69 所示的设置,预设格式为 "GIF 128 仿色",单击"保存"按钮,将其以"banner-sub.gif"为名保存至"images"文件夹中。

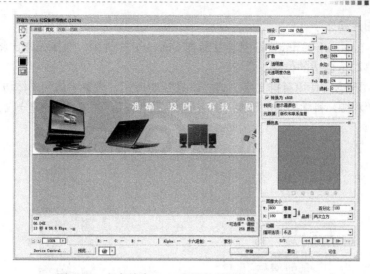

图 2-69 "存储为 Web 和设备所用格式"对话框

2.4 形象宣传网站的界面制作

网站设计完成，相关素材整理加工完成后，需要使用专业的图形图像软件进行整体界面效果的绘制，让用户和开发团队都能看到首页和各次级页面的效果图，并与用户进行设计的确认后，才能进行下一步的网站制作工作，在制作之前，需要将背景图像进行合理的切片。

2.4.1 绘制欢迎引导页

1. 新建文件

（1）新建文件，宽为 1000px、高为 600px，RGB 颜色为 8 位，画布为白色，保存至"处理素材"文件中，名称为"welcome.psd"。

（2）新建图层"背景色"，按 Ctrl+A 组合键全选图层，从上到下线性渐变填充#FD7704→#FFC801，完成后将该图层锁定。

2. 绘制同心圆

绘制圆环效果。打开"banner.psd"，复制图层"同心圆环"，将圆环复制多个，任意放大或缩小，拖放到"广告条"画布的各个区域锁定，如图 2-70 所示。

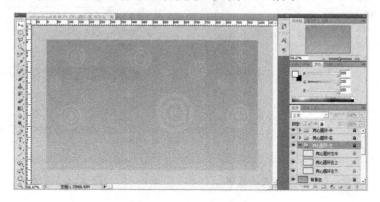

图 2-70 绘制圆环并锁定

3. 标识、图片和文字

（1）打开 ky-Logo-white.png，将图层复制到 welcome 文件中，保持长宽比将标识和文字放大至 130%，并移动至合适的位置。

（2）输入公司理念，使用直排文字工具，如图 2-71 所示，设置字体为书体坊米芾体、36px、白色，输入文字"科源，科学技术的源泉 用科技创造顾客价值"，按 Enter 键分成 3 行，如图 2-72 所示。

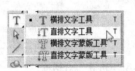

图 2-71　直排文字工具　　　　图 2-72　直排文字

经验分享：

书体坊米芾体为特殊字体，需要在网上下载或购买（如在字体下载大宝库网站 http://font.knowsky.com 上下载），下载后的字体解压后复制到"控制面板"的"字体"窗口中，即可在各软件中使用。对于不常用的字体，应将文字图层栅格化为图像的形式。

（3）从"处理素材/欢迎"文件夹中打开"电脑.png"，复制图片，缩小后调整好位置。

（4）输入横排文字"进入首页"，设置字体为黑色、黑体、24px，复制一个制作倒影效果，选择"编辑"→"变换"→"垂直翻转"命令，双击图层设置图层样式，弹出"图层样式"对话框，使用"渐变叠加"图层样式，设置渐变颜色为"反向"，如图 2-73 所示，并双击编辑渐变颜色，弹出"渐变编辑器"对话框如图 2-74 所示，将白色修改为# FFC801。最后将该图层的不透明度修改为 50%，效果如图 2-75 所示。

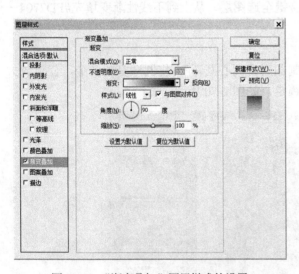
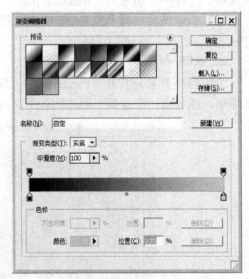

图 2-73　"渐变叠加"图层样式的设置　　　　图 2-74　编辑渐变颜色

图 2-75　制作完成的 welcome 页面效果

4．切片

知识解说：

切片是将图像分割成多个小区域，从而实现对大图像的无损分割。当包含此图像的网页被访问时，能实现边下载边呈现的显示效果，而不会出现页面长时间没有响应的情形。图像切片的优点如下：

（1）使用切片工具对图像进行切割后，各部分图像可以单独优化，以获得最佳的图像文件存储大小和质量，可以以不同的图像格式输出，利用不同图像格式进行显示。

（2）如果图像的一部分需要经常更新，则替换需更新的部分即可，而不必对整个图像进行更新。在网页中，创建对图像的超链接通常比使用图像映射更容易。

（3）对图像进行切片操作可在多个页面间复用图像，不但可以减少网页存储空间，而且能够加快网页的下载速度。

（1）使用切片工具，绘制两个固定大小分别为 200px×600px 和 600px×460px 的用户切片"01"和"02"，如图 2-76 所示。使用切片选择工具双击"01"切片的名称，弹出"切片选项"对话框，如图 2-77 所示，设置切片类型为图像，名称为"welcome-bg"，在该对话框中还可以修改切片的位置和大小；使用同样方法设置"02"切片名称为"welcome-main"。

图 2-76　用切片导出 welcome 页面需要的两个图像

图 2-77　"切片选项"对话框

（2）选择"文件"→"存储为 Web 和设备所用格式"命令，弹出"存储为 Web 和设备所用格式"对话框，在其中可查看切片的情况，如图 2-78 所示，选择预设为 JPG 格式，单击"存储"按钮，可以选择用户切片的存储位置，如图 2-79 所示。导出的切片将其存储在"images"文件夹中，分别命名为"welcome-bg.jpg"和"welcome-main.jpg"。

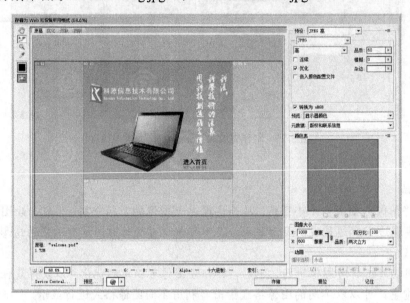

图 2-78　查看切片效果

图 2-79　导出切片

知识解说：

Photoshop 中的切片分为用户切片和自动切片，用户切片就是用户使用切片工具手工拖动选择的切片；自动切片是根据用户切分画布后自动将没有用户切片的部分补充上的切片，可在保存时选择只保存用户切片。

5. 保存和导出效果

设计制作完成后，选择"文件"→"存储为"命令，将效果保存为同名的 JPG 格式的文件，如图 2-80 所示，保存至"页面效果"文件夹中，完成后保存文件的修改，关闭文件。

图 2-80　保存 JPG 文件

2.4.2　绘制首页

首页的布局设计如图 2-81 所示，制作时，首先根据页面的元素位置利用参考线分隔区域，再逐区域绘制，绘制过程中要注意使用图层组进行分组管理。

图 2-81　首页的布局设计

1. 界面划分

（1）新建文件，画布宽为 1000px，高为 745px，画布颜色为白色，以"index.psd"为名保存文件。在横向 85px、120px、620px 和 685px，纵向 100px、650px 和 900px 处添加参考线，并选择"视图"→"锁定参考线"命令将它们锁定。

经验分享：

首页页面划分为 8 个区域：头部（header）、导航栏（navigator）、广告条（banner）、产品链接（link-product）、内容链接 1 区（container1）、内容链接 2 区（container2）、友情链接（friendlink）、页脚（footer），在制作整体页面时需要根据区域划分添加参考线，在具体制作时，如不够可继续添加，参考线过多可根据需要删除。

因为整体页面制作要兼顾细节制作和整体效果，所以过程中要灵活地缩放显示比例。

（2）绘制页边背景。新建图层"页边背景"，选中两侧 100px×745px 的区域，填充颜色为 #006699，效果如图 2-82 所示。

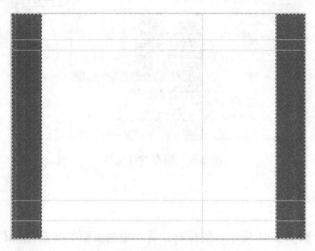

图 2-82　绘制页边背景

2. 制作页眉区域

页眉主要由顶部装饰条、公司标识和宣传标语组成。为了便于修改，以下操作中使用的路径均命名后保存，具体操作时不再赘述。

（1）制作顶部装饰条。

① 绘制顶部细条。在"顶部细条"图层中利用矩形工具，使用"填充像素"填充颜色为 #008ADC，绘制一个矩形细横条；使用"自由变换"修改大小和位置，具体值为 X: 500.00 px　Y: 2.5 px　W: 800.00 px　H: 5.00 px，按 Enter 键确定。

经验分享：

进行自由变换时，每个对象的中间会出现调整中心，变形时 X、Y 坐标即为该中心点的坐标，而进行旋转时也是以该点为圆心进行的，如图 2-83 所示。可以手工拖动鼠标改变该点的位置以便进行更灵活地旋转操作。

上述矩形细横条的高度是 5px，要将它放置于画布顶部，则只需要将中心点的 Y 坐标改为其高度的一半，即 2.5px。

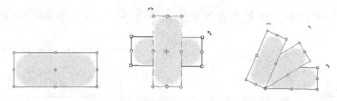

图 2-83　自由变换旋转圆心位置的影响

② 绘制圆角矩形。在"顶部右侧圆角矩形"图层中，使用圆角矩形工具绘制一个半径为 10px 的圆角矩形路径，利用直接选择工具选择路径，并将矩形上方的两个锚点分别选中后向左、右移动位置，拖动贝塞尔曲线调整其幅度，调整后的锚点如图 2-84 所示。

设置画笔笔尖大小为 1px、硬度为 100%、形状为硬圆边，如图 2-85 所示，设置前景色为 #008ADC，在路径处右击，在弹出的快捷菜单中选择"描边路径"命令，效果如图 2-86 所示。

按 Ctrl+Enter 组合键将路径转换为选区，从上到下线性渐变填充#008ADC→#009CFB→#21ADFF，效果如图 2-87 所示。

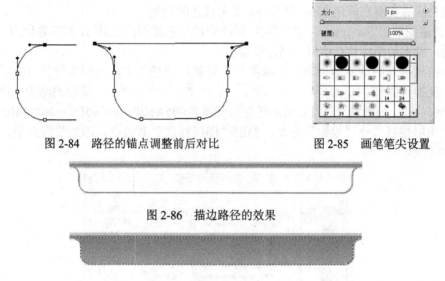

图 2-84　路径的锚点调整前后对比　　图 2-85　画笔笔尖设置

图 2-86　描边路径的效果

图 2-87　填充渐变的效果

知识解说：

路径是矢量曲线，其作用主要有抠图、选取图像；绘制曲线形状的图形；与画笔等工具结合可进行描边、填充，制作优美的图形效果。

对已有的路径可以用钢笔工具和直接选择工具进行细微调整。使用直接选择工具选择路径时，路径的转折处会出现可供调整的锚点，以小矩形框标识，常用的调整方法有移动路径上的锚点、改变锚点类型和增加/删除锚点。

锚点类型有两种：直线锚点（点两旁没有调整杆）和贝塞尔锚点（点两旁有切线调整杆以供调整曲线幅度），如图 2-88 和图 2-89 所示。

移动锚点：可利用鼠标拖动锚点的位置，也可以利用键盘上的"↑"、"↓"、"←"、"→"键微调。

改变锚点类型：可以用钢笔工具组中的 转换点工具 拖动锚点，以使直线锚点和贝塞尔锚点互相转换。

增加/删除锚点：可以利用钢笔工具组中的 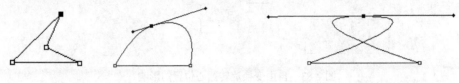 进行锚点的增删。

图 2-88　直线锚点　　　　　　　　　　图 2-89　贝塞尔锚点

（2）导入公司标识。打开已经做好的"ky-Logo-black.png"，将图层复制到此文档中，将图层重命名，并将对象移动至适合的位置。

（3）制作宣传标语。选择横排文字工具，输入"科源，科学技术的源泉|用科技创造顾客价值！"，设置其属性为方正稚艺简体、黑色、22px，设置消除锯齿方法为平滑，将文字对象移动到合适的位置。

（4）完成上述操作后，将页眉区域的所有图层放入图层组"header"中，锁定图层组。

3．制作导航栏区域

导航栏区域主要在横向 85px 和 120px 参考线之间绘制。

（1）创建图层组"navigator"。在"图层"面板中使用创建新组工具，创建名称为"navigator"的图层组，以下的图层均在该组中创建和管理。

（2）绘制导航栏的基本形态。在新图层"导航栏背景"中，绘制半径为 10px 的圆角矩形路径，变换位置和大小为 X: 500.00 px　Y: 102.00 px　W: 794.00 px　H: 31.00 px；描边的笔尖大小为 2px、颜色为#006CBD；内部填充，从上到下线性渐变颜色#05A6E8→#0795D1→#0086BE；选择"图层"→"图层样式"→"投影"命令，弹出"图层样式"对话框，添加投影效果，具体设置如图 2-90 所示。

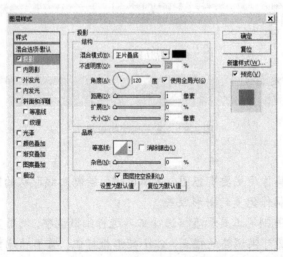

图 2-90　投影效果的设置

（3）绘制导航栏底部体现立体效果的横线。在图层"直线"中，使用直线工具绘制填充像素，设置粗细为 1px、颜色为#06A8E6，按住 Shift 键的同时，绘制一根横线，完成后进行自由变换，属性为 X: 500.00 px　Y: 116.00 px　W: 784.00 px　H: 100.00%。

（4）绘制导航栏目分隔条。为了体现立体感，由两根斜线紧挨着形成，左边的斜线颜色浅一些。在新建图层中使用"直线工具"绘制颜色为#41C7FA 的填充像素斜线，完成后复制该层，按住 Ctrl 键选中该层内的对象，修改前景色为#006CBD，按 Alt+Delete 组合键填充颜色，并将该层向右微调。按住 Shift 键的同时选中这两个图层，按 Ctrl+E 组合键合并图层，将其重命名为"分隔条"。

绘制时上、下方有一点超界，放大显示比例后，使用矩形选框工具选择多余部分，将其删除，如图 2-91 所示。

复制 4 份，在导航栏中把最左和最右的分隔条位置确定后，选中所有分隔条，在"选择"属性工具栏中单击"水平居中分布"按钮，分隔条分散排列整齐。

（5）将图层组"navigator"折叠起来并锁定。

4. 制作主体区域

主体区域主要由广告条、产品链接、内容链接 1 区、内容链接 2 区、联系我们、友情链接 6 个区域分别由 6 个圆角矩形组成，矩形之间都有间距，效果如图 2-92 所示。

图 2-91 删除多余部分后的分隔条

图 2-92 确定 6 个区域的位置

由于主体区域内容较多，所以必须分图层组，组中还需要嵌套组进行图层管理。做好一个图层或组的效果后，应将该图层或组锁定，避免误修改。

（1）新建图层组"主体"，以下的所有图层和组均放入其中。

（2）绘制 6 个半径为 15px 的圆角矩形路径，确定 6 个区域的位置和大小属性分别为如下"广告条"和"内容链接 1 区"的矩形 X:375.00 px △ Y:277.00 px W:540 H:305 px、"产品链接"的矩形 773.00 px △ Y:277 W:245.00 px H:305.00 px、"内容链接 2 区"的矩形 75.00 px △ Y:530.00 px W:540.00 px H:174.00 px、"联系我们"的矩形 773.00 px △ Y:530.00 px W:245.00 px H:174.00 px、"友情链接"的矩形 500.00 px △ Y:655.00 px W:794.00 px H:56.00 px。6 个区域的描边路径均为 1px、颜色为#CCCCCC。完成后将 6 个边框的图层放入图层组"边框"。

（3）完善"广告条"和"内容链接 1 区"。

① 将"处理素材/首页"文件夹中的"banner.png"打开并复制到此文件中，放置于合适的位置。

② 水平分隔条。使用直线工具，按住 Shift 键的同时画一条粗细为 1px、颜色为#CCCCCC 的直线，自由变换为 W:538.00 px H:1.00 px，复制两个图层，分别将 3 条直线调整好位置。

③ 链接区数字装饰图案。绘制一个半径为 5px 的圆角矩形，宽为 25px、高为 14px，填充颜色为#4856AF。其他 3 个圆角矩形的属性除了位置和颜色不同外，其他均相同，复制后调整至合适位置，填充颜色分别为#11ABB7、#F09C00、#7BC500。用文字工具分别输入"1"、"2"、"3"、"4"，文字字体为 Arial Black、大小为 12px、白色，设置消除锯齿的方法为"犀利"，调整位置与圆角矩形的协调性，将矩形和文字全部放入组"链接区数字装饰"中，效果如图 2-93 所示。

(4) 完善"产品链接"区。

① 选择"路径"面板之前保存的"产品链接"路径，将路径载入选区，选择"选择"→"修改"→"收缩"命令，弹出"收缩选区"对话框，设置收缩量为1像素，如图2-94所示，为区域填充纯色#F3F3F3。

图2-93　内容链接1区完成后的效果　　　　图2-94　设置"收缩选区"的收缩量

② 上下装饰条。在"上下装饰条"图层绘制宽为120px、高为12px、半径为10px、填充色为#04B4F4 的圆角矩形。用矩形选框工具选择上半部分，移动至本区域底部，重新选中上半部分移动至本区域顶部做装饰，如图2-95所示。

③ 4个产品目录矩形。绘制半径为10px、宽为210px、高为50px的圆角矩形，内部填充颜色白色，边框为1px、颜色为#CCCCCC。复制3次后，拖动矩形确定好顶部和底部的位置，再同时选中 4 个矩形，单击属性栏中的 按钮实现水平居中对齐的设置，单击 按钮实现垂直平分间距，使4个白色的目录型圆角矩形排列整齐，如图2-96所示。

 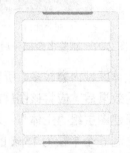

图2-95　装饰条圆角矩形制作过程　　　　图2-96　4个目录型圆角矩形排列

④ 产品目录完善。在"处理素材/首页"文件夹中找到已经处理好的与产品目录主题相同的 4 幅图像的 PNG 格式的文件，将其复制到此文件中，拖动并将其放置于合适的位置。

打开"处理素材"文件夹中的"icon.psd"文件，展开其中的图层组"go"，将该组复制到此文件中，同时选中该组的两个图层，单击"图层"面板中的链接图层按钮 ，将两个图层链接起来，如图2-97所示。将该组移动到合适的位置并复制3次，放置于合适的位置。完成后如图2-98所示。

图2-97　链接图层　　　　　　　　　图2-98　产品目录完成后的效果

（5）完善"内容链接2区"和"联系我们"区。

需绘制以下两个图形，如图2-99所示，带箭头的矩形、"MORE"小图标、文字、直线。带箭头的矩形和"MORE"小图标在之前已经做好的"icon.psd"文件中可以找到；文字为黑体、16点、填充颜色为#008DE8、锐利；直线粗细为6px、颜色为#008DE8。复制或绘制对象，调整好位置后组合图层。

（6）完善"友情链接"区。

① 绘制半径为10px、宽为45px、高为56px的圆角矩形，填充#008DE8，使用矩形选框工具选中右半部分（左宽右窄），按Ctrl+X组合键将其剪切，再按Ctrl+V组合键将其复制到另外一个图层中，如图2-100所示，将两个半矩形分别移动到友情链接区域灰色矩形框的左、右侧。

图2-99 内容链接2区需要完善的内容　　　　图2-100 切分圆角矩形

② 按住Ctrl键单击"右半矩图层"选中右半矩区域，前景色为#F3F3F3，填充该区域，为该图层添加"描边"效果，描边设置如图2-101所示，描边颜色为#CCCCCC。

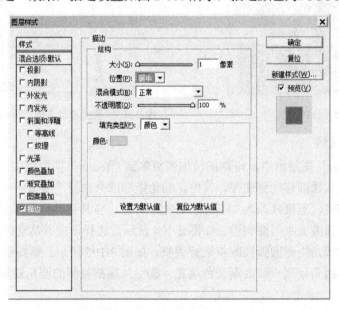

图2-101 "描边"图层样式的设置

③ 利用直排文字工具输入文字"友情链接"，黑体、13点、白色、锐利。

④ 将友情链接的7个标识复制到文档中，科源的标识是由多图层组成的，这里将该组选中，利用"合并图层"命令将它们合并为一层，如图2-102所示，再与其他标识一起分别等比例缩放并放置于合适的位置。其中亚马逊的标识，可以只选择标识部分进行复制，如图2-103所示。

（7）折叠和锁定图层组，以避免图层和图层组过多，难以管理和访问。

经验分享：

文件中的对象较多，将可复用部分通过复制使用，能提高工作效率。如不再变动由多个图层组成的对象，则可合并图层，但合并的图层无法剥离回复为原图层，所以合并图层要谨慎。

图 2-103　只选择 Logo 复制

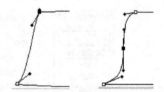

图 2-104　底部装饰条的圆角弧度调整前后对比

图 2-102　合并图层　　　　　　　图 2-105　圆弧控制点进行移动调整前后对比

5. 制作页脚区域

（1）从"header"图层组中，将顶部装饰条复制到"footer"图层组中。

（2）将装饰条从顶部移动到底部，其中，圆角矩形部分选择"编辑"→"变换"→"垂直翻转"命令将其翻转，宽度修改为 210px、高度为 40px，将其移动到底部左侧。

（3）此时圆角弧度太小需要调整，如图 2-104 所示。选择该层并从选区生成工作路径，使用直接选择工具对圆角矩形圆弧控制点进行调整，如图 2-105 所示。将路径转换为选区，新建图层，使用与顶部圆角矩形一致的渐变色填充，删除从顶部复制的圆角矩形图层。

经验分享：

如果在制作页眉顶部装饰条时保存了圆角矩形的路径，则可以选择该路径做进一步修改，这样比重新制作省时省力。

（4）将已做好的"ky-Logo-white.png"放入文件，调整大小，并拖动到装饰条矩形上。

6. 添加各处文字

页面中的许多文字只在做页面设计效果时显示，而制作网页切片时，大部分文字都无需显示，所以使用文字工具制作的文字用"文字"图层组管理，其中可以再根据页面的区域分组管理。

页眉和导航处的文字使用宋体、12 点、白色；为显示交互效果，正在访问的页面字体改为宋体、12 点、黄色，为其添加一条 1 像素的下画线；"产品链接"区的文字使用黑体、14 点、颜色为#FF9900、消除锯齿为锐利；其余部分的文字均为宋体、12 点、黑色。

一般不同位置的文字建立独立的图层，同一区域的文字层完成后同时选中，使用选择属性栏中的 按钮实现对齐设置，使用 按钮实现分布（间距）设置。

"内容链接2区"和"联系我们"区的文字一次完成，可按 Enter 键分行，行间距为 20 点。

将页脚文字"Copyright @ 2008—2010 科源信息技术有限公司 All Rights Reserved"中的"@"改为 8 点、水平缩放 140%、基线偏移 3 点。

7. 导出页面效果图

所有内容完成后导出页面的效果图，为制作网页提供参考，选择"文件"→"存储为"命令，弹出"存储为"对话框，将效果保存为"index.jpg"，保存到"页面效果"文件夹中。

8. 制作切片

制作切片，需先将无需放入切片的文字图层隐藏（隐藏的对象在导出切片时是不会被导出的），如图 2-106 所示。

图 2-106 制作切片的页面

经验分享：

因为页面比较复杂，所以切片时应考虑好实际制作网页时的需要，并必须精确地进行页面分隔与切片，宽高要精确、位置也要精确，不要将边缘的其他不属于该切片的效果放入该切片。例如，页眉的宽为 800px、高为 85px，切片时宽高是精确的，但位置不正确，向左边移动了 2px，将背景的蓝色放入切片了，右边会缺少 2px，在其他切片正确的情况下，进行网页排版后，页眉区域就无法再与其他区域显示效果对齐，总觉得缩进了 2px，但会误以为是网页代码和样式编写错误导致的。这样的情况对于初学者很常见，希望使用者能精确切片避免与真正的网页排版错误混淆，否则很难查找原因。

表2-3列出了页面各区域需要制作的切片。

表2-3 页面各区域切片列表

区　域	切片（JPG）名称和尺寸（宽度×高度，单位为px）	个　数
页眉	header（800×85）	1
导航栏	navigator（800×35）	1
主体	banner（545×210）、container1（545×110）、container2（545×180）、link-product（255×320）、contanct-us（255×180）、more（41×15）、friendlink（800×65）、5个网站标识（140×50）	12
页脚	footer（800×60）	1

（1）先使用切片工具 ![] 打开切片属性栏，在其中单击"基于参考线的切片"按钮，先将页面按照参考线绘制切片，如图 2-107 所示，再使用切片选择工具 ![]，将不需要的切片删除，修改需要的切片的选项，或手工在切片调整点拖动调整。

图 2-107　基于参考线自动绘制的用户切片

（2）页面区域，将切片"01"、"03"和"04"删除，它们成为自动切片（灰色），"02"切片的属性修改如图 2-108 所示，修改后的页面区域如图 2-109 所示。导航栏切片制作方法与此相同。

（3）主体的上半区域，删除不需要的切片，剩余"05"和"06"，这时选中"05"切片，单击切片属性栏中的"划分"按钮，弹出"划分切片"对话框，设置"水平划分为"等分为3栏，可见"05"切片变为了平均高度的"05"、"07"、"08"切片，如图 2-110 所示，再修改3个切片的选项。

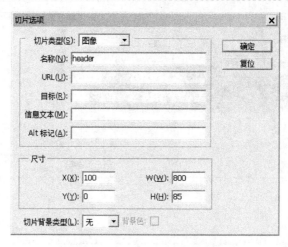

图 2-108　页面的切片选项的设置

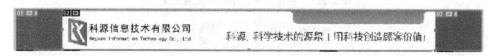

图 2-109　修改后的页面区域切片

图 2-110　将"05"切片水平划分为 3 个纵向切片

由于是紧接上一切片自动切出的,没有间隔,"05"切片改为 545×210 后,右侧和下方会有些不足,可以修改切片的 X 或 Y 的坐标值,这时因为移动而自动将切片填补在移动产生的间隔处,不会对用户切片造成影响。

"06"切片的处理与"05"相同,主体上半区域的切片完成后如图 2-111 所示。

(4) 主体的下半区域是"友情链接"区,其外框和 5 个标识需要分别切片,制作外框的切片"friendlink",对 5 个标识分别切片,由于这里有切片上面叠加切片的问题,不好控制,因此需先制作一部分,将切片导出后,再重新制作其他切片,如图 2-112 所示。

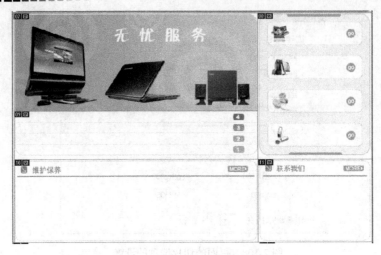

图 2-111　主体上半区域切片完成效果

图 2-112　重新制作网站标识的切片

（5）主体上半区的 MORE 也与网站标识类似，单独切取即可。

（6）页脚区域只需保留一个切片，调整好即可。

（7）选择"文件"→"存储为 Web 和设备所用格式"命令，弹出存储为 Web 和设备所用格式对话框，使用"原稿"或"优化"选项卡预览切片效果，查看每个切片，尤其注意切片导出格式默认为 GIF，如图 2-113 所示，将其改为 JPG 格式，完成后仅保存"用户切片"并存储在"images"文件夹中。注意："images"文件夹是已建立的，不再另建，不要嵌套存储。

（8）存储的文件名为默认的切片的数字编号，需重命名。

图 2-113　查看每个切片的预设类型

2.4.3 绘制次级页面

1. 绘制次级页面的 PSD 和 JPG 文件

次级页面的绘制方法与首页类似,这里不再描述,其中相同的对象,可以直接或稍做改动后使用。所有页面完成后都需要保存为 PSD 格式的源文件和 JPG 格式的效果图。

次级页面的宽度除了将使用框架页面实现的"维护保养"页面改为 1008 像素外,其余页面均保持为 1000 像素不变,高度会根据页面内容的多少而不同,可以在新建文件时使用与首页相同的高度,在绘制过程中选择"图像"→"画布大小"命令,在弹出的"画布大小"对话框中修改高度,在"定位"选项组中设置为"向下延伸",如图 2-114 所示,即可在现有内容的下方延伸画布。

图 2-114　修改画布大小

次级页面完成后的效果如图 2-115～图 2-118 所示。

图 2-115　公司介绍页面效果

图 2-116　新闻动态页面效果

图 2-117　产品服务页面效果

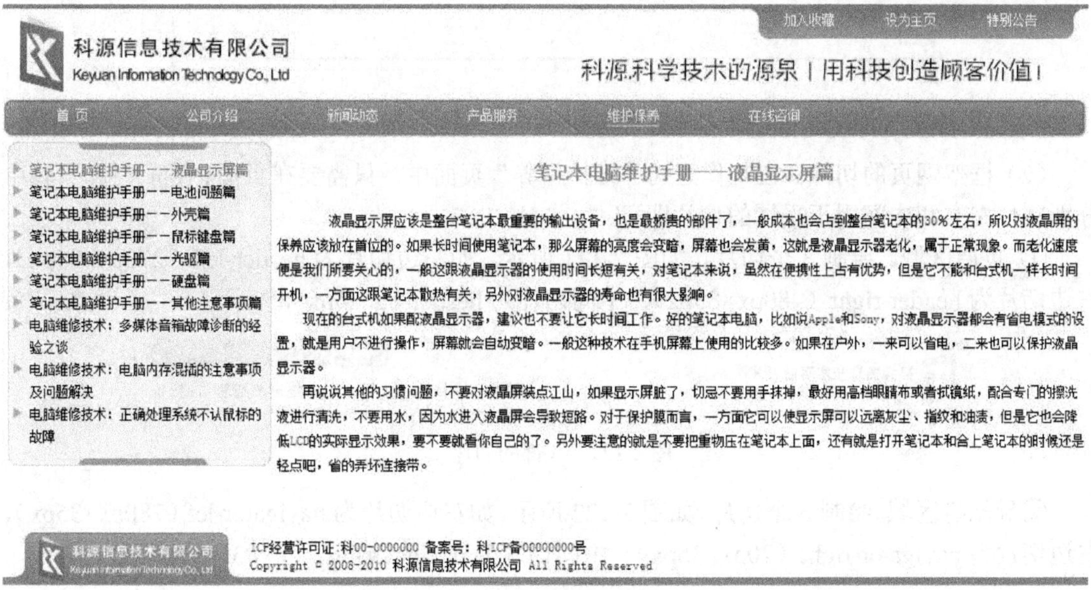

图 2-118　维护保养页面效果

2. 切片

绘制完成后切片，与首页相同的区域无需再切。所有切片均以 JPG 格式保存至"images"文件夹中。

（1）公司介绍、新闻动态和产品服务页面切片。

公司介绍、新闻动态和产品服务页面的切片本着切片制作时复用的原则，这里只介绍与首页不同的内容的切片。

① 链接区（link）。选择"新闻动态"页面制作，先将文字隐藏，利用切片工具绘制 4 个切片，link-top（255px×20px）和 link-bottom（255px×20px）部分，注意将元素切完整，link-bg（255px×10px）只需要 10px 高即可，还需要切取一个小三角图标 arrow（8px×10px），切片如图 2-119 所示。

经验分享：

3 个页面的链接区是源于首页的 link-product 区域的，但会因为内容不同而高度不固定，如果将顶部和底部都单独切出，则中间只需要切高度很小的一片，在网页制作中利用网页背景图像的自动平铺功能即可根据内容调整高度，故 link-bg 的高度只需 8px。

② 内容区标题（content-title）。3 个页面的内容区标题都是相同的箭头和横线，隐藏文字切取 content-title（530px×40px），如图 2-120 所示。

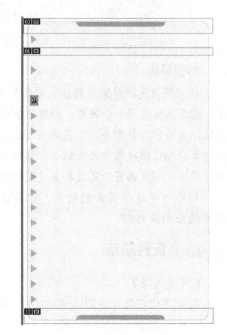

图 2-119　链接区的切片

图 2-120　次级页面的内容区标题切片

（2）框架网页的切片。在制作好的"维护保养"页面中，只需要在页面、导航栏和页脚中分别制作左右和中间用于平铺的切片即可。

① 页眉区域。绘制 3 个切片，如图 2-121 所示，如左边切片为 header-left（270px×85px），右边切片为 header-right（480px×85px），中间切片为 header-bg（5px×85px）。

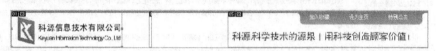

图 2-121　头部的切片

②导航栏区域。绘制 3 个切片，如图 2-122 所示，如左边切片为 navigator-left（780px×35px），右边切片为 navigator-right（20px×35px），中间切片为 navigator-bg（4px×35px）。

图 2-122　导航栏的切片

③页脚区域。绘制两个切片，如图 2-123 所示，如左边切片为 footer-left（230px×60px），右边切片为 footer-bg（5px×60px）。

图 2-123　页脚的切片

知识解说：

框架网页是指将浏览器分隔为多个区域，即在同一浏览器窗口中显示多个相互隔离的网页的结构，每个区域显示一个网页。浏览器窗口分为上中下 3 个区域，中间区域又分成了左右两个区域，上区域为头部和导航条，下区域为页脚，中左区域为链接区，中右区域为正文内容。浏览器放大缩小时各分隔区域也随之放大缩小，换句话说，头部、导航条、页脚的背景图像宽度是可伸缩的，需制作适用于浏览器窗口宽度和高度变化时框架网页不变形效果所使用的图像。

所以对于这类页面的切片，很多区域只需将两头的形状切完整，中间切一小块用于平铺，即可适应网页伸缩。

 任务总结

【巩固训练】

根据工作任务 1 巩固训练中完成的网站规划、需求分析，进行网站界面设计。具体要求如下：

（1）绘制界面设计草图。

（2）设计网站标识、标语、标准色彩、标准字体，以及版面布局方式。

（3）收集和加工素材。

（4）Photoshop 制作网站的界面。

（5）Photoshop 为每个网页切片。

【任务拓展】

拓展 1：搜索自己喜欢的网站，查看网站标识、宣传标语、布局、色彩、字体等的设计，找出各网站的特点，总结网站设计方式。

拓展 2：将自己喜欢的网页存储为图像，练习在 Photoshop 中调出网页中所有的色彩块，并标识 HSB 色彩的数值，寻找网页色彩搭配的规则。

拓展 3：分别用色彩块组合表示出各种词语，如春、夏、秋、冬、酸、甜、苦、辣、快乐、忧伤、拉萨、江南、重庆、夏威夷、幼稚、成熟、古朴、现代、男人、女人。

【参考网站】

Photoshop 相关网站：PS 联盟 http://www.68ps.com。

　　　　　　　　　　网易学院 Photoshop 专区 http://tech.163.com/school/photoshop。

　　　　　　　　　　Photoshop 酒吧 http://www.98ps.com。

图像素材下载网站：模板王 http://www.mobanwang.com。

　　　　　　　　　　懒人图库 http://www.lanrentuku.com。

　　　　　　　　　　素材天下 http://www.sucaitianxia.com/photoshop/。

字体下载网站：字体下载大宝库 http://font.knowsky.com。

【任务考核】

（1）能否完成草图的绘制。

（2）能否使用 Photoshop 绘制界面。

（3）站点的标识、标语、色彩、字体是否与需求切合，是否美观、突出、易记。

（4）版面布局是否主次分明、重点突出、均衡和谐。

（5）能否导出网页制作所需的切片。

工作任务 3　制作形象宣传网站

任务导引

（1）采用 Web 标准实现表现和结构的分离。
（2）学习 HTML 的语法规则、HTML 常用的标记和属性。
（3）学习 CSS 的语法规则、CSS 常用的属性和属性值。
（4）使用 Dreamweaver 完成网页的编辑和测试。
（5）应用 DIV+CSS 技术完成网页布局。
（6）结合 DIV+CSS 技术与浮动框架、表格、框架技术完成网页布局。
（7）学习网页的文档对象模型。
（8）完成网页超链接，进行兼容性外观测试。

3.1　网站页面制作准备

本工作任务先认识 HTML 技术、Web 标准技术，然后讲述了 HTML（Hyper Text Markup Language，超文本标记语言）发展的历史，最后熟悉 HTML 的标记和属性、CSS 的属性和属性值，为 DIV+CSS 布局网页做准备。

3.1.1　HTML 技术

1. 认识 HTML

1）访问 WWW

打开 IE 浏览器，在地址栏中输入 http://www.baidu.com，按 Enter 键后即可显示网页。访问 WWW 的过程如下：用户通过浏览器将要访问的地址发向互联网，由互联网确定相应的服务器，并将访问请求传送到服务器中，服务器找到信息后以文件的形式通过互联网传回用户的计算机，最后由浏览器将信息呈现出来。

2）查看 HTML 文档

打开 IE 浏览器，打开 Google 网站的主页后，选择"查看"→"源文件"命令，记事本程序将打开网页代码。

HTML 是一种用来制作超文本文档的简单标记语言，它通过标记式指令将影像、声音、图像和文字等链接起来。几乎所有的网页都是由 HTML 或嵌套在 HTML 中的其他程序语言编写的。HTML 并不是一种程序语言，而是一种结构语言。它具有平台无关性，无论用户使用何种操作系统，只要有相应的浏览器，即可运行 HTML 文档。

一般来讲，一个网页文件应具有下面的结构，文件头部用于描述浏览器所需的信息，文件主体是展示网页效果的区域。

```
<html>                              HTML 文件开始
    <head>                          文档头部开始
        <title>网页的标题</title>     网页的标题
    </head>                         文档头部结束
    <body>                          文档主体开始
        文档主体的内容……              文档主体内容区
    </body>                         文档主体结束
</html>                             HTML 文件结束
```

2. HTML 的语法规则

HTML 的标记有下列 4 种表示方法。

（1）<标记>文字或其他内容</标记>。

（2）<标记　属性1="属性值"　属性2="属性值"　…>文字或其他内容</标记>。

（3）<标记 />。

（4）<标记　属性1="属性值"　属性2="属性值"　属性3="属性值"　…/>。

正常情况下，HTML 文件以纯文本形式存放，扩展名为.htm 或.html。若系统为 UNIX，则扩展名必须为.html。在 Windows 系统中使用时最好只使用其中一种，避免混淆。

HTML 文件由标记或被标记的内容组成；网页中所有的显示内容都应该受限于一个或多个标记，尽量避免有游离于标记之外的文字等，以免产生错误。

每个标记都用"<"和">"标识，以表示这是 HTML 代码而非普通文本。需要注意的是，"<"和标记之间不能有空格或其他字符；标记分为单标记和双标记，双标记必须有结束标记</标记>，双标记占大多数，单标记只有几个；标记不区分大小写，但要区分全角和半角。

一个标记可以有多个属性，各个属性用空格分开，属性及其属性值不区分大小写，但要区分全角和半角，根据需要可以使用该标记的所有属性，也可只使用需要的几个属性或不使用属性，在使用时可按任意顺序排列属性。

对同一段要标记的内容，可以用多个标记来共同作用，产生一定的效果，多数 HTML 标记可以嵌套，但不可以交叉。

HTML 文件一行可以写多个标记，一个标记可以分多行书写，不用任何续行符号。但一般要求书写时缩进，为了程序的易读性，使标记的首尾对齐，内部的内容向右缩进几个字符空格。而其中的换行、回车符和多个连续空格（半角空格）在显示中是无效的，多个连续空格只显示一个。换行、分段都有专有标记，空格有转义符。

HTML 语言提供注释语句，格式如下<!--注释文字-->。注释语句可放在任何地方，注释内容不在浏览器中显示（有时客户端脚本和 CSS 样式等也加上"<!--　-->"，这是为了避免当浏览器不支持这些代码时而在浏览器中把这些代码显示出来）。

3. 用记事本程序编写、保存、修改网页文档

1）编写 HTML 文件

选择"开始"→"程序"→"附件"→"记事本"命令，打开记事本，输入 HTML 语句，选择

"文件"→"保存"或"另存为"命令,在"文件名"文本框中输入文件名"default.html",其中.html或.htm是文件的扩展名,单击"保存"按钮。

```
<html>
  <head>
    <title>科源公司欢迎您!</title>
  </head>
  <body>
  </body>
</html>
```

2)浏览网页(浏览本地文档,非域名访问方式)

方法 1:通过"我的电脑"或资源管理器窗口找到要浏览的网页对应的 HTML 文件,双击打开即可浏览网页。

方法 2:打开 IE 浏览器,选择"文件"→"打开"命令,找到对应的 HTML 文件打开,浏览网页。

方法 3:打开 IE 浏览器,在地址栏中输入文件的路径及文件的名称,并按 Enter 键。

记事本中的代码生成网页的文档区是空白的,而标题为"科源公司欢迎您!",如图 3-1 所示。

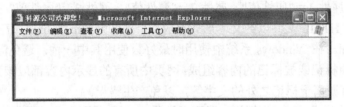

图 3-1 网页基本结构效果图

3)修改网页

方法 1:打开记事本程序,选择"文件"→"打开"命令,找到文件并打开,修改后必须重新保存,返回浏览器,单击"刷新"按钮(或按 F5 键),查看修改结果。

方法 2:浏览要修改的网页时,在 IE 浏览器中选择"查看"→"源文件"命令,自动打开记事本程序显示网页文件的代码,即可修改,修改后必须重新保存(仍要注意保存文件的扩展名),返回浏览器,单击"刷新"按钮,查看修改结果。

① 加入背景图像"welcome-bg.jpg"。修改<body>部分的代码如下。直接保存网页,通过 IE 浏览器查看网页,但看不到背景图像显示。background="images/welcome-bg.jpg"是<body>标记的属性,属性值是要显示的背景图像的路径和文件名,图像是被网页文档调用的,图像不是网页的一部分,而是独立的文档,使用 URL(资源文件所在的位置)来表示对其进行调用,"images/welcome-bg.jpg"就是 URL,使用的是相对地址(相对于当前网页的地址)表示方法,背景图像相对于"default.htm"存储于"images"文件夹中。相对地址更方便管理,当网站位置移动或将网站复制到其他位置时,图像的相对位置关系没有变化,网页图像才能正常显示。

```
<body background="images/welcome-bg.jpg">
```

② 在"default.html"网页的同级目录中新建文件夹"images",将"welcome-bg.jpg"复制

到"images"文件中，通过 IE 浏览器查看网页，背景图像在网页中会自动平铺，如图 3-2 所示。

知识解说：

网页文件的超链接和图像、动画、视频等的嵌入都使用 URL 表示，URL 分为绝对地址和相对地址。

（1）绝对地址，即完全的 URL 地址。

● 外部站点为 http://主机名或 IP 地址/端口号/路径名/文件名。例如，http://www.google.com.cn/intl/zh-CN/adwords/reseller.html。

图 3-2　网页加上背景的效果图

主机名或 IP 地址表示 Internet 的服务器名。

端口号是指不同应用程序所对应的不同的端口协议，用来识别计算机主机申请的服务。一般情况下使用默认的端口号，可省略。

路径名/文件名是信息资源在服务器中存放的路径和文件名。在使用默认路径和默认文档时可省略。

● 局域网内计算机：//计算机名或 IP 地址/盘符/路径名/文件名。

● 本地文件：盘符/路径名/文件名。

（2）相对路径，所要链接或嵌入到当前网页文档的文件与当前文件的相对位置所形成的路径。

● 链接到同一目录内的文件：文件名。

● 链接到下一级目录内的文件：下一级目录名/文件名。

● 链接到上一级目录内的文件：../文件名。

③ 加入欢迎主图像"welcome-main.jpg"。将图像复制到"images"文件夹中，修改<body>部分的代码如下。保存网页后，通过 IE 浏览器查看欢迎页面的效果，如图 3-3 所示。

```
<body background="images/welcome-bg.jpg">
    <img src="images/welcome-main.jpg" alt="欢迎">
</body>
```

没有给图像指定宽度和高度，用其默认的图像大小显示。图像的宽和高只可同比例缩小，如果强制增大图像的宽和高，则图像会变得不清晰；如果改变图像宽和高的纵横比，则图像会变形。alt 属性用于在进入浏览器后当图像无法显示时在图像位置显示文字。

图 3-3　欢迎页面效果

图 3-4　设置超链接后的效果

④ 欢迎页面中的主图像水平居左对齐了，不够美观。设置主图像居中，代码如下。

```
<body background="images/welcome-bg.jpg">
  <div align="center"><img src="images/welcome-main.jpg" alt="欢迎"></div>
</body>
```

图像的<img>标记也有 align 属性，但为什么不使用它呢？<img>标记中的 align 属性设置图像与旁边对象之间的对齐方式，而图像的布局设置方法有 <img src=URL> 、 <img src=URL> 。

⑤ 设置主图像进入首页的超链接。在"default.html"网页的同级目录中新建网页"index.html"，在"default.html"网页中加入如下代码。通过 IE 浏览器观看网页，单击图像，确定其能链接到"index.htm"页面，如图 3-4 所示。

```
<body background="images/welcome-bg.jpg">
  <div align="center">
    <a href="index.html"><img src="images/welcome-main.jpg" alt="欢迎"></a>
  </div>
</body>
```

href="index.htm"是<a>标记的属性，属性值是要链接的 URL，这里使用的是相对地址，"index.htm"相对于"default.htm"网页的地址，在同一个文件夹中。网站中的网页要超链接网站内部的资源时都使用相对地址，要超链接外部资源（如超链接到太平洋计算机网中的一个网页）时要使用 http://desktops.pconline.com.cn/testing/1002/2051840.html（完整地址），称为绝对地址。

⑥ 设置超链接后的欢迎页面中图像有蓝色的边，影响了美观，图像加入网页后默认有 2px 的边，在未给图像设置超链接时图像的边是透明的，在设置超链接时图像的边则呈蓝色，将图像的边框设置为 0 去除蓝边，修改代码如下。

```
<body background="images/welcome-bg.jpg">
  <div align="center">
    <a href="index.html">
      <img src="images/welcome-main.jpg" alt="欢迎" border="0">
    </a>
  </div>
</body>
```

3.1.2　Web 标准

Web 标准不是某一个标准，而是一系列标准的集合。网页主要由 3 部分组成：结构、表现和行为。结构化标准语言主要包括 HTML 和 XML，表现标准语言主要包括 CSS，行为标准主要包括对象模型（DOM）、ECMAScript 等。

1. 正确理解表现和结构的分离

"内容"是制作者放在页面内真正想要浏览者访问的信息，包含文字、数据、图像等，这里强调的是信息本身，是不包含修饰的，其中所说的图像也指内容中的图像，不是美化装饰用的图像。

"结构"是指对文档和信息进行格式化，分成多级标题、正文和列表等，使内容更有逻辑性和易用性，避免混乱，难以阅读和理解。

"表现"是指用于改变外观的样式，使结构化的内容更加美观，如背景添加了花纹，一级标题文字放大、加粗、红色，二级标题放大、加粗、有下画线等。

"行为"是对内容的交互及操作，例如，使用 JavaScript 判断表单的提交、实现菜单导航的显示和隐藏等。

页面中有的仅仅是内容和结构定义，在没有修饰的情况下，内容中的文字和图像仅仅依次罗列下来，只有结构，没有任何样式。然后加入表现（样式），将所有修饰的图像作为背景，用 CSS 来定义每一块内容的位置、字体、颜色等。这样制作的页面才是内容与表现分离的，当抽掉 CSS 文件后，剩下的就是干净的内容。这样才能在文本浏览器、手机、PDA 中阅读，才能随时修改 CSS 并实现改版。

Web 标准的本意是将 CSS 布局与结构式 XHTML 相结合，实现内容（结构）和表现（样式）的分离，就是将样式剥离出来放在单独的 CSS 文件中，并取代 HTML 表格式布局等，这样做的好处是可以分别处理内容和表现。

2. 采用 Web 标准的好处

采用 Web 标准对网站浏览者有以下好处。

（1）文件下载与页面显示速度更快。

（2）内容能被更多的设备访问（包括屏幕阅读机、手持设备、搜索机器人、打印机等）。

（3）用户能够通过样式选择定制自己的表现界面，具有更好的易用性。

（4）页面能提供适用于打印的版本，而不需要复制内容。

采用 Web 标准对于网站所有者有以下好处。

（1）更少的代码和组件，加速开发，容易维护，改版也方便，不需要变动页面内容。

（2）带宽要求降低，代码更简洁，压缩文件存储容量提高下载速度，降低成本。

（3）更容易被搜索引擎搜索，获得更多用户。

（4）多平台兼容性更强。

3.1.3 HTML 标记和属性

1. 文字和表现标记

常用的文字表现标记和转义符如表 3-1 所示。

表 3-1 常用的文字表现标记和转义符

标 签	描 述	标 签	描 述

	定义换行	<pre>	按预定义格式显示
<p>	定义段落	<bdo>	定义文字方向的显示方式
<h1><h2>	定义标题 1～标题 6	<blockquote>	定义一段引用，缩进格式显示
<h3><h4>		<abbr>	定义英文缩写单词
<h5><h6>		<acronym>	定义英文只取首字母的缩写
<div>	定义一个块元素	<address>	定义一个地址元素
<hr>	定义一条水平线	<cite>	定义引用

续表

标签	描述	标签	描述
<span>	定义文档中的一节	<code>	定义程序代码
<b>	定义粗体文字	<dfn>	定义一个元素的额外说明
<i>	定义斜体文字	<kbd>	表明用户输入的文字
<sub>	定义下标	<q>	定义一个简短的内联引用
<sup>	定义上标	<samp>	定义计算机代码样本
<strong>	定义强调显示的内容，粗体显示	<var>	定义文本的变量部分
<em>	定义强调显示的内容，斜体显示	<tt>	类似打字机或等宽的文本效果
<big>	定义大字体的文字	<del>	定义被删除的文字
<small>	定义小字体的文字	<ins>	定义被插入的文字
	（空格）	&lt;	<（小于号）
&copy;	©	&gt;	>（大于号）
&#174;	®	&quot;	"（引号）
&yen;	￥	&amp;	&

案例应用：段落和文字显示打开文件 2009-1-1.html，其显示效果如图 3-5 所示。截取的代码如下。

```
<html>
  <head>
    <title>科源</title>
  </head>
<body>
    <h2>科源网站开通，专业技术团队为您服务<br/>2009-1-1</h2>
    <p>辉煌来自实力，我们的自信心正是来源于我们拥有的这支强大的技术精英队伍。</p>
    <p>永不言退，我们是最好的团队。</p>
    <p>科源信息技术有限公司联想家用产品授权营销中心成立日前成立，能提供专业的服务，
        极大地方便了我市的行业及个人用户对联想电脑产品的需求。</p>
</body>
</html>
```

图 3-5 段落和文字显示效果

2. 列表标记

（1）设置无序列表，代码如下。

```
<ul>
   <li>列表项 1</li>
   <li>列表项 2</li>
   ……
</ul>
```

（2）设置有序列表，代码如下。

```
<ol >
   <li>列表项 1</li>
   <li >列表项 2</li>
   ……
</ol>
```

（3）定义列表，代码如下。

```
<dl>
  <dt>列表条目 1
  <dd>条目 1 的说明
  <dt>列表条目 2
  <dd>条目 2 的说明
  ……
</dl>
```

案例应用：嵌套列表。打开文件 product.html，其代码如下，效果如图 3-6 所示。

```
<html>
  <head><title>科源</title></head>
  <body>
    <ul>
      <li>笔记本电脑
        <ul>
          <li>lenpvo G 系列 </li>
          <li>ideapad Y 系列 </li>
          <li>ideapad U 系列</li>
          <li>ideapad S   系列</li>
        </ul>
      </li>
      <li>台式机电脑
        <ul>
          <li>锋行 King </li>
          <li>家悦 E </li>
          <li>家悦 H </li>
        </ul>
      </li>
      <li>电脑周边
        <ul>
          <li>笔记本包</li>
          <li>鼠标 键盘</li>
```

图 3-6 嵌套列表的效果

```
            <li>摄像头</li>
            <li>音箱 光盘</li>
            <li>内存 电源</li>
            <li>游戏手柄</li>
        </ul>
    </li>
    <li>数码产品
        <ul>
            <li>移动硬盘</li>
            <li>闪存盘 存储卡</li>
            <li>手机</li>
        </ul>
    </li>
  </ul>
 </body>
</html>
```

3. 超链接标记

HTML 的精髓就是超链接,通过超链接才可以把世界各地的网页连接到一起,成为互联网。

```
<a  href=URL  name=锚名称  target=打开窗口方式>热点</a>
```

设置基础路径,该标记为页面上的所有超链接规定的默认地址或默认目标。

```
<base  href=基 URL  target=基链接目标 />
```

其属性如下。

href:超链接的地址或 URL。

(1)内部文件,一般使用相对地址表示方式。

(2)外部文件,<a href=http://域名地址或 IP 地址,即端口号/路径/文件名.扩展名>热点</a>。

(3)电子邮件信箱,<a href=mailto:电子邮箱>热点</a>浏览器会自动打开所链接的邮件系统,并进入创建新邮件状态,同时收信人地址为 mailto 后面的目标邮件地址。

(4)href 属性指定的 URL 的文件类型。

① 当链接对象为网页时,浏览器直接打开网页,静态网页为 HTM 或者 HTML 格式,动态网页有 ASP、ASPX、PHP、JSP 等格式。

② 当链接目标的扩展名为 ".txt" ".gif"、".jpg" 等可以直接用浏览器打开的文件时,浏览器会直接显示这些文件。

③ 当链接目标的扩展名为 ".rm"、".wav"、".swf" 等多媒体文件时,如果 IE 浏览器安装了这些文件的控件,就会自动打开文件并开始播放。

④ 当链接目标为浏览器不能打开的文件时,则会弹出"文件下载"对话框。

(5)链接的默认颜色:在所有浏览器中默认的未选中的超链接文字是蓝色的,鼠标按下激活超链接文字时是红色的,已选中或已访问的超链接文字是紫色的。

name:定义文件中的目标点。

(1)链接到同一个文件的目标点:<a href=#锚名称>热点</a>。

(2)链接到不同文件的目标点:<a href=文件地址或 URL#锚名称>热点</a>。

target:打开窗口的方式有以下 5 种。
(1)_blank:将链接的页面内容显示在新的浏览器窗口中。
(2)_parent:将链接的页面内容显示在直接父框架窗口中。
(3)_self:将链接的页面内容显示在当前窗口中(默认值)。
(4)_top:将框架中链接的页面内容显示在没有框架的窗口中(除去框架)。
(5)框架名称:框架网页中应用在某一框架中显示的链接的网页。

4. **图像、图像地图和多媒体标记**

1)插入图像的标记

```
<img  src=URL alt=替代文本 width=宽度值  height=高度值 border=边框粗细 />
```

其属性如下。

src:指出要加入图像的 URL,文件名包括扩展名,浏览器能接收的图形文件格式。
alt:在进入浏览器后,当图像无法显示时,在图像位置上显示的文字。
width:图像宽度,可以是绝对值(以像素为单位)或相对值(相对于窗口宽的百分比)。
height:图像高度,可以是绝对值(以像素为单位)或相对值(相对于窗口高的百分比)。
border:图像的边框。当该属性默认时,图像被设置为超链接热点,会默认显示超链接边框,链接时为蓝色、激活时为红色、已访问时为紫色,所以需要设置 border= "0"。

2)客户端图像地图

客户端图像地图称为"图像映射",是指在图像上某一矩形、圆形或多边形区域设置超链接,而不是整幅图像的超链接。

```
<img src=URL usemap=图像映射的名称 />
<map name=图像映射的名称>
   <area  shape= rect/circle/poly  coords=坐标位置  href=URL>
   ……
</map>
```

其属性如下。

<img>标记中的 usemap 属性的值与<map> name 属性对应相等,才表示这个图像的"地图"。
<area shape=rect coords=A,A',B'B' href=URL>表示矩形,(A,A')为左上角坐标,(B,B')为右下角坐标。
<area shape=circle coords=A,A',R' href=URL>表示圆形,(A,A')为图形坐标,R'为半径。
<area shape=poly coords=A,A',B,B',C,C'... href=URL>表示多边形,(A,A')为第一个角坐标,(B,B')为第二个角坐标,以此类推。

案例应用:图像地图的应用。打开文件 default.html,修改代码如下。超链接热点区域不再是整幅图像,而是进入首页的文字区域,如图 3-7 所示。

```
<html>
  <head>
    <title>科源|联想笔记本|联想台式机电脑|联想电脑周边|联想数码产品</title>
  </head>
  <body  background="images/welcome-bg.jpg">
```

```
    <div align="center">
      <img src="images/welcome-main.jpg" alt="欢迎" border="0" usemap="#Map"/>
      <map name="Map">
        <area shape="rect" coords="462,386,561,451"
              href="#" target="index.html">
      </map>
    </div>
  </body>
</html>
```

图 3-7　图像地图的应用

3）嵌入多媒体的标记

使用 object 标签可以在网页中嵌入各种多媒体，如 Flash、MP3、QuickTime Movies 等。

```
<object>
    <param />
    <param />
    ……
</object>
```

<object>标记的属性如下。

classid：关联一个应用程序，执行嵌入内容的应用程序在 Windows 系统中的唯一 ID（不能改变此 ID，否则显示将出现异常），如 D27CDB6E-AE6D-11cf-96B8-444553540000 表示 Flash。

Codebase：为相对路径提供其 URL，IE 浏览器通常将此属性中的内容定义为运行嵌入内容时所要加载的插件，如 Flash 的插件地址为 http://download.macromedia.com/pub/shockwave/cabs/flash/swflash.cab#version=7,0,19,0。

codetype：嵌入内容的 MIME 类型，如 application/x-shockwave-flash 表示 Flash。

width：嵌入内容的宽度。

height：嵌入内容的高度。

<param>标记的属性如下。

name: 名称，name 与 value 属性组对出现。
value: 相对于 name 的值，可以是一个简单的字符串，也可以是 URL。
type: 嵌入内容的 MIME 类型。

5. 表格标记

表格标记如下。

```
<table  width=像素数或百分比 cellspacing=像素数>
   <caption >标题文字</caption>
   <thead>
     <tr>
       <th>表头 1</th>
       <th>表头 2</th>
       //……若干表头单元格
     </tr>
   </thead>
   <tbody>
     <tr>
       <td >表项 1</td>
       <td>表项 2</td>
       //……若干表项单元格
     </tr>
     //……若干行
   </tbody>
   <tfoot>
     <tr>
       <td >脚注项 1</td>
       <td>脚注项 2</td>
       //……若干脚注项单元格
     </tr>
   <tfoot>
</table>
```

（1）<table>标记表示把数据放在表格中，但一般很少使用，还使用的属性有以下 3 个。
width: 表格的宽度，可以是绝对值（以像素为单位）或相对值（相对于窗口宽的百分比）。
cellspacing: 设置单元格间隙，以像素为单位。
cellpadding: 设置单元格内部的空白，以像素为单位。
（2）<caption>表示表格的标题。
（3）表格可以分为表头 thead、表体 tbody、表脚 tfoot，一般不使用这种定义方式，这样会使问题变得复杂，现在基本不使用这 3 个标记。
（4）<tr>表示表格的行，单元格必须在行中。
（5）<th>与<td>都表示单元格，单元格内可以是格式化的文字、图像、多媒体、表格等各种对象，表头和表项的区别：<th>标记的文字按粗体显示并自动居中；<td>标记的文字按正常字体显示，默认居左。

<th>与<td>属性：colspan，设置单元格的列合并及合并的单元格数目（N 个水平方向合并单元格，该单元格后面的列单元格数目减少 N-1 个）；rowspan，设置单元格的行合并及合并的

单元格数目（M 个垂直方向合并单元格，下面的 M-1 行各少一个单元格）。不可能同时使行与列合并。

案例应用：表格应用，文件名为 lenovo-G.html，其代码如下，效果如图 3-8 所示。

```html
<html>
    <head><title>科源</title></head>
    <body>
        <table border="1">
            <tr>
                <td><img src="images/G450M-TFO.jpg"><br/>
                    <a href="50M-TFO.html">50M-TFO</a><br/>
                    <span>媒体价：￥3799.0</span>
                </td>
                <td>英特尔&reg;奔腾&reg;处理器 T4300(2.1GHz,前端总线 800MHz, 45)<br/>
                    DOS<br/>1GB (DDR3 1066MHz) <br/>250G SATA（5400rpm）<br/>
                    英特尔&reg; GMA 4500M 集成显卡<br/>
                    14.0&quot; LED 背光液晶屏，16：9 黄金比例
                </td>
            </tr>
            <tr>
                <td><img src="images/G450A-TFO-S.jpg"><br/>
                    <a href="G450A-TFO(S).html">G450A-TFO(S)</a><br/>
                    <span 媒体价：￥4399.0</span>
                </td>
                <td>英特尔&reg;奔腾&reg;处理器 T4300(2.1GHz, 前端总线 800MHz,45)<br/>
                    DOS<br/>2GB (DDR3 1066MHz) <br/>250G SATA（5400rpm）<br/>
                    NVIDIA&reg; Geforce G210M 独立显卡<br/>
                    14.0&quot; LED 背光液晶屏，16：9 黄金比例
                </td>
            </tr>
            <tr>
                <td><img src="images/G550A-TFO.jpg"><br/>
                    <a href=" G550A-TFO(H).html">G550A-TFO(H)</a><br/>
                    <span>媒体价：￥4999.0</span>
                </td>
                <td>英特尔&reg;奔腾&reg;处理器 T4300(2.1GHz,前端总线 800MHz, 45)<br/>
                    DOS<br/>4GB (DDR3 1066MHz) <br/>320G SATA（5400rpm）<br/>
                    NVIDIA&reg; Geforce G210M 独立显卡<br/>
                    15.6&quot; LED 背光液晶屏，16：9 黄金比例
                </td>
            </tr>
        </table>
    </body>
</html>
```

图 3-8　合并单元格的表格案例

6. 框架标记

（1）框架。

```
<frameset  rows=像素数/百分比/*，像素数/百分比/*，……
           cols=像素数/百分比/*，像素数/百分比/*，……
           frameborder=yes/no border=像素数 bordercolor=颜色
           framespacing=像素数>
    <frame  src=路径/源文件名.htm 或 URL  name=框架名  scrolling=yes/no/auto
            frameborder=yes/no border=像素数 bordercolor=颜色 noresize>
    ……若干框架
</frameset>
<noframes> …… </noframes>
```

<frameset>的属性如下。

rows 或 cols：只能任选其一，不能同时出现。rows：设定横向分割的框架的数目及框架的大小，用像素数表示框架的绝对大小，用百分比表示框架相对于浏览器窗口的大小，用*表示自动匹配。cols：设定纵向分割的框架数目及框架的大小，表示方式与 rows 类似。

frameborder：设定有无边框。

border：设定边框的宽度。

bordercolor：设定边框的颜色。

framespacing：设置各窗口间的空白。

<frame>的属性如下。

src：表示该框架对应的源文件。

name：指定框架名，框架名由字母开头，用下画线开头的名称无效。

frameborder：设定有无边框。

border：设定边框的宽度。

bordercolor：设定边框的颜色。
scrolling：设置是（yes）/否（no）/自动（auto）加入滚动条。
noresize：不允许各窗口改变大小，省略或默认设置是允许各窗口改变大小的。
<noframes> 标记后的文字将只出现在不支持框架的浏览器中。
（2）设置浮动框架。

```
<iframe src=初始页面的URL  name=框架名 width=像素或百分比 height=像素或百分比
       frameborder=yes/no scrolling=yes/no/auto>
  此处文字将只出现在不支持 FRAMES 的浏览器中
</iframe>
```

网页的设计者可以在网页的任何地方插入浮动框架，不必像普通框架那样需要<frameset>标记为每个框架划分空间，每个浮动框架可以独立地定义其大小。
（3）在框架中或嵌套框架中建立超链接。

```
<a href=路径/目标文件名.htm 或 URL   target=框架名称>热点</a>
```

target：打开窗口的方式有以下 5 种。
① _blank：将链接的页面内容显示在新的浏览器窗口中。
② _parent：将链接的页面内容显示在直接父框架窗口中。
③ _self：将链接的页面内容显示在当前窗口中（默认值）。
④ _top：将框架中链接的页面内容显示在没有框架的窗口中（除去框架）。
⑤ 框架名称：框架网页中应用在某一框架中显示链接的网页。

7．表单标记
（1）表单标记。

```
<form  method=get/post  action=URL> ……</form>
```

（2）input 标记。

```
<input type=类型 name=名称 value=值 disabled=disabled readonly=readonly
       size=大小 maxlenth=最大长度 checked=checked src=图形 URL alt=替换文本/>
```

所有控件相同的属性如下。
name：控件的名称。
value：控件的值。
disabled：表示首次加载时禁用此控件。
readonly：表示控件为只读，不能输入。
不同控件的不同属性和属性值有如下几个。
文本框，type="text"，size 表示文本框的宽度，maxlenth 表示文本框中能输入的最多字符数。
密码框，type="password"，size 表示密码框的宽度，maxlenth 表示密码框中能输入的最多字符数。
提交按钮，type="submit"。
重置按钮，type="reset"。
普通按钮，type="button"。

图像按钮，type="image"，src 表示显示图像的 URL，alt 表示图像控件的替换文本。
复选框，type="checkbox"，checked 首次加载时应当被选中。
单选钮，type="radio"，checked 首次加载时应当被选中。
隐藏文本框，type="hidden"。

（3）select 标记，下拉列表框或列表框。

```
<select size=1/ >1 name=名称  multiple>
  <option  value=属性值 selected >选项 1</option>
  <option  ……>选项 2</option>
  ……
</select>
```

（4）textarea 标记。

```
<textarea  name=名称 rows=行数 cols=列数>    文字输入区</textarea>
```

（5）表单中分组、显示效果的标记。

```
<fieldset>……</ fieldset> 定义一组表单
<legend>……</ legend> 定义一组表单的标题(与 fieldset 一起使用)
<optgroup>……</optgroup> 定义一个选择组
<label>……</ label> 定义一个表单域的说明
```

8. 元数据标记

元数据（meta）信息分别表示文档类型和编码、关键字、描述、允许搜索引擎检索和探找、网页作者、版权信息。

案例应用：meat 信息的应用，代码如下。

```
<html>
  <head>
    <meta http-equiv="Content-Type" content="text/html; charset=gb2312">
    <meta name="Keywords" content="计算机,联想,笔记本,台式机电脑,数码产品">
    <meta name="Description" content="这是一个专业水平的联想品牌电脑、
                        数码产品的销售及维护为主营业务的公司。">
    <meta name="Robot" content="all">
    <meta name="Author" content="科源信息技术有限公司">
    <meta name="Copyright" content="科源信息技术有限公司">
    <title>科源|联想笔记本|联想台式机电脑|联想电脑周边|联想数码产品</title>
  </head>
  <body>
  </body>
</html>
```

3.1.4 CSS 技术

1. CSS 的用途

CSS（级联样式表）是一种用来修饰 HTML 的标记集合，是 HTML 标记的一种重要扩展，可以进一步美化页面。使用 CSS 有以下优点。

(1) 增强 HTML 格式化功能,能更好地控制排版定位,提供更多的页面布局手段。
(2) 浏览器的属性设置会影响字体的大小,使用 CSS 则不会影响。
(3) 将格式和结构分离,可以将许多网页同时更新,比以前更快、更容易。
(4) 可以制作体积更小、下载更快的网页。

2. CSS 的格式

```
选择符{属性:值 }
选择符{属性1:值1;属性2:值2 ……}
```

案例应用:CSS 格式。打开文件 2009-1-1.html,在<head>…</head>间添加 CSS,代码如下。

```
<style type="text/css" >
h2 {text-align:center; font-size:16px;line-height:25px;color:#FF6600;}
p {text-indent:2em;font-size:12px;line-height:22px;}
</style>
```

其效果如图 3-9 所示。<h2>标记的文字居中,字体大小为 16px,行间距为 25px,颜色为橙色;<p>标记的文字首行缩进 2 字符,文字大小为 12px,行间距为 22px。

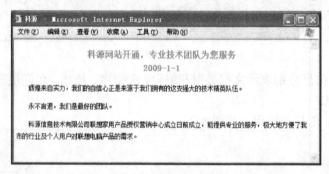

图 3-9 CSS 案例

3. CSS 的结构和规则

(1) 标记选择符:来自于 HTML 的一种标记符,任何 HTML 元素都可以成为一个 CSS 标记选择符。标记选择符可以使同一标记具有相同的显示效果。例如,语句 p{text-indent:2em} 中的选择符是 p,属性值设置 p 标记的段落首行自动缩进。

(2) 类选择符 class,相同 HTML 元素可以有不同的样式。在定义选择符时名称前要有指示符".",在调用选择符时在 HTML 元素中添加 class 属性。

(3) ID 选择符,与类选择符类似,在定义选择符时名称前要有指示符"#",在调用选择符时使用 HTML 元素的 ID 属性。但 ID 选择符通常用于定义个别元素的显示效果。

(4) 锚伪类,它有两种形式:普通锚伪类、类与锚伪类,分别如下。

```
a:锚伪类{属性:值}
a.类:锚伪类{属性:值}
```

锚伪类指定不同的方式显示链接状态:默认超链接(link)、激活超链接(active)、已访问超链接(visited)和鼠标悬停其上时的超链接(hover)。

（5）CSS 组合，用逗号分隔，表示并列，并列数在两个及及以上，并列的选择符可以是标记选择符、ID 选择符、类选择符，并列的不管是哪类选择符都具有相同的 CSS 样式，这样可减少样式表的重复声明。

（6）使用关联选择符，使用空格分隔，表示前一个选择符内部的所有后一个选择符才具有定义的样式，关联的可以是标记选择符、ID 选择符、类选择符，也可以关联两个及以上的选择符，表示选择符内部的选择符的内部的选择符的……。

（7）CSS 的继承，所有在标记选择符中嵌套的标记选择符都会继承外层选择符指定的属性值，除非对其进行更改；在子标记没有被定义样式的情况下，它将继承上级元素的样式。

（8）CSS 的注释，使用 "/* */"。

案例应用：CSS 的结构和规则。打开文件 lenovo-G.html，添加 CSS 样式及标记的 class 选择符和 ID 选择符。其代码如下，效果如图 3-10 所示。

```html
<html>
  <head><title>科源</title>
  <style type="text/css" >
  body{background-color:#ffffff; color:#000000;font-size:12px;
font-family:"宋体"; }
  #table-product{width:525px;height:572px;border-collapse:
collapse;padding:0;}
  .td-img,.td-text{height:190px;line-height:20px;border-bottom:
dashed 1px #999;}
  .td-no{border:none;}
  .td-img{width:300px;text-align:center;}
  .td-text{width:225px;}
  .td-img a:link{color:#003366;font-weight:bold;text-decoration:
none;}
  .td-img a:visited{color:#666666;font-weight:bold;
text-decoration:none;}
  .td-img a:hover{color:#003366;font-weight:bold;
text-decoration:underline;}
  .td-img span{color:#FF6600;}
  </style>
  </head>
  <body>
    <table id="table-product">
      <tr>
        <td class="td-img">
          <img src="images/G450M-TFO.jpg"><br/>
          <a href="50M-TFO.html">50M-TFO</a><br/>
          <span>媒体价：￥3799.0</span>
        </td>
        <td class="td-text">英特尔……
        </td>
```

```html
      </tr>
      <tr>
       <td class="td-img">
         <img src="images/G450A-TFO-S.jpg"><br/>
         <a href="G450A-TFO(S).html">G450A-TFO(S)</a><br/>
         <span>媒体价：￥4399.0 </span>
       </td>
       <td class="td-text">英特尔……
       </td>
      </tr>
      <tr>
       <td class="td-img td-no">
         <img src="images/G550A-TFO.jpg"><br/>
         <a href="G550A-TFO(H).html">G550A-TFO(H)</a><br/>
         <span>媒体价：￥4999.0</span>
       </td>
       <td class="td-text td-no">英特尔……
       </td>
      </tr>
    </table>
  </body>
</html>
```

"body"是标记选择符，它定义的样式：背景为白色、文字为黑色、文字大小为12px、文字为宋体，都被<table>、<td>标记继承，而"td-img span"和"td-img a"文字颜色另有指定，即显示不同的颜色，而背景色、文字大小、文字字体的样式没有格外定义，因此也会被"td-img span"和"td-img a"继承。

"#table-product"是 ID 选择符，一个 ID 选择符在同一个页面中只能出现一次，是唯一的，不能重复使用。定义该 ID 属性所在的 table 的样式，表格宽 525px、高 572px。表格默认情况下有单元格边距和间距，默认情况下表格有边框线、单元格也有边框线，会形成双线，这样会影响表格美观。设置 CSS 属性为 "border-collapse:collapse;"，使表格的边框合并为一个单一的边框，不再是双线边框，这里去掉了 HTML 的属性 "border="1""即默认无边框，不会显示单边框线，如果加上该 HTML 属性或通过 CSS 的 "border" 属性设置了边框线，则显示为单线，同时会忽略双线边框之间的间距，但不会忽略单元格边框线内的空白边距，需要设置 CSS 属性为 "padding:0;"，使内部边距为 0。

".td-img"、".td-text"、"td-no"为类选择符，在同一个页面中可以重复使用，一个 "class" 中还可以包含多个类选择符。".td-img,.td-text"是组合选择符，是并列的，即在有 ".td-img" 和 ".td-text" 的标记（这里都是<td>）中具有相同的样式：高度 190px、文字行间距 20px（相当于一行文字的行高）、底边框线虚线灰色 1px 宽。而 ".td-img" 和 ".td-text" 具有不同的样式：左右不同的单元格宽度和对齐方式。"td-no"类选择符在最后一行的两个<td>标记中，只设置最后一行的边框线为空，即去除表格最下面一行的边框线，其他样式相同。

"a:link"、"a:visited"、"a:hover"是锚伪类，与 ".td-img" 是关联选择符，在有 ".td-img" 类选择符的标记（这里是<td>）中有超链接<a>标记的，才显示样式，超链接未被访问时文字显示为深蓝色、粗体、没有下画线，超链接已访问时文字显示为灰色、粗体、没有下画线，超链接鼠标悬停时文字显示为深蓝色、粗体、有下画线。而背景色、文字大小、文字字体是继承于"body"的。

".td-img span"也是关联选择符，在有".td-img"类选择符的标记（这里是<td>）中有<span>标记时，才显示样式：文字橙色。而背景色、文字大小、文字字体是继承于"body"的。

表格总的宽和高的计算：表格宽=所有单元格的宽+所有单元格的边距+所有单元格的间距+所有单元格的边框+表格的边框。高度的算法与宽度类似。这里单元格的间距和边距都设置为0，设置了两个底部为1px的边框线，表格的高=190×3+2=572px，宽度=300+225=525px。

图 3-10　继承案例

4. CSS 在网页中的实现

（1）在 head 内的实现（又称为嵌入样式表），在<head>标记中实现，其基本语法如下。

```
<style type="text/css">
选择符{属性1：值1；属性2：值2 … }
</style>
```

案例"CSS 格式"和"CSS 的结构和规则"都使用了 head 内的实现。

（2）在 body 内的实现（又称为行内样式），在 body 的标记内实现。这种方法把 CSS 与 HTML 内容混为一体，它失去了传统样式表单应有的优势，因此并不推荐使用。但行内样式优先于植入样式。

```
<标记 style ="属性1：值1；属性2：值2 …">
```

（3）在文件外的调用，外部 CSS 样式文件的扩展名为.css。
超链接的调用格式如下。

```
<link rel="stylesheet" href="URL" type="text/css">
```

导入的调用格式如下。

```
<style type ="text/css">@ import url;</style>
```

（4）使用 CSS 的优先级问题：当内部植入样式或行内样式与文件外部超链接样式定义有冲突时，按照引用样式的先后，后定义的优先级高，即离需格式化的文本最近的样式优先。

案例应用：行内样式实现。打开文件 2009-1-1.html，修改代码如下，显示效果不变。

```
<html>
  <head><title>科源</title></head>
  <body>
    <h2 style="text-align:center; font-size:16px;line-height:25px;
       color:#FF6600;">科源网站开通，专业技术团队为您服务<br/>2009-1-1</h2>
    <p style="text-indent:2em;font-size:12px;line-height:22px;"> 辉煌来自
       实力，我们的自信心正是来源于我们拥有的这支强大的技术精英队伍。 </p>
    <p style="text-indent:2em;font-size:12px;line-height:22px;">永不言退，
       我们是最好的团队。</p>
    <p style="text-indent:2em;font-size:12px;line-height:22px;">科源信息技
       术有限公司联想家用产品授权营销中心成立日前成立，能提供专业的服务，极大地方便了我市
       的行业及个人用户对联想电脑产品的需求。</p>
  </body>
</html>
```

案例应用：文件外的超链接。用记事本程序创建一个文件，命名为 mystyles.css，即样式表文件，将案例"CSS 格式"中的 CSS 样式复制到该网页中，再打开网文件 2009-1-1.html，修改代码，在网页文件超链接 CSS 样式表文件时注意相对路径的使用。

mystyles.css 文件内容如下。

```
h2 {text-align:center; font-size:16px;line-height:25px;color:#FF6600;}
p {text-indent:2em;font-size:12px;line-height:22px;}
```

网页文件内容如下。

```
<html>
  <head>
    <title>科源</title>
    <link rel="stylesheet" fref="mystyles.css" type="text/css">
  </head>
  <body>
    <h2>科源网站开通，专业技术团队为您服务<br/>2009-1-1</h2>
    <p>辉煌来自实力，我们的自信心正是来源于我们拥有的这支强大的技术精英队伍。 </p>
    <p>永不言退，我们是最好的团队。</p>
    <p>科源信息技术有限公司联想家用产品授权营销中心成立日前成立，能提供专业的服务，
       极大地方便了我市的行业及个人用户对联想电脑产品的需求。</p>
  </body>
</html>
```

3.1.5 DIV+CSS 网页布局技术

编制网页时，使用 DIV+CSS 网页布局方式可以将网页进行更好的结构化并和表现分离。

1. 不使用 DIV+CSS 的局限

例 1：首页新闻超链接区域，超链接项在不添加 CSS 样式的情况下，添加不同的排版效果，进行对比。在不添加 CSS 样式时，显示宽度若要与背景图像一致，则只能通过表格进行排版。

（1）第 1 种：使用换行，文字效果如图 3-11 所示。

```
<table width="545" height="110" background="images/container1.jpg">
  <tr>
    <td>科源人才招聘公告 2009-02-20<br/>
        科源祝各位新老客户新年快乐，合家欢乐！2009-01-25<br/>
        科源服务维修承诺 2009-01-03<br/>
        科源网站开通，专业技术团队为您服务！2009-01-01
    </td>
  </tr>
</table>
```

（2）第 2 种：使用分段，文字效果如图 3-12 所示。

```
<table width="545" height="110" background="images/container1.jpg">
  <tr>
    <td>
    <p>科源人才招聘公告 2009-02-20</p>
    <p>科源祝各位新老客户新年快乐，合家欢乐！2009-01-25</p>
    <p>科源服务维修承诺 2009-01-03</p>
    <p>科源网站开通，专业技术团队为您服务！2009-01-01</p>
    </td>
  </tr>
</table>
```

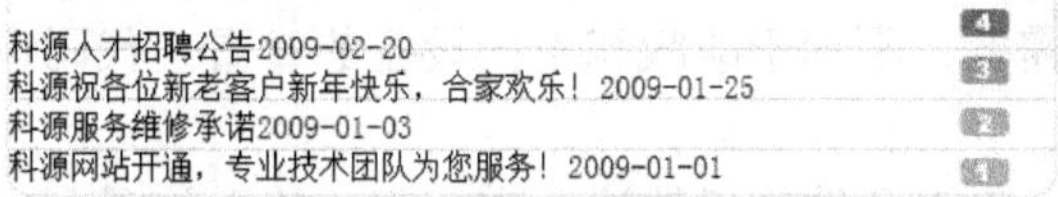

图 3-11　使用换行的文字效果 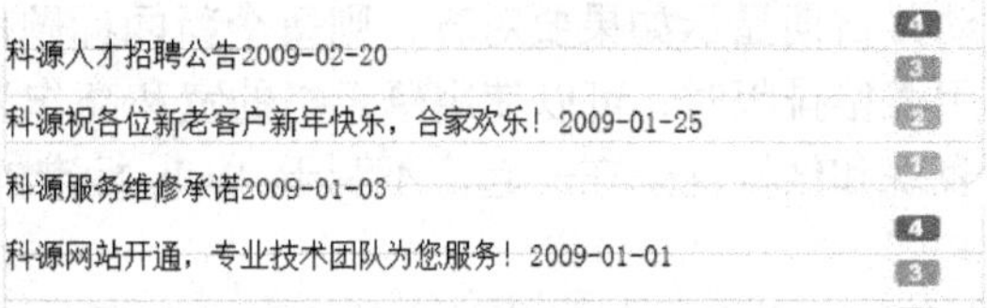　　　　图 3-12　使用分段的文字效果

（3）第 3 种：完全使用表格排版。将表格分成 5 行 3 列，通过单元格的高和宽进行排版，通过表格列才能左右对齐，通过表格行才能明确每行的高度。其代码如下，效果如图 3-13 所示。使用表格设置后，Dreamweaver 的排版如图 3-14 所示。

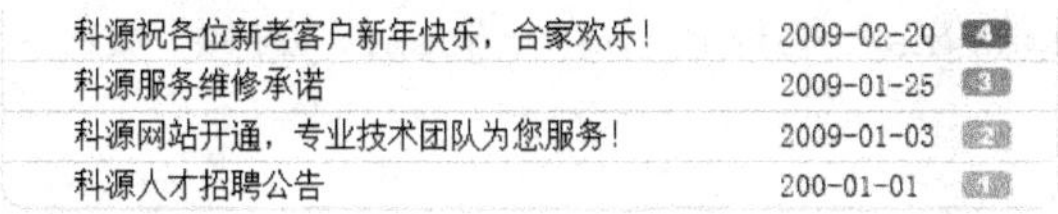

图 3-13　表格设置的效果 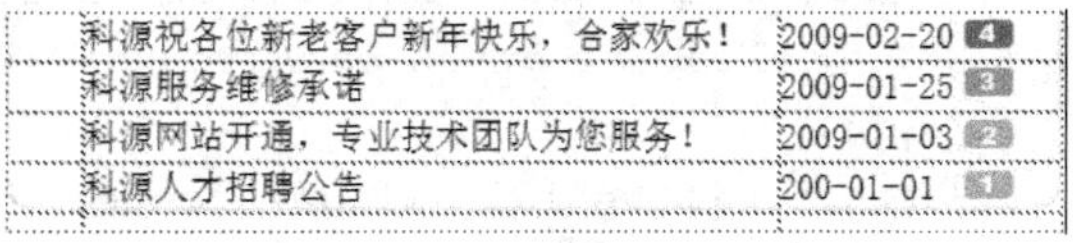　　　　图 3-14　表格设置 Dreamweaver 排版

```html
<table width="545" height="110" background="images/container1.jpg"
       cellpadding="0" cellspacing="0">
  <tr>
    <td width="40" height="25"> </td>
    <td width="360" height="25">科源祝各位新老客户新年快乐，合家欢乐！</td>
    <td width="145" height="25">2009-02-20</td>
  </tr>
  <tr>
    <td width="40" height="25"> </td>
    <td width="360" height="25">科源服务维修承诺</td>
    <td width="145" height="25">2009-01-25</td>
  </tr>
  <tr>
    <td width="40" height="25"> </td>
    <td width="360" height="25">科源网站开通，专业技术团队为您服务！</td>
    <td width="145" height="25">2009-01-03</td>
  </tr>
  <tr>
    <td width="40" height="25"> </td>
    <td width="360" height="25">科源人才招聘公告</td>
    <td width="145" height="25">200-01-01</td>
  </tr>
  <tr>
    <td width="40" height="10"></td>
    <td width="360" height="10"></td>
    <td width="145" height="10"></td>
  </tr>
</table>
```

对比结果：换行与分段之间的间距无法控制，换行间距太小，分段间距太大。使用段落与换行时，如果要控制文本缩进，则需使用空格转义符，新闻标题后的日期也要用空格才能往后移动，日期显示如果要对齐，则每个新闻标题后的空格转义符会不一样多，很难进行排版时。使用表格排版时，可以使用单元格的宽和高作为位置来格式化文本，对齐会比较容易实现，但是表现和结构混杂在一起，不利于 Web 标准的需要，不利于改版和不同设备的查看，代码也会较多。

例2：传统的导航栏的表格布局。代码如下，表现和结构仍然混杂在一起，效果如图 3-15 所示。

图 3-15 传统表格的导航栏布局效果

```html
<table width="800" height="35" border="0" align="center" cellpadding="0"
    cellspacing="0" background="images/navigator.jpg" bgcolor="#FFFFFF">
  <tr>
    <td width="133" align="center">
      <a href="index.html">
        <font color="#FFCC66">首    页</font></a>
```

```html
        </td>
        <td width="133" align="center">
         <a href="introduce.html"><font color="#ffffff">公司介绍</font></a></td>
        <td width="133" align="center">
         <a href="post.html"><font color="#ffffff">新闻动态</font></a></td>
        <td width="133" align="center">
         <a href="product.html"><font color="#ffffff">产品服务</font></a></td>
        <td width="133" align="center">
         <a href="maitain.html"><font color="#ffffff">维护保养</font></a></td>
        <td width="135" align="center">
         <a href="tencent://message/?uin=2079406746&amp;
           Site=keyuan.hkk.hk&amp;Menu=yes">
          <font color="#ffffff">在线咨询</font></a></td>
       </tr>
      </table>
```

2. 使用 DIV+CSS 改善网站

通过改进以上两个案例，说明如何结构化，以及如何将结构和表现分离。

例 3：首页新闻超链接区域的结构和内容代码如下。使用<ul><li>列表表示超链接内容的并列关系，<li>默认为纵向排列及有圆点样式，还存在外边界和内间距。没有加 CSS 样式的效果如图 3-16 所示，添加 CSS 样式后的效果如图 3-17 所示。

```html
       <div id="post">
        <ul>
          <li>
            <span class="news">科源人才招聘公告</span>
            <span class="newsdate">2009-02-20</span>
          </li>
          <li>
            <span class="news">科源祝各位新老客户新年快乐，合家欢乐！</span>
            <span class="newsdate">2009-01-25</span>
          </li>
          <li>
            <span class="news">科源服务维修承诺</span>
            <span class="newsdate">2009-01-03</span>
          </li>
          <li>
            <span class="news">科源网站开通，专业技术团队为您服务！</span>
            <span class="newsdate">2009-01-01</span>
          </li>
        </ul>
       </div>
```

- 科源人才招聘公告 2009-02-20
- 科源祝各位新老客户新年快乐，合家欢乐！ 2009-01-25
- 科源服务维修承诺 2009-01-03
- 科源网站开通，专业技术团队为您服务！ 2009-01-01

科源人才招聘公告	2009-02-20	4
科源祝各位新老客户新年快乐，合家欢乐！	2009-01-25	3
科源服务维修承诺	2009-01-03	2
科源网站开通，专业技术团队为您服务！	2009-01-01	1

图 3-16 没有加 CSS 样式的新闻超链接区域　　图 3-17 DIV+CSS 布局技术下的新闻超链接区域

（2）CSS样式代码如下。当CSS样式改变后，新闻超链接区域的表现会随之改变。

```css
*{
    margin:0;                            /* 网页中所有元素的外边距为0 */
    padding:0;                           /* 网页中所有元素的内间距为0 */
    list-style:none;                     /* 网页中li列表项无样式 */
    text-decoration:none;                /* 去除文本装饰 */
    font-size:12px;                      /* 文字大小为12px */
    font-family:"宋体";                   /* 文字字体为宋体 */
    color:#000000;}                      /* 文字颜色为黑色 */
#post{
    width:545px;                         /* 新闻超链接区的宽度为545px */
    height:110px;                        /* 新闻超链接区高度为110px */
    background:url(../images/container1.jpg) no-repeat;}
                                         /* 背景图像，不平铺 */
#post ul{
    padding-left:40px;                   /* 新闻超链接区列表内边距为40px */
    height:100px;}                       /* 新闻超链接区列表高度为100px */
#post ul li{
    line-height:25px;}                   /* 新闻超链接区列表项文本行间距为25px */
#post ul li .news{
    float:left;                          /* 列表项.news类选择符左浮动 */
    width:370px;}                        /* 列表项.news类选择符宽为370px */
#post ul li .newsdate{
    float:left;                          /* 列表项.newsdate类选择符左浮动 */
    width:70px;}                         /* 列表项.newsdate类选择符宽为70px */
```

通配符选择器"*"是指所有选择符都具有的样式，当与之不同时才选用其他选择符进行设置，"margin:0"、"padding:0"能设置所有标记的外边距、内间距为0，包括去掉<body>默认的8像素的上下左右的外边框，包括去掉<ul>默认的16像素的上下外边距和40像素的左内间距；"list-style:none"能设置<li>列表项无样式。"#post"标识符的<div>区域的宽和高与背景图一致。<ul>的CSS样式"padding-left:40px"表示左内间距为40像素，使整个列表左边界40像素的间距，看起来向右缩进了40像素。<li>列表项是纵向排列的，所以不用浮动，而列表项内容的新闻标题".news"和新闻时间".newsdate"需要各自左对齐，所以都使用了左浮动"float:left"，然后与宽度配合实现了位置的排列。

例4：导航栏结构化后的代码如下。没有加CSS样式的导航栏效果如图3-18所示，添加CSS样式后的效果如图3-19所示。

```html
<div id=" navigator ">
<ul>
    <li><a href="index.html">首    页</a></li>
    <li><a href="introduce.html">公司介绍</a></li>
    <li><a href="post.html">新闻动态</a></li>
    <li><a href="product.html">产品服务</a></li>
    <li><a href="maitain.html">维护保养</a></li>
    <li><a href="tencent://message/?uin=1299498043&amp;
```

```
            Site=keyuan.hkk.hk&amp;Menu=yes">在线咨询</a></li>
    </ul>
</div>
```

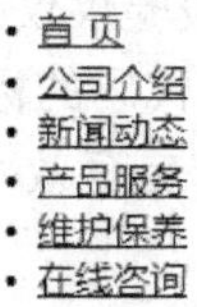

- 首页
- 公司介绍
- 新闻动态
- 产品服务
- 维护保养
- 在线咨询

图 3-18 没有加 CSS 样式的导航栏效果

| 首页 | 公司介绍 | 新闻动态 | 产品服务 | 维护保养 | 在线咨询 |

图 3-19 DIV+CSS 布局技术下的导航栏效果

导航栏的 CSS 样式代码如下。当 CSS 样式改变后导航栏的表现会随之改变。

```css
*{
    margin:0px;                          /* 网页中所有元素的外边距为 0 */
    padding:0px;                         /* 网页中所有元素的内间距为 0 */
    list-style:none;                     /* 网页中 li 列表项无样式 */
    text-decoration:none;                /* 去除文字装饰 */
    font-size:12px;                      /* 文字大小为 12px */
    font-family:"宋体";                   /* 文字字体为宋体 */
    color:#000000;}                      /* 文字颜色为黑色 */
#navigator {
    width:800px;                         /* 导航栏的宽度为 800px */
    height:35px;                         /* 导航栏的高度为 35px */
    margin:0 auto;                       /* 导航栏的外边距,上下为 0,左右为自动*/
    background-image: url(../images/navigator.jpg);   /* 导航栏区域背景图像定义 */
    background-repeat: no-repeat;}       /* 导航栏区域背景图像的平铺方式定义 */
#navigator ul{
    width:800px;}                        /* 导航栏列表宽度为 800px */
#navigator ul li{
    float:left;                          /* 导航栏列表项向左浮动 */
    width:133px;                         /* 导航栏列表项宽度为 133px */
    line-height:35px;                    /* 导航栏列表项文字行间距为 35px */
    text-align:center;}                  /* 导航栏列表项文字对齐方式为居中 */
#navigator ul li a{
    color:#ffffff;}                      /* 超链接文字颜色为白色 */
    #navigator ul li a:hover{
    color:#00ff00;                       /* 超链接鼠标悬停时文字颜色为黄色 */
    text-decoration:underline}           /* 超链接鼠标悬停时文字装饰下画线 */
```

通配符选择器"*"设置 CSS 样式与例 3 相同。"#navigator"与"#post"标识符的<div>区域等的设置也类似,不同的是需要将纵向排列的列表项通过 CSS 样式修改为横向排列,即需要设置列表项左浮动(float:left),与宽度和文字对齐居中样式配合,均匀分布在导航栏中。<a>标记符的样式包含了所有锚伪类的样式,包括超链接、激活、已访问、悬停,如某种效果不同，则需要另外设置声明，例中只有"a:hover"鼠标悬停时与其他超链接状态的效果不同。

3. 正确学习 Web 标准的方法

1）通过 W3C 校验不是最终目的

W3C（WWW 联盟，Web 标准组织）校验仅仅是帮助检查 XHTML 代码的书写是否规范，以及 CSS 的属性是否都符合 CSS 的规范。代码的标准化仅仅是第一步，不能说通过了校验，网页就标准化了，其目的是使网页设计工作更有效率，缩小网页存储容量，使其能够在任何浏览器和网络设备中正常浏览。

2）抛弃表格布局的思维方式

在网页布局中需要抛弃混乱的逻辑结构和冗余的嵌套表格，而不是抛弃表格，表格仍有其作用，例如，出库入库记录的展示、学生的选课成绩单等。抛弃"将原来的 table 用 div 来替代，原来的表格嵌套改成 DIV 嵌套"、"一个单元格接一个单元格放置文字或图像"等布局思想。

3）正确使用 HTML 标签

HTML 标签不是用来"表现（样式）"的，而是用来定义结构的，对不同的内容使用正确的 HTML 标签，并建立良好的文档结构是很重要的，例如，何处使用<h1>与何处使用<p>等都要合理，这样不仅便于理解文档内容，对于 CSS 的编写也很重要。

4）善于利用 CSS

对于相同的结构和内容，可以用同一个样式来定义，如相同级别的标题、正文、图像等。对于多次引用的样式可以用 class 来定义，不需要每个元素都用 ID。也不要每块内容甚至每句话都定义一个 DIV，可以用其他元素来代替，块级元素有盒模型的属性。

3.2 网站页面制作

在了解了 Web 标准后，学习了 HTML、CSS、DIV+CSS 的知识和技术，对科源形象宣传网站制作已有了相应的准备，下面将开始使用 Dreamweaver 网页编辑工具对网站页面进行制作。

3.2.1 网站目录结构设计

1. 网站目录结构和命名规则

目录结构称为物理结构。目录结构是否合理对浏览者没有太大的影响，几乎感觉不到，但它对于站点本身的上传、维护等有着重要影响。一般按以下原则来组织目录结构。

（1）不要将所有文件都放在根目录下。将所有文件都放在根目录下会造成管理困难，影响工作效率。如果所有文件都放在根目录下，那么即使只上传或更新一个文件，服务器也需要将文件检索一遍，建立新的索引文件，文件量越大，等待时间就越长。

（2）按栏目内容建立子目录。一般按主菜单栏目建立子目录，也可将一些相关性较强的、不需要经常更新的栏目放在根目录下或者合并放在统一目录下，如将需要下载的内容放在一个目录下。

（3）在根目录和子目录下建立 images 文件夹。Images 文件夹用来存储图像，建立专门的图像文件夹是为了方便管理。

（4）目录的层次不要太深。目录的层次建议不要超过3层，以方便管理。

（5）避免使用过长的目录名和文件名。长名称不便于记忆，也可能导致服务器无法识别。

（6）避免使用中文目录名和文件名。网络中使用中文目录名和文件名会有一些障碍，对中文目录下的文件和中文文件名的文件的显示造成了困难。应使用英文字母、数字和规定能用的特殊字符组成的名称。

（7）使用意义明确的目录名和文件名。不要用拼音标识目录名和文件名，要使用一个实际存在的英文单词或者英文词组作为目录名和文件名，英文词组的单词间一般要使用"-"或"_"进行分隔，不要用空格进行分隔。

2. 科源形象宣传网站的目录结构设计

科源形象宣传网站的目录和文件设计如图3-20所示。"ky-Propaganda"文件夹与源文件夹和素材文件夹最好为同级目录，不要互相包含。

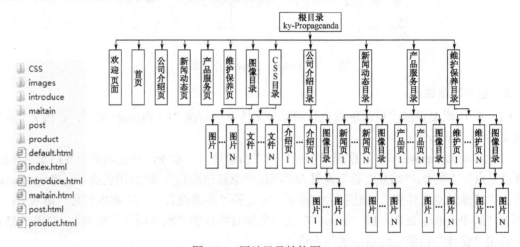

图 3-20　网站目录结构图

3.2.2　Dreamweaver 建立站点

1. 认识 Dreamweaver 界面

Dreamweaver是集网页制作和网站管理于一体的所见即所得的网页编辑器，集成了程序开发语言，使网站的设计、管理和重组变得迅速又简单。本书以Adobe Dreamweaver CS5为例进行讲解，但使用其他版本对网页开发也没有影响。Dreamweaver的工作界面如图3-21所示。

（1）A：菜单栏，调用Dreamweaver的各种命令。

（2）B：文档工具栏，可以切换视图，如仅代码视图，仅设计视图，代码和设计都能显示的拆分视图，新增的实时视图和实时代码相当于在真实的浏览器环境中查看网页和源代码，不可修改。其中还有一些工具，包括检查浏览器兼容性问题，检查代码的合法性，在浏览器中预览/调试，CSS样式布局区的可视化助理，刷新设计视图，编辑文档标题，文件的站点级管理。

（3）C：文档窗口，网页代码和网页普通视图、实时代码和实时视图的显示区域。

（4）D和G：面板组，提供各种网页对象的编辑功能。

（5）E和H：文档状态栏，其左边的E部分为标记选择器，提供HTML标记嵌套层级性的选择；右边的H部分包含选取工具、手形工具、缩放工具、设置缩放比例、窗口大小、文档大小和估计的下载时间。

（6）F:"属性"面板。Adobe Dreamweaver CS5 将"属性"面板分为 HTML 属性和 CSS 属性,用于检查和编辑当前选定页面元素的最常用属性和 CSS 属性,更方便网页的编辑。"属性"面板中的内容根据选定的元素会有所不同,可全部折叠,可以全高或半高方式打开该面板。

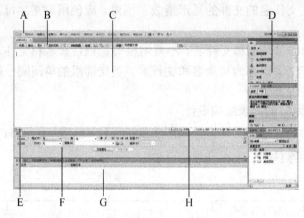

图 3-21　Dreamweaver 工作界面

2. 建立网站站点

（1）在 D 或 E 盘的"科源形象宣传网站"文件夹中新建"ky-Propaganda",在该文件夹中新建文件夹"images"。

（2）启动 Dreamweaver,选择"站点"→"新建站点"命令,弹出站点设置对象对话框,选择"站点"选项卡,"站点名称"设置为"科源形象宣传网站",通过浏览将"ky-Propaganda"设置为"本地站点文件夹",如图 3-22 所示。再选择"高级设置"→"本地信息"选项卡,通过浏览"ky-Propaganda"中的"images"文件夹设置站点的"默认图像文件夹",如图 3-23 所示。单击"保存"按钮完成站点的基本设置。

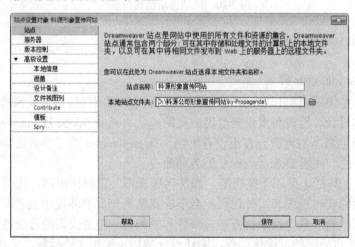

图 3-22　"站点"选项卡

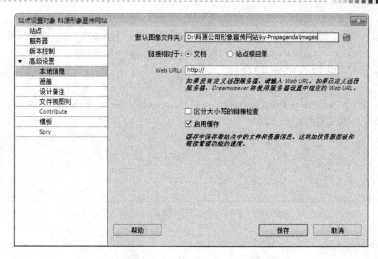

图 3-23 "高级设置"→"本地信息"选项卡

知识解说：

Dreamweaver 是创建和管理站点的工具，它可以组织和管理所有的 Web 文档；将站点上传到 Web 服务器中；跟踪和维护站点的超链接等。需定义站点才能充分利用 Dreamweaver 的功能。

Dreamweaver 站点由 4 个视图组成，具体取决于开发环境和所开发的 Web 站点类型。

① 本地视图：存储正在本地计算机上处理的文件，对应本地根文件夹。

② 远程服务器：通常位于运行 Web 服务器计算机上的网站空间，具有连接服务器、上传、下载网站等功能。

③ 测试服务器：处理 PHP、ASP、ASP.NET、JSP 等动态网页的文件。

④ 存储库视图：用于团队开发动态网页时的版本控制，必须先将本地站点与远程服务器相关联，才能共享、更新与提交站点源代码。

（3）站点基本设置完成后，打开"文件"面板，查看站点状态，选中站点名称并右击，在弹出的快捷菜单中选择"新建文件夹"或"新建文件"命令，在网站的本地根文件夹下添加相应的文件夹和文件：introduce（公司介绍文件夹）、post（新闻动态文件夹）、product（产品服务文件夹）、maitain（维护保养文件夹）、CSS（CSS 样式表文件夹）、default.html（欢迎页面）、index.html（首页）、introduce.html（公司介绍页）、post.html（新闻动态页）、product.html（产品服务页）、maitain.html（维护保养页），如图 3-24 所示，在各栏目文件夹中新建 images（各栏目图像文件夹）。

将工作任务 2 中制作的网页整体装饰用图像复制到站点根目录的 images 文件夹中，将各栏目的相关图像等资源素材复制到对应文件夹的 images 文件夹中。而其他次级网页文件在制作的过程中再添加到相应的文件夹中，网站结构设置完成。

3. 查看和设置网页基本信息

1）查看网页基本代码

在 Dreamweaver 中打开网页 default.htm，切换到代码视图，网页中已自动添加了基本的 HTML 代码，其中，使用的代码规范是"XHTML 1.0 Transitional"、编码方式是"UFT-8"、标题为"无标题文档"，这是 Dreamweaver 新建网页文档时的默认设置，如图 3-25 所示。

```
<!DOCTYPE html PUBLIC "-//W3C//DTD XHTML 1.0 Transitional//EN"
 "http://www.w3.org/TR/xhtml1/DTD/xhtml1-transitional.dtd">
<html xmlns="http://www.w3.org/1999/xhtml">
  <head>
    <meta http-equiv="Content-Type" content="text/html; charset=uft-8" />
    <title>无标题文档</title>
  </head>
  <body>
  </body>
</html>
```

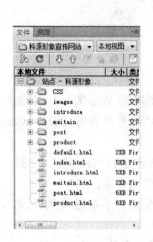
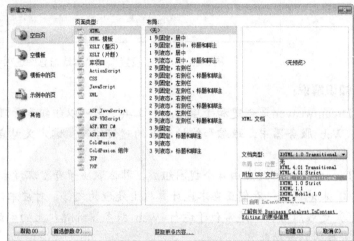

图 3-24　在"文件"面板中确立网站结构　　　图 3-25　新建文档的默认设置

知识解说：

本书对文档类型介绍如下。

1. HTML 4.01

W3C 组织发展制定了 HTML 4.01，1998 年 W3C 组织停止了对 HTML 的维护，而开始发展基于 XML 的版本 XHTML（可扩展超文本标记语言）。但事实上，即使是最陈旧的、最老版本的网页，在各种最新版本的浏览器中仍然可以得到完美的呈现。

为了对不同标准的 HTML 版本进行区别，在网页文档的开头可添加一个文档类型定义标签，用于说明 HTML 的规范，即指定当前网页文件所使用的 HTML 版本及定义该语言版本的规范文件的位置。HTML 4.01 分为 Transitional（过渡型）和 Strict（严格型）。例如，使用 HTML 4.01 过渡型规范的代码如下。

```
<!DOCTYPE HTML PUBLIC "-//W3C//DTD HTML 4.01 Transitional//EN"
 "http://www.w3.org/TR/html4/loose.dtd">
<html>
```

2. XHTML 1.0

XHTML 看起来与 HTML 有些相像，只有一些小的但重要的区别，建立 XHTML 的目的就是实现 HTML 向 XML 的过渡，便于以后的数据再利用。XHTML 1.0 在 2000 年 1 月 26 日成为 W3C 组织的推荐的标准,是目前国内网站设计中常用和推崇的 Web 标准。很多以前不够严谨的 HTML 标记,在 XHTML 中都变成了不能接受的,也强迫 Web 开发者们养成更好的编码习惯,Dreamweaver 之类的网页设计工具能验证是否符合 XHTML 的规范。

1) XHTML 与 HTML 的区别

① 所有的标记都必须有一个相应的结束标记。

XHTML 要求有严谨的结构,所有标签必须关闭。如果是单独不成对的标签,则要在标签最后加一个"/"来关闭它,如<img src="../images/Logo.gif"/>、
等。

② 所有标记和属性的名称必须使用小写字母。

与 HTML 不一样,XHTML 对字母大小写是敏感的,<title>和<TITLE>是不同的标签。XHTML 要求所有的标记和属性的名称都必须使用小写字母。例如,<BODY>必须写成<body>,字母大小写夹杂也是不被认可的。

③ 所有的 XHTML 标记都必须合理嵌套。

同样,因为 XHTML 要求有严谨的结构,因此,所有的嵌套都必须按顺序严格对称。

④ 所有的属性必须用引号("")括起来。

在 HTML 中,可以不给属性值加上引号,但是在 XHTML 中,必须给属性值加上引号。例如,<td border=1>必须修改为<td border="1">。

⑤ 给所有属性赋一个值。

XHTML 规定所有属性必须有一个值,没有值的就重复本身。例如,<input type=" checkbox" name="shirt" value="medium" checked> 必须修改为 <input type="checkbox" name="shirt" value="medium" checked="checked">

⑥ 图像必须有说明文字。

每个图像标签都必须有 alt 说明文字。例如,<img src="ball.jpg" alt="large red ball" />。

⑦ 放弃了 HTML 中的一些格式化功能。

标记中放弃了<font>文字定义、<marquee>滚动效果定义等,很多标记中放弃了 align、height 等格式属性。

⑧ 不要在注释内容中使"--"。

"--"只能出现在 XHTML 注释的开头和结束,也就是说,在内容中它们不再有效。例如,下面的代码是无效的:<!--这里是注释-----这里是注释-->,要用等号或者空格替换内部的虚线,<!--这里是注释==============这里是注释-->。

2) XHTML 的现行规范

① XHTML 1.0 Transitional: 过渡型,标识语法要求较宽松,允许使用 HTML 4.01 的标识。

② XHTML 1.0 Strict: 严格型,标识要求达到 XHTML 相对于 HTML 的所有改动。

③ XHTML 1.0 Frameset: 框架集定义,专门针对于框架页面设计的使用。

④ XHTML 1.1: 模块化的 XHTML。

⑤ XHTML Mobile 1.0: 移动版 XHTML。

3. XHTML 2

实际上浏览器虽然解释了 XHTML 标记,但却不会严格地按照标准执行错误检查。如果 Web 开发人员把旧的 HTML 4 及以下版本的 HTML 内容和 XHTML 1.0 混在一起,不遵守 XHTML 规则,则浏览器会视而不见。XHTML 的制定者们想要解决这个问题,就是制定

XHTML2规范方案,规定了严格的错误处理规则,强制要求浏览器拒绝无效的XHTML2页面,同时也摒弃了很多从HTML沿袭下来的陈旧的编码习惯。但互联网上已经存在的无数的网站必须更新,而付出这些代价却没有增加新的功能,使XTML2的标准没有了价值,无法实施。

4. HTML 5

从2004年开始,Opera(开发Opera浏览器的公司)、Mozilla(开发Firefox浏览器的公司)、Apple自发组建了WHATWG(Web Hypertext Application Technology Working Group,网页超文本应用技术工作组),致力于寻找新的解决方案。WHATWG不想取代HTML,而是考虑以无障碍、向后兼容的方式去扩展它。2007年,W3C解散了负责制定XHTML2的工作组,并开始让WHATWG发展HTML 5。

HTML 5中的数字5表示这个标准是HTML 4的后续版本,但HTML 5支持自HTML 4.01发布以来10年间出现在网页中的所有新的东西,包括严格的XHTML风格的语法和大量的CSS、JavaScript的创新。新的标准的引入不会导致已有网页无法工作,原来的规则和网页仍然能用,HTML 5之前能接受的,HTML 5中也能接受,只要浏览器支持向前和向后兼容即可。

HTML还会继续发展下去,HTML 5的文档类型的声明变得极其简单。

```
<!DOCTYPE HTML>
<html>
```

下面介绍字符集。

字符是各种文字和符号的总称,包括各国家文字、标点符号、图形符号、数字等。字符集是多个字符的集合,字符集种类较多,每个字符集包含的字符个数不同。

在所有字符集中,最知名的是被称为ASCII(American Standard Code for Information Interchange,美国标准信息交换码)的7位字符集,为美国英语通信所设计。它由128个字符组成,包括大小写字母、数字0~9、标点符号、非打印字符(换行符、制表符等)及控制字符(退格等)。

还有很多国家不使用英语,为了在计算机上正确使用各自的语言,就有了各自的编码,例如,简体中文为GB2312,繁体中文为Big5,朝鲜语为EUC-KR,日语为EUC-JP等。

Unicode(统一码、万国码、单一码)是为了解决传统的字符编码方案的局限性而产生的,它为每种语言中的每个字符设定了统一并且唯一的二进制编码,以满足跨语言、跨平台进行文本转换、处理的要求,通常为UFT-8格式。

1) 查看页面属性的默认设置

在Dreamweaver中打开网页default.htm,选择"修改"→"页面属性"命令,在弹出的"页面属性"对话框中,选择"分类"选项卡,选择"标题/编码"选项,除了能修改"标题"、"文档类型"外,还能修改"编码方式",图3-26所示为默认的参数设置。

"文档类型"只针对HTML、PHP、ASP等网页型的文档类型,而CSS、JavaScript等文档不具有文档类型,但CSS、JavaScript等文档仍然有"编码"要求,同一个网站中的文件的编码格式应该相同,否则相互调用实现功能时会产生编码混乱。新建的CSS文件默认编码为UTF-8,首行自动生成"编码"代码:@charset "utf-8"。若要对CSS样式文件进行编码,可选择"修改"→"页面属性"命令,在弹出的"页面属性"对话框中进行修改,如图3-27所示。

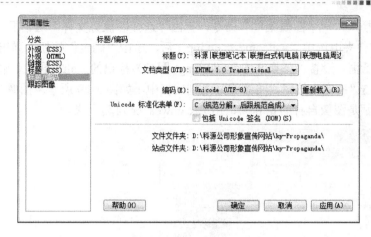

图 3-26　页面属性的默认设置

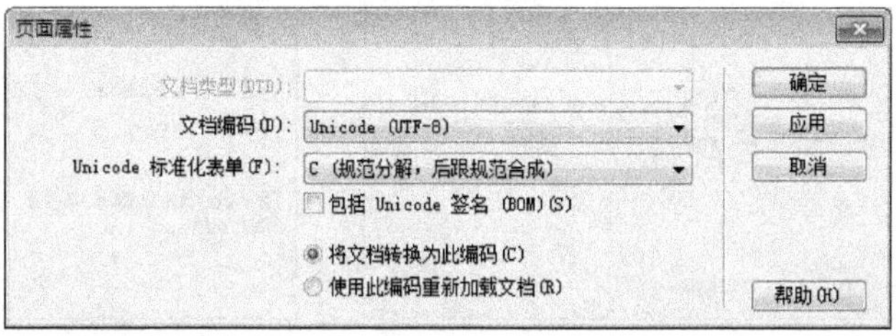

图 3-27　CSS 等文件页面属性的修改

2）添加网页标题和 meta 信息

在每个网页中都要设置 meta 关键字、描述、允许搜索引擎检索和查找、网页作者、版权信息等，有助于搜索引擎的优化。其代码如下。

```
<meta name="Keywords" content="计算机,联想,笔记本,台式机电脑,数码产品">
<meta name="Description" content="这是一个专业水平的联想品牌电脑、数码产品的销售及维护为主营业务的公司。">
<meta name="Robot" content="all">
<meta name="Author" content="科源信息技术有限公司">
<meta name="Copyright" content="科源信息技术有限公司">
<title>科源|联想笔记本|联想台式机电脑|联想电脑周边|联想数码产品</title>
```

3.2.3　欢迎引导页面的制作

1. 添加欢迎引导页的结构和内容

网页中的图像有两种：一种是作为内容的图像，作为必须展示给用户看的和作为超链接的对象；另一种是修饰网页美观效果的图像，作为对象的背景使用。欢迎引导页面将 welcome-bg.jpg 图像作为网页的背景装饰图像，welcome-main.jpg 图像作为超链接对象。

（1）打开文件 default.html，切换到 Dreamweaver 的拆分视图，在<body>标记间键入以下代码。

```
<div id="welcomemain">
</div>
```

(2)选择"插入"→"图像菜单"命令,弹出"选择图像源文件"对话框,如图 3-28 所示,在 images 文件夹中选中"welcome-main.jpg"后,单击"确定"按钮,弹出"图像标签辅助功能属性"对话框,设置"替换文本"(即<img>图像)标记的"alt"属性,输入"科源公司欢迎您!",再单击"确定"按钮,将图像插入到文档中,如图 3-29 所示。图像的<img>标记中的属性值宽和高都是图像自身的宽和高,由 Dreamweaver 自动生成。

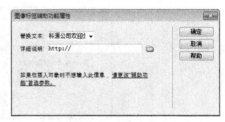

图 3-28 "选择图像源文件"对话框　　　图 3-29 "图像标签辅助功能属性"对话框

(3)选中刚插入的图像,在"属性"面板中能看到"地图"属性,如图 3-30 所示,使用矩形热点工具,在图像的"进入首页"文字区域用鼠标画出矩形(即添加矩形热点),如图 3-31 所示。在矩形热点"属性"面板中添加超链接"index.html"属性,在"替换"属性中添加相应的值。

图 3-30　图像插入效果和地图的属性

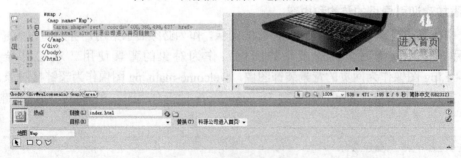

图 3-31　矩形热点的"属性"面板

（4）热点编辑成功后，查看生成的代码。在文档工具栏的"在浏览器中预览或调试"工具组中，选择"预览在 Firefox"选项，设置如图 3-32 所示。default.html 网页预览效果有图像，有地图热点超链接，无背景。也可在"在浏览器中预览或调试"工具组中选择"编辑浏览器列表"选项，弹出"首选参数"对话框，在其中选择"在浏览器中预览"选项，如图 3-33 所示，可添加、删除浏览器，可设置主或次浏览器。

```
<body>
  <div id="welcomemain">
    <img src="images/welcome-main.jpg" border="0" width="600" height="460"
        alt="科源公司欢迎您！" usemap="#Map">
    <map name="Map">
      <area shape="rect" coords="400,380,498,437" href="index.html"
            alt="科源公司进入首页链接">
    </map>
  </div>
</body>
```

图 3-32　在浏览器中预览或调试工具菜单

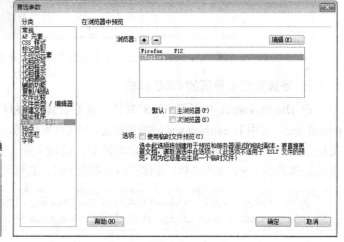

图 3-33　"首选参数"对话框

知识解说：

大多数网页设计师与前端工程师都会使用 Firefox 浏览器，因为 Firefox 拥有丰富的 Web 开发辅助插件，能提供许多功能强大的辅助开发功能，包括对（X）HTML、CSS、JavaScript、AJAX、Cookie 等的查看、分析、编辑、调试等 Web 开发功能，提供是否符合 W3C 标准的 HTML 验证功能，提供页面位置测量和色彩获取等页面设计功能，能帮助分析网页较慢的原因，以及如何帮助提高性能，提供 SEO 检查网站在搜索引擎、alexa 的状态及 SEO 关键字的诊断，还可在 PC 端模拟移动设置端的显示效果等。

例如，Web Developer（Web 开发者）插件在"查看器"中显示经过格式化的 HTML 代码，有清晰的层次，能够方便地分辨出每一个标签之间的从属并行关系，标签的折叠功能可以更好地分析代码。鼠标指针指向或选中某一个标签时能在网页中高亮显示其区域，在"查看器"右侧有 CSS 样式查看功能，在 HTML 检查器中选中某一个标签后，在"规则"选项中将显示该元素的属性和其被继承的属性，在"计算后"选项中将显示通过设置、继承或默认值等综合后获得的样式,在"字体"选项中可查看使用的字体,在"盒模型"中可查看宽、高、外边距、内间距、边界的像素信息,如图 3-34 所示。

图 3-34　使用 Firefox 浏览器的"Web 开发者"插件调试网页

2. 添加欢迎引导页的 CSS 样式

在 Dreamweaver 中新建 CSS 文件,保存在站点根目录的 CSS 文件夹中,保存文件名为 default.css,使用 Dreamweaver 的智能提示功能添加代码,按 Enter 键换行就能弹出所有的 CSS 属性供用户选择,再输入字母则能自动匹配,通过上下光标键移动可以快速确定属性值,既能帮助快速查找 CSS 属性及值,也能节省编码时间。具体代码如下。

```
body{background:url(../images/welcome-bg.jpg);}
#welcomemain{width:680px;height:460px;margin:0 auto;}
```

在 default.html 文件中添加对 default.css 的超链接,代码如下。

```
<link href="CSS/default.css" rel="stylesheet" type="text/css" />
```

(1) 第一行 CSS 代码使用了 body 标记选择符。background 表示背景 CSS 属性,设置背景图像属性值。整个网页 body 区域的背景设置图像为 welcome-bg.jpg,它的 URL 路径表示在 default.css 文件的上一层文件夹的 images 中。

(2) 第二行 CSS 代码使用了 ID 选择符。width 表示宽度属性,以像素为单位,设置该区域的显示宽度。height 表示高度属性,也以像素为单位,设置该区域的高度显示。margin 表示外边距属性,上下边距为 0,左右边距为 auto,表示区域宽度之外网页中剩余的区域平均分配,这样该 div 区域即可水平居中显示。网页中区域的水平居中必须与确定的宽度属性配合,因为区域的宽度相对浏览器或其上一级元素的宽度来说要小,才会有剩余的区域,设置 margin 的宽度 auto 才能左右两边平均分配,如果没有设置宽度属性,则整个区域的宽度为浏览器或其上一级元素的宽度。

3.2.4 网站首页和次级页面的 DIV+CSS 技术的布局设计

1. 网站构图分析

（1）首页和次级页面有相似的地方，尽量做到"代码复用"和"图像复用"，尽可能地增加灵活性与适应性。

（2）首页页面从上到下主体划分为 5 个区域：头部（header）、导航栏（navigator）、主体内容区（container）、友情链接（friendlink）、页脚（footer）。主体内容区（container）又划分为内容左区（con-left）、产品链接区（link-product）、维护保养区（maitain）、联系我们区（contact-us）。内容左区（con-left）又划分为广告条（banner）、新闻区（post），如图 3-35 所示。

图 3-35 首页布局规划图

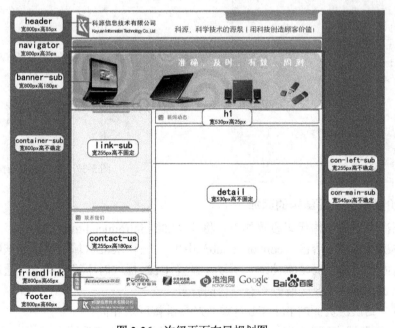

图 3-36 次级页面布局规划图

（3）次级页面从上到下划分为 6 区域：头部（header）、导航栏（navigator）、次级页面广告条（banner-sub）、次级主体内容区（container-sub）、友情链接（friendlink）、页脚（footer）。次级主体内容区（container-sub）又划分为次级内容左区（con-left-sub）、次级内容主区（con-main-sub）。次级内容左区（con-left-sub）又划分为可链接区（link-sub）、联系我们区（contact-us）。次级内容主区（con-main-sub）又划分为标题区<h1>、详细内容区（detail），如图 3-36 所示。

（4）完全复用区包括 4 个区域：头部（header）、导航栏（navigator）、友情链接（friendlink）、页脚（footer）。其他区域也可复用，如联系我们区（contact-us）、产品链接区（link-product），不同的是，在首页中时它们在右边，在次级页中时它们在左边。

2. 首页结构的添加

首页的结构代码设置如下，将其添加到 index.html 文件中。在 Firefox 浏览器中预览网页，打开"Web 开发者"插件，查看网页的结构，如图 3-37 所示。

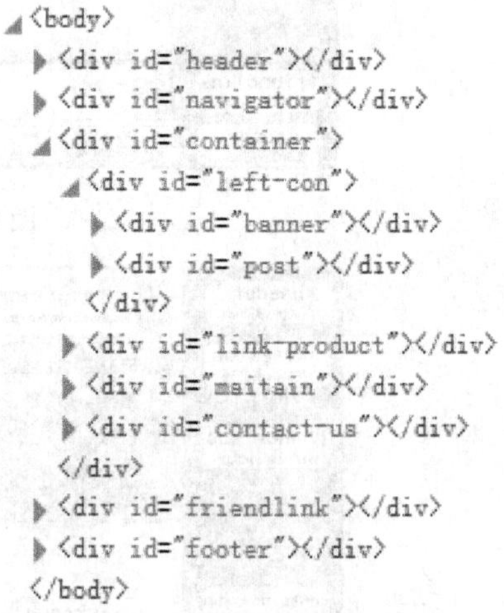

```html
<body>
    <div id="header">
    </div>
    <div id="navigator">
    </div>
    <div id="container">
        <div id="left-con">
            <div id="banner">
            </div>
            <div id="post">
            </div>
        </div>
        <div id="link-product">
        </div>
        <div id="maitain">
        </div>
        <div id="contact-us">
        </div>
    </div>
    <div id="friendlink">
    </div>
    <div id="footer">
    </div>
</body>
```

图 3-37　首页主要结构图

3. 公司介绍次级页面结构的添加

公司介绍次页面的结构代码设置如下，将其添加到 introduce.html 文件中。

（1）其中次级主体内容区（container-sub）中多了一个 float 区域，是因为该区域的高度不固定，需根据内容的多少而动态伸缩，所以在设置 CSS 样式时不设置高度，通过多添加一个浮动层，能让 container-sub 区域始终有白色的背景。

（2）公司介绍次级页面的 link-sub 区域与产品链接区域相同。

在 Firefox 浏览器中预览网页，打开"Web 开发者"插件，查看网页结构，如图 3-38 所示。

公司介绍此页的结构代码:

```html
<body>
  <div id="header">
  </div>
  <div id="navigator">
  </div>
  <div id="banner-sub">
  </div>
  <div id="container-sub">
    <div id="float">
      <div id="con-left-sub">
        <div id="link-sub">
          <div id="link-product">
          </div>
        </div>
        <div id="contact-us">
        </div>
      </div>
      <div id="con-main-sub">
        <h1></h1>
        <div id="detail">
        </div>
      </div>
    </div>
  </div>
  <div id="friendlink">
  </div>
  <div id="footer">
  </div>
</body>
```

```html
<body>
  <div id="header"></div>
  <div id="navigator"></div>
  <div id="banner-sub"></div>
  <div id="container-sub">
    <div id="float">
      <div id="con-left-sub">
        <div id="link-sub">
          <div id="link-product"></div>
        </div>
        <div id="contact-us"></div>
      </div>
      <div id="con-main-sub">
        <h1></h1>
        <div id="detail"></div>
      </div>
    </div>
  </div>
  <div id="friendlink"></div>
  <div id="footer"></div>
```

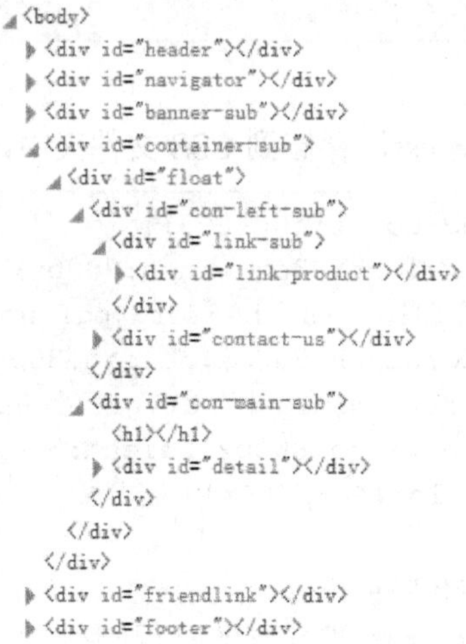

图 3-38　公司介绍次页主要结构图

4. 其他次级页面结构的添加

打开 post.html 文件，将 introduct.html 文件中的结构代码复制到 post.html 中，只需修改 link-sub 区域的代码，分别对应图 3-39 所示的 link-top、link-main、link-bottom 3 个区域，其中 link-main 区域的高度不确定，随着它添加内容的多少而变化。

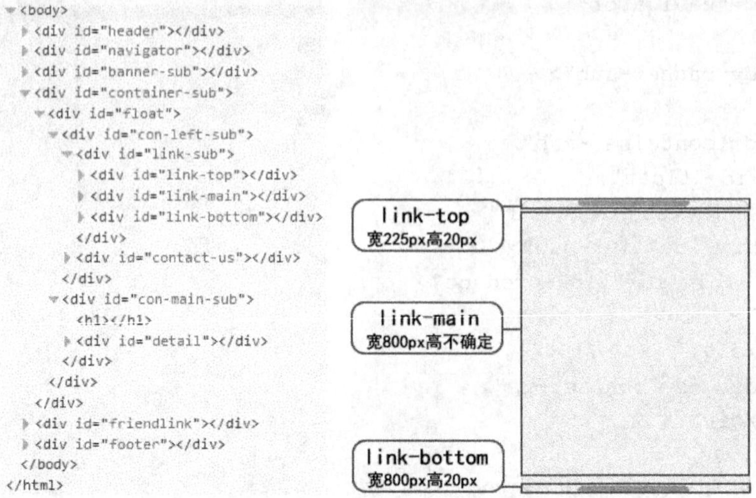

```
<body>
    <div id="header"></div>
    <div id="navigator"></div>
    <div id="banner-sub"></div>
    <div id="container-sub">
        <div id="float">
            <div id="con-left-sub">
                <div id="link-sub">
                    <div id="link-top"></div>
                    <div id="link-main"></div>
                    <div id="link-bottom"></div>
                </div>
                <div id="contact-us"></div>
            </div>
            <div id="con-main-sub">
                <h1></h1>
                <div id="detail"></div>
            </div>
        </div>
        <div id="friendlink"></div>
        <div id="footer"></div>
    </div>
</body>
</html>
```

link-top 宽225px高20px

link-main 宽800px高不确定

link-bottom 宽800px高20px

图 3-39　其他次级页面主要结构图

其他次级页面需 post.html 页面全部完成后再复制代码。

link-sub 区域的代码：

```
<div id="link-sub">
    <div id="link-top">
    </div>
    <div id="link-main">
    </div>
    <div id="link-bottom">
    </div>
</div>
```

5. 首页表现样式的添加

（1）新建 CSS 样式文件 index.css，存储到 CSS 文件夹中，添加 CSS 样式的代码如下。

```
body{margin:0;background-color:#006699;}
#header{margin:0 auto; height:85px;width:800px;
        background:url(../images/ header.jpg) no-repeat;}
#navigator{margin:0 auto;width:800px;height:35px;
           background:url(../images/navigator.jpg) no-repeat;}
#container{margin:0 auto;width:800px;height:500px;
           background-color:#FFFFFF;}
#left-con{float:left;}
#banner{width:545px;height:210px;
        background:url(../images/banner.jpg) no-repeat;}
#post{width:545px;height:110px;
      background:url(../images/container1.jpg) no-repeat;}
```

```
#link-product{float:right;width:255px;height:320px;
         background:url(../images/link-product.jpg) no-repeat;}
#maitain{float:left;width:545px;height:180px;
      background:url(../images/container2.jpg) no-repeat;}
#contact-us{float:right;width:255px;height:180px;
         background:url(../images/contanctus.jpg) no-repeat;}
#friendlink{ clear:both;margin:0 auto;width:800px;height:65px;
         background:url(../images/friendlink.jpg) no-repeat;}
#footer{margin:0 auto;width:800px;height:60px;
      background:url(../images/footer.jpg) no-repeat;}
```

① 设置<body>标记的 CSS 属性，设置背景颜色和网页的边距为 0。

② 设置布局设计图中每个区域的样式，包括宽度、高度、背景装饰图片，5 个主区域通过 "margin:0 auto" 属性值的设置使它们水平居中。

③ 在 container 区域中的 4 个区域应用 float（浮动）来布局，left-con、maitain 区域为左浮动，link-product、contact-us 区域为右浮动。如果想多个左右浮动区域能横向并排，则需要这几个浮动区域的宽度和不大于它的上一级元素的宽度，如果大于上一级元素的宽度，那么最后一个浮动区域不会与其他区域横向并排，而会形成错位。

④ left-con 区域没有指定宽和高，在没有指定宽和高的情况下，默认是它的子元素的宽或高的和。

⑤ float 组织页面元素是 DIV+CSS 网页布局的重要手段，但浮动以后会影响周围的其他元素的排版，被影响的元素需要清除浮动在其周围的元素。在 container 层有多个浮动元素，如果 friendlink 层未清除浮动，friendlink 层可能会挪动到其他地方或者格式出现问题，清除浮动后格式才正确。clear 属性用于定义禁止浮动的边，该属性可以有 4 个值，分别是 none（不清除浮动，允许两侧有浮动对象）、both（不允许两侧有浮动对象）、left（不允许左侧有浮动对象）、right（不允许右侧有浮动对象）。

（2）在 index.html 文件的<head>标记间添加对 index.css 样式文件的超链接。

```
<link href="CSS/index.css" rel="stylesheet" type="text/css" />
```

在 Firefox 浏览器中预览网页效果，如图 3-40 所示。

图 3-40　首页主要结构的表现样式图

6. 公司介绍次级页面表现样式的添加

（1）新建 CSS 样式文件 sub.css，存储在 CSS 文件夹中，添加 CSS 样式的代码如下。

```
body{margin:0;background-color:#006699;}
#header{margin:0 auto; height:85px;width:800px;
        background:url(../images/ header.jpg) no-repeat;}
#navigator{margin:0 auto;width:800px;height:35px;
        background:url(../images/navigator.jpg) no-repeat;}
#friendlink{clear:both;margin:0 auto;width:800px;height:65px;
        background:url(../images/friendlink.jpg) no-repeat;}
#footer{margin:0 auto;width:800px;height:60px;
        background:url(../images/footer.jpg) no-repeat;}
#link-product{float:right;width:255px;height:320px;
        background:url(../images/link-product.jpg) no-repeat;}
#contact-us{float:right;width:255px;height:180px;
        background:url(../images/contanctus.jpg) no-repeat;}
#banner-sub{width:800px;height:180px;margin:0 auto;
        background:url(../images/banner-sub.gif);}
#container-sub{width:800px;margin:0 auto;}
#float{float:left;background-color:#FFFFFF;}
#con-left-sub{width:255px;float:left;}
#link-sub{width:255px;}
#con-main-sub{width:545px;float:left;}
#con-main-sub h1{margin:0;height:40px;
        background:url(../images/content-title.jpg) no-repeat;}
#detail{width:545px;}
```

① 其中，<body>标记和 header、navigator、friendlink、footer、link-product、contact-us 6 个区域的样式表现相同。

② container-sub、float、con-left-sub、con-main-sub 区域都没有设置高度，但只要 float 区域设置为浮动和白色背景，就能使整个 container-sub 区域有白色背景，如果删除 float 区域，则 detail 区域没有白色背景，如图 3-41 所示。

③ con-left-sub 区域为左浮动，con-main-sub 区域为右浮动。

（2）在 introduce.html 文件的<head>标记间添加对 sub.css 样式文件的超链接。

```
<link href="CSS/sub.css" rel="stylesheet" type="text/css" />
```

在 Firefox 浏览器中预览网页效果，如图 3-42 所示。

图 3-41　公司介绍次级页面删除 float 区域后的错误效果　　图 3-42　公司介绍次级页面主要结构的表现样式图

7. 其他次级页面表现样式的添加

（1）在 sub.css 中添加 link-top、link-main、link-bottom 的 CSS 样式，代码如下。

```
#link-top{width:255px;height:20px;
         background:url(../images/link-top.jpg) no-repeat;}
#link-main{width:255px;background:url(../images/link-bg.jpg) repeat-y;}
#link-bottom{width:255px;height:20px;
         background:url(../images/link-bottom.jpg) no-repeat;}
```

（2）在 post.html 文件的<head>标记间添加对 index.css 样式文件的超链接。

① 其中，link-main 区域是没有设置高度的，其高度随着其中内容的高度而变化。因其中没有内容，所以现在没有高度，当添加内容后，link-bg.jpg 会随着高度的变化而垂直平铺。

② 与公司介绍页面类似，需要将 float 区域设置为浮动和白色背景，con-left-sub 区域整个都是白色背景，如果删除 float 区域，则当 con-main-sub 区域高于 con-left-sub 区域时，con-left-sub 区域差的高度是网页的蓝色背景，不是整个区域都是白色背景。

（3）在 introduce.html 文件的<head>标记间添加对 index.css 样式文件的超链接。

（4）在 Firefox 浏览器中预览网页效果，如图 3-43 所示。

图 3-43　其他次级页面主要结构的表现样式图

8. 复用 CSS 样式的处理

因首页和次级页面中的<body>标记和 header、navigator、friendlink、footer、link-product、contact-us 6 个区域的样式表现相同，所以需要复用，避免在修改时不一致。在站点根目录的 CSS 文件夹中新建 public.css 文件，将<body>标记和 6 个区域的 CSS 样式复制到 public.css 中，在 index.css 和 sub.css 中删除这些 CSS 样式。

然后在 index.htm、introduce.html、post.html 文件的<head>标记间添加对 public.css 样式文件的超链接，代码如下。

```
<link href="CSS/public.css" rel="stylesheet" type="text/css" />
```

3.2.5 首页制作

1. 制作头部区域

（1）为首页的头部区域添加结构和内容，代码如下。

```
<div id="header">
  <h1 id="logo">
    <a href="index.htm" title="科源信息技术有限公司！">科源信息技术有限公司</a>
  </h1>
  <ul>
    <li>
      <a href="" onclick="javascript:window.external.addFavorite(
                  'http://94ky.com','科源信息技术有限公司');">加入收藏
      </a>
    </li>
    <li>
      <a href="" onClick="this.style.behavior='url(#default#homepage)';
                  this.setHomePage('94ky.com ');">设为主页
      </a>
    </li>
    <li>
      <a href="#">特别公告</a>
    </li>
  </ul>
</div>
```

<h1>标记的是公司的名称，在看不到装饰图像时用于替代网站标识的，但在正常情况下它应该是隐藏的。"加入收藏、设为主页、特别公告"为并列的超链接，用<ul>列表标记。

知识解说：

"加入收藏"和"设为主页"的超链接地址为"#"（表示该网页），目的是使该文字看起来像超链接、鼠标指针变为手形，以方便单击，起作用的是"onClick"赋予的 JavaScript 代码，"onClick"表示鼠标单击事件，当鼠标单击时就会调用 JavaScript 代码，从而调用浏览器对象的方法和属性，进而实现加入收藏和设为主页的功能。加入收藏使用的方法的两个参数为'http://94ky.com'和'科源信息技术有限公司'，分别表示添加到收藏夹的网址和名称，这两个参数可修改。设为主页使用的是属性，参数'94ky.com'表示设置为主页的网址。

在<a></a>标记内除了超链接文字外不要添加多余的空格，否则会使超链接的下画线超出文字。

"特别广告"的超链接地址的网页文件或资源等还没有建立，故不明确其文件名，暂时用"#"代替，当建立文件后知道文件名路径后再进行超链接修改。

（2）在 Firefox 浏览器中预览添加了内容的头部区域效果，如图 3-44 所示。

图 3-44 添加内容后的头部区域的效果

<h1>的默认效果有 21px 的外边距、文字字号要大一些。<ul>是纵排效果，并有圆点样式。网页中标题级标记、列表标记等使用的较频繁，需要先清除它们原有的样式，添加新的样式，为了后续布局的便利，在 public.css 文件中添加通用样式，代码如下。该通配符样式必须加在样式文档的最顶部，效果如图 3-45 所示。

```
*{margin:0;padding:0;text-decoration:none;list-style:none;font-size:12px;
font-family:"宋体";color:#000000;}
```

① 通配符选择器"*"是指所有的选择符，包括所有标记、ID 和 class 选择符，设置一些 CSS 样式属性，即进行全局设置，也就是对全局默认样式的定义，有了这样的声明后，不必在后面编码中再进行单独的定义，这样做效率高，可以缩减代码。

② 全局都设置为外边距 0、内间距 0、去除文字样式、去除列表项样式、文字大小 12px、字体为宋体、黑色文字，这些属性具有全局设置后不必再每个单独定义。

③ 但如果出现与整体声明有冲突的定义，如需要文字 14px、白色，则在后面的编码中再为元素定义新的样式即可，CSS 的继承和层叠将把新的样式作用于元素。

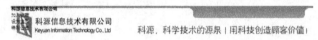

图 3-45 添加通用样式后的头部区域效果

（3）为头部区域添加样式，更改其表现，代码如下。头部区域为复用区域，所以样式应添加到 public.css 中。头部区域最终完成效果如图 3-46 所示。

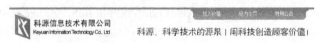

图 3-46 头部区域完成后的效果

```
#header #logo a{display:none;}
#header ul{float:right;height:30px;padding-right:10px;}
#header ul li{float:left;width:95px;height:30px;line-height:30px;}
#header ul li a{color:#FFFFFF;}
#header ul li a:hover{color:#FFFF33;text-decoration:underline;}
```

① <h1>标记中的内容隐藏。

② 改变<ul>的位置为右浮动，距头部区域的右边界 10px。

③ <li>标记浮动，列表项从纵向排列变为横向排列，与<ul>相同，其高均为 30px，行高也是 30px，文字才能在区域内垂直居中，宽度为 95px。<ul>距头部区域的右边界的距离和多个列表项的宽度也有它们之间的间距，这些距离不是一次就能设置好的，需要反复尝试，直到位置美观为止。

④ 超链接的文字颜色为白色，各种伪类超链接、激活、已访问、悬停都为白色，除非另外声明，并且继承了"*"通用标识的去除下画线。

⑤ 声明了超链接鼠标悬停时，文字为浅黄色、有下画线样式。而在超链接的链接、激活、已访问状态下，文字仍为白色、去除下画线样式。

2. 制作导航栏区域

见 3.1.5 节中的"使用 DIV+CSS 改善网站"案例，其中有详细的描述，CSS 样式添加到 public.css 中，已加过的重复样式可不再添加。

3. 制作友情链接区域

（1）为首页的友情链接区域添加结构和内容，代码如下。

友情链接的是图像，图像在这里不是装饰图像，而是内容。

```html
<div id="friendlink">
  <ul>
    <li>
      <a href="http://www.pconline.com.cn/" target="_blank">
        <img src="images/logo-pconline.jpg" alt="友情链接-太平洋电脑" />
      </a>
    </li>
    <li>
      <a href="http://www.pcpop.com/" target="_blank">
        <img src="images/logo-pcpop.jpg" alt="友情链接-泡泡网" />
      </a>
    </li>
    <li>
      <a href="http://www.zol.com.cn" target="_blank">
        <img src="images/logo-zol.jpg" alt="友情链接-中关村在线在线" />
      </a>
    </li>
    <li>
      <a href="www.amazon.cn/shops/BBBBBBBBBBBBBB/" target="_blank">
        <img src="images/logo-keyuan-amazon.jpg" alt="友情链接-科源亚马逊店"/>
      </a>
    </li>
    <li>
      <a href="http://shop88888888.taobao.com/" target="_blank">
        <img src="images/logo-keyuan-taobao.jpg" alt="友情链接-科源淘宝店"/>
      </a>
    </li>
  </ul>
</div>
```

（2）友情链接区域是复用区域，在 public.css 中添加样式代码如下，其效果如图 3-47 所示。

```
#friendlink ul{padding:10px 0 0 30px;}
#friendlink ul li{float:left;width:145px;line-height:50px;text-align:center;}
```

图 3-47　友情链接区域完成后的效果

知识解说：

在 CSS 中，块级元素拥有一个独立的盒子模型，由 content（内容）、border（边框）、padding（内间距）、margin（外边距）、background（背景）、width（宽度）、height（高度）7 个部分组成。但 W3C 标准化盒子模型（图 3-48）与 IE 盒子模型（图 3-49）不一样。IE 盒子模型中的 content 部分包含了 padding 和 border，即 IE 盒子的大小包括了 padding 和 border 的大小，只有 IE 5.5 版本以下才是 IE 盒子模型。

对于 margin、border、padding 的属性，如果设置的属性值的个数不同，则其含义不同。

（1）1 个属性值，这个属性值指所有 4 边的属性。

（2）2 个属性值，第 1 个是上、下两边的属性，第 2 个是左、右两边的属性。

（3）3 个属性值，第 1 个是上边的属性，第 2 个是左、右两边的属性，第 3 个是下边的属性。

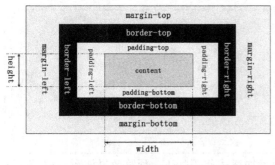 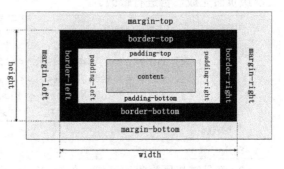

图 3-48　W3C 标准化盒子模型　　　　　图 3-49　IE 盒子模型

（4）4 个属性值，分别是 4 边的属性，其顺序是上、右、下、左。

对于背景属性，不管是 W3C 标准还是 IE 盒子模型，背景显示区域包括 content（内容）和 padding（内间距）。

在制作网页时，为了实现浏览器之间的兼容性，一个元素的宽高属性尽量不要与 padding 属性写在一起，但 padding 属性可以写在具有宽高属性的子级元素中。除了内容的宽度和高度外，也有一些其他样式效果在不同浏览器之间是不同的，需要反复针对兼容性问题进行调试。

在默认情况下，在没有设置 CSS 的 float 的情况下，块级元素会顺序以每次另起一行的方式一直向下排列。行内元素不会另起一行，也不具有盒子模型的宽和高的特征，宽和高只是其中的内容的自适应，设置 width、height 属性时无效，但设置 border、padding、margin、background 属性时是有效的，可以通过设置 display:block 或 float，将其转换为块级元素，然后有效地设置 width、height 属性。如果设置 display:block，则会另起一行，如果设置了浮动，则在行显示。还有一种一行内块级元素属性（inline-block），它介于块级元素与行内元素之间，在默认情况下，不需要浮动，都在一行内显示，并具有有效的宽和高属性设置。

4. 制作页脚区域

（1）为首页的页脚区域添加结构和内容，代码如下。

```
<div id="footer">
    <p>ICP经营许可证：科00-0000000 备案号：科ICP备00000000号 <br/>
    Copyright &copy; 2008-2010 科源信息技术有限公司 All Rights Reserved</p>
</div>
```

HTML 源文件中的换行、回车符和多个连续半角空格在显示中是无效的，多个连续空格只显示一个。换行、分段都有专有标记，空格有转义符。" "表示空格转义符，占半个汉字宽、1个英文字符宽。"©" 表示©版权号。

（2）页脚区域为复用区域，在 public.css 中添加样式的代码如下，其效果如图 3-50 所示。

```
#footer p{padding:20px 0 0 280px;}
```

图 3-50　页脚区域完成后的效果

5. 制作产品链接区

（1）为首页的产品链接区添加结构和内容，代码如下。不确定的超链接用"#"代替，以后次级页面完成后再进行修改。

```
<div id="link-product">
  <ul>
    <li><a href="#">笔记本电脑</a></li>
    <li><a href="#">台式机电脑</a></li>
    <li><a href="#">电脑周边</a></li>
    <li><a href="#">数码产品</a></li>
  </ul>
</div>
```

（2）产品链接区为复用区域，在 public.css 中添加样式代码如下。预览效果如图 3-51 所示。

```
#link-product ul{padding:15px 0 0 0;}
#link-product ul li{line-height:70px;text-align:center;font-weight:bold;}
#link-product ul li a{color:#FF9900;text-decoration:none;}
#link-product ul li a:hover{color:#FF0000;text-decoration:underline;}
```

图 3-51　产品链接区完成后的效果

① <li>纵向排列，不浮动；需平均分布，<li>的高度相同，若高度没有设置，则高度等于行高，<li>高度都为 70px；因该区域有顶部装饰条，故<li>的显示需下移 15px；设置<ul>的上内间距为 15px。

② 文字显示加粗，设置橘色的超链接颜色，鼠标悬停时链接颜色为红色。

6. 制作联系我们区

（1）为首页的联系我们区添加结构和内容，代码如下。

```
<div id="contact-us">
  <ul>
    <li><span>地  址：</span><span>科源市高新区高新大道 88 号</span></li>
    <li><span>邮  编：</span><span>888888</span></li>
    <li><span>联系人：</span><span>黄经理</span></li>
    <li><span>电  话：</span><span>088-88888888</span></li>
    <li><span>传  真：</span><span>088-88888888</span></li>
    <li><span>邮  箱：</span>
        <span><a href="mailto:keyuanIT@126.com">keyuanIT@126.com</a></span>
    </li>
    <li><span>业务QQ：</span>
        <span><a href="tencent://message/?uin=2079406746&amp;
                  Site=keyuan94.com&amp;Menu=yes">2079406746</a></span>
    </li>
  </ul>
</div>
```

（2）联系我们区为复用区域，在 public.css 中添加样式的代码如下。预览效果如图 3-52 所示。

```
#contact-us ul{padding:35px 0 0 10px;}
#contact-us ul li{line-height:20px;}
a:link{color:#000000;text-decoration:none;}
a:visited{color:#666666;text-decoration:none;}
a:hover{color:#0066CC;text-decoration:underline;}
```

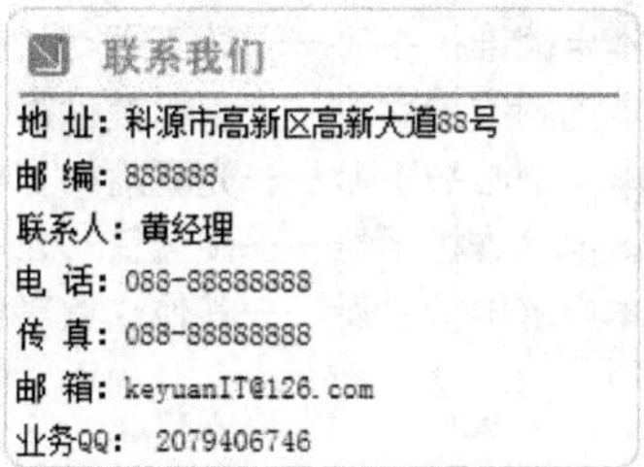

图 3-52 联系我们区完成后的效果

① <ul>列表设置上内间距为 35px、左内间距为 10px，下和右内间距为 0，使<ul>中的列表项显示时不压区域背景图像的边线。

② <a>标记选择符的 CSS 样式是指文中所有的<a>标记都有的 CSS 样式，除非另外声明。将该< a>标记选择符及其锚伪类的 CSS 样式添加到"*"通配符选择符的后面、其他选择符的

前面。

7. 制作广告条

（1）为首页的广告条添加结构和内容，代码如下。该区域的制作要求如下：有关于产品服务的超链接，而链接区域是整个广告条区域，但不显示文字；图像是背景装饰图像，不是内容图像。

```html
<div id="banner">
  <a href="product.html" title="联想笔记本|台式机电脑|电脑周边|数码产品">
    <span>联想笔记本|台式机电脑|电脑周边|数码产品</span>
  </a>
</div>
```

（2）在 index.css 中加入样式的代码如下。

```css
#banner a{display:block;width:545px;height:210px;}
#banner a span{   display:none;}
```

<a>、<span>标记都是行级元素，行级元素默认的宽和高都是由其内容的宽和高决定的，要改变它们的 width 和 height 属性值，需要将行级元素改为块元素 display:block，这样能使其与广告条区域的宽高一致，实现整个区域的超链接效果。而文字部分<span>标记设置为隐藏属性，最终从外观上看感觉是整个广告条区域背景装饰图像的超链接。

8. 制作新闻区

见 3.1.5 节中的"使用 DIV+CSS 改善网站"案例，其中有详细的描述，CSS 样式添加到 index.css 中，已加过的重复样式可不再添加。

9. 制作产品维护保养区

（1）为首页的维护保养区添加结构和内容，代码如下。不明确的超链接用#代替，以后次级页面完成后再进行修改。

```html
<div id="maitain">
  <ul>
    <li><a href="#" >笔记本电脑维护手册——液晶显示屏篇</a></li>
    <li><a href="#">笔记本电脑维护手册——电池篇</a></li>
    <li><a href="#">笔记本电脑维护手册——外壳篇</a></li>
    <li><a href="#">笔记本电脑维护手册——鼠标键盘篇</a></li>
    <li><a href="#">笔记本电脑维护手册——光驱篇</a></li>
    <li><a href="#">笔记本电脑维护手册——硬盘篇</a></li>
    <li><a href="#">笔记本电脑维护手册——其他注意事项篇</a></li>
  </ul>
</div>
```

（2）在 index.css 中加入样式的代码如下，其效果如图 3-53 所示。

```css
#maitain ul{padding:35px 0 0 20px;}
#maitain ul li{line-height:20px;}
```

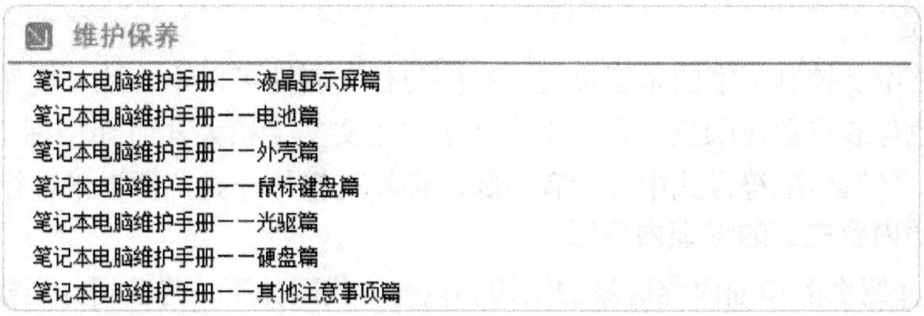

> 维护保养
> 笔记本电脑维护手册——液晶显示屏篇
> 笔记本电脑维护手册——电池篇
> 笔记本电脑维护手册——外壳篇
> 笔记本电脑维护手册——鼠标键盘篇
> 笔记本电脑维护手册——光驱篇
> 笔记本电脑维护手册——硬盘篇
> 笔记本电脑维护手册——其他注意事项篇

图 3-53 维护保养区完成后的效果

3.2.6 公司介绍页面制作

打开 introduce.html 网页，完成下面的制作步骤。

1. 复制复用区域

头部、导航栏、友情链接、页脚、联系我们区、产品链接区中的内容和结构复制到 introduce.html 中，而它们的 CSS 样式已在 public.css 中定义，不用再定义，introduce.html 也已链接了 public.css 具有的相应样式。

以上区域完成后，只需制作次级内容主区（con-main-sub）。次级广告条制作方法与首页广告条相同，宽高、背景图像已设置，背景是装饰图像，不是内容图像，有超链接效果，使用文字模拟的超链接，但将文字隐藏。次级内容主区又分为标题区<h1>、详细内容区（detail）。

2. 制作次级内容主区的标题区<h1>

（1）在公司介绍页的标题区<h1>中添加内容"公司介绍"。

（2）在 sub.css 中找到以下样式代码。

```css
#con-main-sub h1{margin:0;height:40px;
                background:url(../images/content-title.jpg) no-repeat;}
```

（3）将其修改完善，代码如下。<h1>标题区效果如图 3-54 所示。

```css
#con-main-sub h1{height:40px; line-height:33px;font-size:14px;
                color:#008DE8;padding-left:30px;
                background:url(../images/content-title.jpg) no-repeat;}
```

> 公司介绍

图 3-54 标题区<h1>完成后的效果

① 文字需显示在箭头装饰图像之后，设置左内间距属性"padding-left" 为 30px，"公司介绍"文字向左缩进 30px，文字显示的垂直位置通过设置行高"line-height"为 33px 来控制。这两个值不是一次就能设定好的，需要反复调试值，才能得到美观的显示位置。

② <h1>没有设置宽度属性，<h1>是块级元素，继承自 con-main-sub 区域的宽度为 545px。设置左内间距后，<h1>自动计算宽度为 515px，而背景显示区域是包含宽高和内间距的，所以不会影响效果。

③ <h1>设置了高度属性，con-main-sub 区域没有设置高度属性，但<h1>具有确定的高度，

所以必须明确指定。

④ 行高属性用于控制文字的垂直位置，高度与行高属性可以不一致，视显示效果而定。

⑤ 文字颜色与装饰图像颜色一致，文字大小比正文文字稍大，而<h1>标记默认的样式具有粗体效果，而"*"通配符样式中并没有清除，仍具有粗体样式，所以未进行设置。

3. 制作次级内容主区的详细内容区

（1）为公司介绍页的详细内容区添加结构和内容，代码如下。将公司介绍模块的内容图像复制到"introduce/images"文件夹中，不是装饰图像，而是内容图像。

```
<div id="detail">
    <p>科源信息技术有限公司成立于2006年1月，是以品牌电脑、数码产品的销售及维护为主营业务的公司。科源信息技术有限公司实力雄厚，拥有大量的技术人才、完善的物流配送系统。科源信息技术有限公司推出"无忧服务"，即客户购买、使用、维修无忧。同时，公司为客户提供专业的解决方案，提供"准确、及时、有效、周到"的技术服务。本着为社会创造价值、为客户创造价值、为企业创造价值、为员工创造价值的理念，为顾客提供优质的服务。
    </p>
    <h3>公司理念：</h3>
    <p class="section">科源，科学技术的源泉|用科技创造顾客价值！</p>
    <h3>公司组织机构：</h3>
    <img src="introduce/images/organization.jpg" />
    <h3>公司业务流程：</h3>
    <img src="introduce/images/workflow.jpg"/>
</div>
```

（2）在 sub.css 中找到以下样式代码。

```
#detail{width:545px;}
```

（3）将其修改完善，代码如下。

```
#detail{width:525px;margin:10px;}
#detail p{text-indent:2em;line-height:25px;}
#detail h3{font-size:14px;line-height:30px;}
```

① 原来详细内容区的宽度设置为 545px，现将上下左右的外边距各设置为 10px，宽度为 525px，这样会更美观，避免了与上一级元素的 4 个边相齐。

② 普通段落需设置 2 字符的首行缩进属性，即 "text-indent:2em"。使用缩进后可以不在段前使用 4 个 " " 的空格转义符。

3.2.7 其他次级页面制作

1. 新闻动态页面的制作

打开 post.html，复用公司介绍页面中的区域头部、导航栏、友情链接、页脚、联系我们区内部的内容、结构、样式。

在标题区<h1>中添加内容"新闻动态"。

详细内容区中添加浮动框架，链接区的 link-main 区域中的超链接的目标网页在浮动框架中显示，具体添加的内容、结构和表现，在后面会详讲。

2. 产品服务页面的制作

将 post.html 网页另存为 product.html 中，标题区<h1>中内容的修改为"产品服务"。

详细内容区中添加浮动框架，链接区（link-sub）的 link-main 区域中的超链接的目标网页在浮动框架中显示，在浮动框架中显示的页面需用到表格技术，具体添加的内容、结构和表现，在后续小节中会详述。

3. 维护保养页面的制作

使用框架技术完成，相关页面另外建立，不复用这些区域。具体添加的内容、结构和表现，在后续小节中会详述。

知识解说：

为了能学习更多的技术，应在不同的模块中采用不同的呈现方式。

使用浮动框架与不使用浮动框架相比，其优点在于链接的页面是从浮动框架区域打开的，而不会从浏览器窗口中重新打开一个网页，节约编写代码的时间，运行时下载速度较快。

3.2.8 浮动框架技术的新闻动态模块制作

1. 制作新闻内容页

以新闻发生日期为文件名，新建若干个近期的新闻内容页，存储在"post"文件夹中。新闻动内容页的效果，如 2009-1-1.html，见 3.1.4 小节中的"CSS 格式"案例。新建 iframe.css 样式文件，存储于"CSS"文件夹中，将 CSS 样式复制到该文件中，再在网页文件中添加对 iframe.css 的超链接。其他新闻内容页的创建方法与此类似，如另需 CSS 样式，要将其添加到 iframe.css 文件中。

2. 添加浮动框架

打开 post.html 网页，在 detail 区域添加如下代码。

```
<iframe src="post/2009-1-3.html" name="post-frame" frameborder="0"
        scrolling="auto" width="525" height="520px">
</iframe>
```

作用：设置浮动框架无边框，滚动条根据内容的多少自动添加，宽度与 detail 区域的宽度相同，高度为新闻页面通常的高度，初始显示页为"2009-1-3.html"的新闻内容页，框架名称为"post-frame"，超链接设置时使用。

3. 制作 link-main 区域

在新闻动态页的 link-main 区域中添加内容和结构如下。超链接属性"target="post-frame""表示链接的网页在名称为"post-frame"的框架中显示，即上一步添加的浮动框架，与其 name 属性相同。

```
<div id="link-main">
                        <ul>
  <li>
    <a href="post/2009-7-17.html" target="post-frame">
      联想笔记本单机"千元"回馈,"全民笔记本"时代全面到来
    </a>
  </li>
```

```
            <li>
                <a href="post/2009-6-29.html" target="post-frame">
                    联想 IEST 2007 正式启动 全力打造电子竞技奥运会
                </a>
            </li>
            ……省略若干列表项以其中的超链接
            <li>
                <a href="post/2009-1-3.html" target="post-frame">
                    科源服务维修承诺
                </a>
            </li>
            <li>
                <a href="post/2009-1-2.html" target="post-frame">
                    新年促销手段多，公益潜力日显现
                </a>
            </li>
            <li>
                <a href="post/2009-1-1.html" target="post-frame">
                    科源网站开通，专业技术团队为您服务
                </a>
            </li>
        </ul>
    </div>
```

打开 sub.css，添加 CSS 样式，代码如下。

```
#link-main ul{padding:0 10px;}
#link-main li{padding-left:15px;line-height:20px;
           background:url(../images/arrow.jpg) no-repeat 0px 3px;}
```

（1）<ul>列表设置左右内间距为10px，上下内间距为0，使<ul>中的列表项不压 link-main 区域背景图像的边线。

（2）<li>列表项设置三角形图像为背景装饰，不平铺，水平位置在最左边，垂直位置下移3px。行高设置为20px，三角形背景装饰图像的垂直位置，与图像的大小、行高有关系，需要动态地根据显示效果进行调整。文字位置如果不改变，则会与背景图像重合，所以设置左内间距 padding-left 为 15px，文字的显示向右移动了 15px。

（3）超链接伪类的效果继承自直接对<a>标记选择符设置的样式。

3.2.9　表格技术的产品服务模块制作

1．制作产品服务内容页

以产品类型为文件名，新建若干个产品服务的内容页，存储在"product"文件夹中。产品服务内容页效果，如 lenovo-G.html，见 3.1.4 小节中的"CSS 结构和规则"案例。将 CSS 样式复制到 iframe.css 文件中，再在网页文件中添加对 iframe.css 的超链接。其他产品服务内容页的创建方法与此类似，如另需 CSS 样式，可将其添加到 iframe.css 文件中。

在网页布局中需要抛弃混乱的嵌套表格，但并不是彻底地抛弃表格，需要数据、信息进行行列结构化的时候还要用到表格。对表格的表现进行设置时，需注意表格是特殊的盒子模型，表格中的单元格也是特殊的盒子模型，最特殊的是它在默认情况下具有双线条边框，表格与单元格都有独立的边框，相当于 CSS 属性"border-collapse:separate"，这时表格和单元格都具有 border、padding、width、height 属性，表格有 margin 属性，单元格没有此属性；通过设置"border-collapse:collapse;"将边框折叠为单一边框，表格和单元格都具有 border、width、height，只有表格有 margin 属性，表格没有 padding 属性，但单元格仍然有此属性，边框线效果单元格是优先于表格的。

2. 添加浮动框架

打开 post.html 网页，在 detail 区域中添加的代码如下。

```
<iframe src="product/main.html" name="product-frame" frameborder="0"
        scrolling="auto" width="525" height="580">
</iframe>
```

设置浮动框架无边框，滚动条根据内容的多少自动添加，宽度与 detail 区域的宽度相同，高度为产品服务页面表格的高度，初始显示页为"main.html"的新产品特色页，框架名称为"product-frame"，超链接设置时使用。

3. 制作 link-main 区域

在产品服务页面的 link-main 区域中添加内容和结构，见"HTML 标记和属性"小节中的"嵌套列表"案例，为每个列表项中的文字添加超链接，超链接中添加"target="product-frame""属性，表示链接的网页在名称为"product-frame"的框架中显示，即上一步添加的浮动框架，与其 name 属性相同。

打开 sub.css，添加 CSS 样式，代码如下。

```
#link-main li li{background:none;}
```

（1）在制作新闻动态页时，已经添加了<ul>和<li>的 CSS 样式，不管是第一级的<ul><li>，还是嵌套的第二级的<ul><li>都具有相同的 CSS 样式，第二级的<ul>嵌套在第一级的<li>中，对左右内间距的设置相对于它的上一级元素，所以嵌套的第二级的<ul><li>显示时在第一级<ul><li>基础上自动向右缩进了，也同样具有小三角形的背景装饰图像。

（2）通过对嵌套的第二级<li>设置背景 none 的属性，去除第二级的小三角形背景装饰图像。

（3）超链接伪类的效果继承自直接对<a>标记选择符设置的样式。

3.2.10 框架技术的维修服务模块制作

知识解说：

框架网页将浏览器拆分成若干个窗口，拆分方式由主框架网页决定，在每一个窗口中各链接一个网页；浮动框架是在普通网页中作为一个网页元素方式插入网页的某一个区域。它们之间的共同点是大部分区域可固定，某一区域作为超链接变化的区域，节约编写代码的时间，运行时下载速度较快。但是框架网页和浮动网页都存在一定的布局缺陷和搜索引擎不识别框架的问题，现在这两类网页使用得越来越少。

1. 制作框架拆分网页

打开"maitain.htm"文件，删除<body></body>，输入如下代码。

```
<frameset rows="120,*,60" frameborder="no" framespacing="0" border="0">
  <frame src="maitain/top.html" scrolling="no" name="top">
    <frameset cols="255,*" frameborder="no" framespacing="0" border="0">
      <frame src="maitain/left.html" scrolling="auto" name="left">
      <frame src="maitain/display.html" scrolling="auto" name="main">
    </frameset>
  <frame src="maitain/bottom.html" scrolling="no" name="bottom">
</frameset>
<noframes>此处为框架网页</noframes>
```

（1）rows="120,*,60" 表示先把浏览器窗口拆分为 3 行，第 1 行为 120px，第 3 行为 60px，浏览器剩余的高度属于第 2 行。cols="255,*" 表示将第 2 行拆分为两列，左边 1 列宽为 255px，浏览器剩余的宽度属于第 2 列。

（2）frameborder="no" framespacing="0" border="0" 表示将拆分浏览器窗口的边、空距都设置为 0，使框架网页更美观。

（3）scrolling="auto" 表示窗口中的网页超过窗口区域显示滚动条。scrolling="no"表示不管窗口中的网页是否超过区域都不显示滚动条，如果值为"yes"，则显示滚动条。

（4）name="main" 表示拆分后的某一窗口的名称,当超链接的网页要在某一窗口中显示时,则将<a>标记的 target 属性的值设置为该窗口的名称。

2. 制作框架顶窗口中的网页

（1）在"maintain"文件夹中新建网页 top.html，添加的结构如下。

```
<body>
  <div id="header-frame">
    <div id="header-frame-left">
    </div>
    <div id="header-frame-right">
    </div>
  </div>
  <div id="navigator-frame">
    <div id="navigator-frame-left">
    </div>
    <div id="navigator-frame-right">
    </div>
  </div>
</body>
```

（2）新建 frames.css 文件，存储在"CSS"文件夹中，添加如下 CSS 样式。在 top.html 文件中添加对 frames.css 文件的超链接。

```
*{margin:0;padding:0;text-decoration:none;list-style:none;font-size:12px;
  font-family:"宋体";color:#000000;}
#header-frame{width:100%;height:85px;
```

```css
                  background:url(../images/header-bg.jpg) repeat-x;}
#header-frame-left{float:left;height:85px;width:270px;
                   background-image:url(../images/header-left.jpg);
                   background-repeat:no-repeat;}
#header-frame-right{float:right; height:85px;width:480px;
                    background-image:url(../images/header-right.jpg);
                    background-repeat:no-repeat;}
#navigator-frame{clear:both;width:100%;height:35px;
                 background:url(../images/navigator-bg.jpg) repeat-x;}
#navigator-frame-left{float:left;width:780px;height:35px;
                background:url(../images/navigator-left.jpg) no-repeat;}
#navigator-frame-right{float:right;width:20px;height:35px;
                background:url(../images/navigator-right.jpg) no-repeat;}
```

头部、导航条的背景图像宽度是可伸缩的,需适应浏览器窗口宽度和高度变化时框架网页不变形的效果。"header-frame"和"navigator-frame"区域的宽度为100%,表示与浏览器一样宽,将"header-bg.jpg"和"navigator-bg.jpg"设置为水平平铺的背景图像,随着浏览器窗口大小的不同而以不同宽度显示。"header-frame-left"和"#navigator-frame-left"区域为左浮动,"header-frame-left"和"navigator-frame-right"区域为右浮动。预览效果如图3-55所示。

图 3-55 框架顶窗口效果图

(3)打开 top.html 文件,继续添加内容和结构。将 header 区域中的<h1 id="logo">的结构和内容添加到<div id="header-frame-left">结构中,header 区域中的<ul>的结构和内容添加到<div id="header-frame-right">的结构中,navigator 区域中的<ul>的结构和内容添加到<div id="navigator-frame-left">的结构中。注意:因 top.html 文件在"maintain"文件夹中,故导航栏的超链接需添加表示上一级目录的"../"。

(4)打开 frames.css 文件,添加如下 CSS 样式。预览 top.html 网页的效果是否美观。

```css
#header-frame-left #logo a{display:none;}
#header-frame-right ul{float:right;height:30px;}
#header-frame-right ul li{float:left;width:95px;height:30px;
                          line-height: 30px;}
#header-frame-right ul li a{color:#FFFFFF;text-decoration:none;}
#header-frame-right ul li a:hover{color:#FFFF33;text-decoration:underline;}
#navigator-frame-left ul li{float:left;width:130px;text-align:center;
                            height:31px;line-height:31px;}
#navigator-frame-left ul li a{color:#FFFFFF;text-decoration:none;}
#navigator-frame-left ul li a:hover{text-decoration:underline;
                                    color:#FFFF33;}
```

3. 制作框架底窗口中的网页

(1)在"maintain"文件夹中新建网页 bottom.html,添加如下结构。

```
<div id="footer-frame">
  <div id="footer-frame-left"></div>
  <p>ICP经营许可证:科00-0000000 备案号:科ICP备00000000号 <br/>
     Copyright &copy; 2008-2010 科源信息技术有限公司 All Rights Reserved
  </p>
</div>
```

（2）打开 frames.css 文件，添加如下 CSS 样式。在 bottom.html 文件中添加对 frames.css 文件的超链接。其原理与顶部窗口网页相同。

```
#footer-frame{width:100%;height:60px;
              background:url(../images/footer-bg.jpg) repeat-x;}
#footer-frame-left{float:left;width:230px;height:60px;
              background:url(../images/footer-left.jpg) no-repeat;}
#footer-frame p{display:block;text-indent:0;line-height:16px;
              text-align:left;padding-top:20px;}
```

4. 制作框架右主窗口网页

根据不同维护保养内容的英文名称新建文件夹，保存在"maintain"文件夹中，若干维护保养内容页的制作方法与新闻内容相同，CSS 样式也与新闻内容相同，可将 iframe 中关于段落、h2、h3 等格式文本的 CSS 样式复制到 frames.css 文件中。

5. 制作框架左窗口的网页

（1）将 post.html 网页中 link-sub 区域的内容和结构复制到 left.html 网页中，将 sub.css 中关于#link-sub、#link-top、#link-main、#link-bottom 的所有 CSS 样式复制到 frames.css 文件中，并在 left.html 网页中链接 frames.css。

（2）修改 link-main 区域中的新闻标题名称为"维护保养"的标题名称，并设置对应的超链接，注意设置超链接的 target="main"，表示超链接的网页在名为 main 的框架窗口中显示。

（3）预览调试整个框架网页的效果和超链接。

3.2.11 首页中超链接的设置

因新闻动态、产品服务、维护保养模块的次级页面都在浮动框架或框架中显示，首页中对这些次级页面的超链接就会有问题，不能直接超链接，而是超链接到对应模块中的网页，显示的是浮动框架默认的初始网页。现在需要解决，当首页超链接到对应模块时，然后在浮动框架或框架中打开指定超链接的网页。

1. 新闻维护区超链接的修改

（1）打开 post.html，在</html>之后添加如下代码。

```
<script language="javascript" type="text/javascript">
var childHash = window.location.hash;
if(childHash!=""){
   window.frames["post-frame"].location = childHash.substring(1);
   window.frames["post-frame"].location.assign();
}
</script>
```

（2）打开 index.html，修改新闻维护区的超链接，在每个超链接后面加上"#"表示目标点（锚点），目标点内容为 post 文件下的各次级网页，其中一个超链接的代码如下。

```
<a href="post.html#post/2009-2-20.html">科源人才招聘公告</a>
```

① 在网页中设置的超链接中"#post/2009-2-20.html"表示超链接的目标点（锚点），超链接仍然是 post.html 网页，仍然会打开该页面。

② 获取超链接#后面的值"post/2009-2-20.html"即为浮动框架中显示网页的地址。通过 JavaScript 程序，通过文档对象"window.location.hash"获取浏览器 Window 的地址中 location 的目标点（锚点）hash，获取的目标点（锚点）hash 只要不为空，就要通过"substring(1)"函数去除锚点字符串中的"#"字符，将 hash 的值设置为浏览器 Window 的框架集合 Frames 中的"post-frame"框架的超链接地址，并重置"post-frame"框架的超链接地址。这样浮动框架中能显示对应的次级页面，而不会始终显示浮动框架中设置的初始默认网页。

知识解说：

Web 标准中的行为，即对浏览器的各种内部对象进行编程，可与浏览器、网页文档和网页文档中的 HTML 元素进行交互，浏览器对象的作用是将浏览器、网页文档和网页文档中的 HTML 元素组织包装起来，提供给程序设计人员使用，从而控制浏览器和网页元素的行为和外观，提高设计 Web 页面的能力。

脚本语言是在浏览器中运行的，如果它仅限于进行加减乘除等运算，而不能将运算结果显示在浏览器中，或者不能与用户进行交互操作，则失去了意义。浏览器对象将浏览器、网页文档和网页文档中的 HTML 元素用相应的内置对象来表示，其中的一些对象是作为另外一些对象的属性而存在的，这些对象与对象之间的层次关系称为文档对象模型（DOM），D 表示的是页面文档（Document）；O 表示对象，即一组含有独立特性的数据集合；M 表示模型，即页面上的元素节点和文本节点。使用树形结构来表示 DOM 非常贴切，大部分操作是元素节点，少部分是文本节点（图 3-56 中灰色背景部分），如图 3-56 所示。

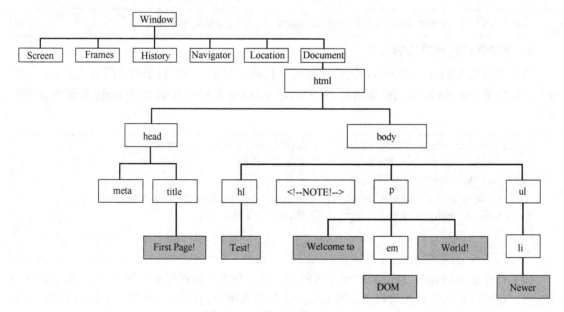

图 3-56　浏览器对象层次关系

最顶层的对象是 Window 对象，它表示浏览器窗口，可以通过它来获取浏览器窗口的状态信息、访问 HTML 页面元素并处理浏览器窗口中发生的事件，其他对象可以看做 Window 对象的属性。

其中，最重要的属性是 Document（文档对象）。Document 对象表示浏览器中的当前 HTML 文档，通过该对象能够获得关于当前文档的信息，可以检测和修改当前 HTML 文档的元素节点和文本节点，也有自己的属性和方法并响应事件。

Screen（屏幕对象）包含了客户端显示器的信息。通常网页设计要考虑到不同的屏幕分辨率，才能让用户看到最佳的效果，因此，需要获得用户显示器的信息，以便动态调整页面。

Frames（框架集合）指定由给定文档或者与某个窗口对应文档定义的所有 Window 对象。这是一个集合属性，也是 Document 对象的属性。

History（历史记录对象）包含了用户先前访问过的 URL 信息。

Navigator（导航对象）包含了用户所使用的浏览器的属性，如浏览器的名称。

Location（屏幕对象）包含了当前 URL 的信息。

2. 产品链接区超链接的修改

（1）打开 product.html，在 </html> 之后添加如下代码。

```
<script language="javascript" type="text/javascript">
var childHash = window.location.hash;
if(childHash!=""){
   window.frames["product-frame"].location = childHash.substring(1);
   window.frames["product-frame"].location.assign();
}
</script>
```

（2）打开 index.html，修改产品链接区的超链接，在每个超链接后面加上"#"表示目标点（锚点），目标点内容为 product 文件下的各次级网页，其中一个超链接的代码如下。

```
<a href="product.html#product/lenovo-G.html">笔记本电脑</a>
```

3. 维护保养区超链接的修改

（1）打开 left.html，在 </html> 之后添加如下代码。其中，self 表示当前网页 left.html，它的上级窗口是 maitain.html 的框架网页，它的地址 location 的锚点 hash 即为 main 框架要显示的网页。

```
<script language="javascript" type="text/javascript">
var childHash = self.parent.location.hash;
if(childHash!=""){
   self.parent.frames["main"].location = childHash.substring(1);
   self.parent.frames["main"].location.assign();
}
</script>
```

（2）打开 index.html，修改维护保养区的超链接，在每个超链接后面加上"#"表示目标点（锚点），目标点内容为各次级网页，因 left.html 与各次级页面在同一个文件夹中，故超链接中省略了 maitain 文件的表示，其中一个超链接的代码如下。

```
<a href="maitain.html#display.html" target="_blank">
    笔记本电脑维护手册——液晶显示屏篇
</a>
```

3.3 网站测试

一旦网站出现"访问速度太慢"、"链接错误"、"查看的网页不存在"等问题,浏览者就可能离开转向其他网站。因此在网页发布前后均应对网站及网页进行全面测试,尽可能地发现问题,并及时处理,以保证发布的网站能正常访问。

3.3.1 应用 Dreamweaver 的超链接、标签、兼容性测试

(1)安装多个常用浏览器及其不同版本。常用浏览器及使用人数比如表 3-2 所示。

表 3-2 常用浏览器及使用人数比

序 号	浏览器名称	使用人数比/(%)
1	IE 6 浏览器	46
2	IE 8 浏览器	27
3	360 安全浏览器	16
4	搜狗浏览器	4

(2)选择"站点"→"检查站点范围链接"命令,打开链接检查器,用于搜索断掉的链接、外部链接和孤立文件,如图 3-57 所示。可以通过其左边的三角形按钮选择要打开的文件、本地站点的某一部分或者整个本地站点,双击检查结果项可打开相应文档,并能指向相应问题。

注意:在修复时需判断哪些是需要修改的,如友情链接使用的外部链接则无需修改,设为主页、添加收藏、浮动框架和框架的锚点超链接等使用的是特殊链接方式,也无需修改。孤立文件是指没有超链接指向的文件,包括网页、图像、CSS 样式文件等,确认无用后将之剪切至删除文件夹中,最后统一删除,避免误删除,如果链接有错漏,要再添加或修改对其的超链接,使其不成为孤立文件。

图 3-57 链接检查器

(3)验证标签。使用文档工具栏中的验证标记工具 检查当前文档或部分站点文档或整个站点文件是否有标签语法错误,如无标题文档、空标签及冗余的嵌套标签等。可以设置该验证程序的首选参数,指定该验证程序应依据哪种文档类型来进行检查、该验证程序应检查哪些

特定问题及该验证程序应报告哪些类型的错误，双击检查结果项可将此错误在文档中高亮显示，再更正此错误，如图 3-58 所示。

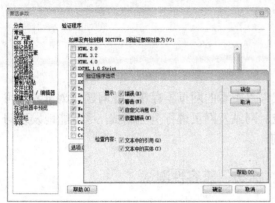

（a）参数设置　　　　　　　　　　　　　　　　（b）错误信息

图 3-58　验证标签的设置和检查器

（4）检查浏览器的兼容性。使用文档工具栏中的检查浏览器的兼容性工具，对文档中的代码进行测试，检查是否存在目标浏览器不支持的任何标签、属性、CSS 属性和 CSS 值，可设置目标浏览器及版本，如图 3-59 所示。对每个网页进行测试，更正错误后再进行测试。

（a）目标浏览器　　　　　　　　　　　　　　　（b）浏览器兼容性检查

图 3-59　浏览器兼容性验证设置和检查器

（5）使用报告测试站点，以对当前文档、选定的文件或整个站点的工作流程或 HTML 属性（包括辅助功能）运行站点报告，包括工作流程报告和 HTML 报告。HTML 报告可以检查可合并的嵌套字体标签、辅助功能、遗漏的替换文本、冗余的嵌套标签、可删除的空标签和无标题文档。运行报告后，可将报告保存为 XML 文件，如图 8-60 所示，有的需要更正，有的可以不更正，更正错误后需进行再测试。

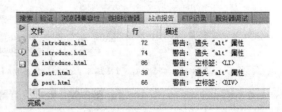

（a）报告的设置　　　　　　　　　　　　　　　（b）检查器

图 3-60　报告的设置和检查器

3.3.2 本地访问测试网站的超链接、兼容性外观测试

如果把测试看做一个没有技术含量的体力活，那么网站在交付后会出现各种各样的问题，这是因为在网站完成后没有进行全面的测试，需重视网站的测试，测试时需要细心、耐心、专心。

（1）超链接测试。测试所有超链接是否按指示的那样确实超链接到了该超链接的页面；测试所超链接的页面是否存在。

分别运行每一个网页，然后单击每个网页上的每一个超链接，检查是否出现了无法显示网页、链接的内容不正确等信息。检查文件路径和文件名是否正确，检查页面是否输入内容时错误等，对存在的问题进行修改。

修改后再进行超链接测试确认，检查每个网页的每一个超链接，直至完成。

（2）外观测试。运行网站检查每个网页的外观，检查整体界面效果、导航、图像、表格、文字、内容等。找到原因，将外观修改正确。

① 整体界面测试：整体界面是指整个网站的风格及页面结构，应该是统一的风格和模式。

② 导航测试：导航描述了用户在一个页面内操作的方式，保证不同的链接页面之间具有正确的导航外观。

③ 图像测试：要确保图像有明确的用途，图像或动画不要胡乱地堆在一起，以免浪费传输时间。图像存储容量要尽量小，一般采用 JPG 或 GIF 压缩格式，最好能使图像的大小减小到 30KB 以下，并且要能清楚地说明某件事情，或者能起到装饰美化作用，或者能链接到某个具体的页面。检查背景图像是否显示或溢出。

④ 表格测试：需要验证表格是否设置正确，如表格的间距、宽、高等。

⑤ 文字测试：验证所有页面字体的风格是否一致。验证文字回绕是否正确，不要因为使用图像而使窗口和段落排列错位或者出现孤行。背景颜色应该与字体颜色和前景颜色相协调，相同栏目和类型的文字效果是否一致。

⑥ 浏览器标题栏：能否显示正确的标题内容。

⑦ 内容测试：检验网站所提供信息的正确性、准确性和相关性。

（3）兼容性测试，包括分辨率和浏览器兼容性测试。

分辨率测试：每个客户在浏览网站时，其计算机显示器会设置为不同的分辨率，不同的客户会用不同分辨率的计算机访问网站，所以测试网站时要检查不同分辨率下网页是否正常显示。

浏览器测试：虽然 HTML 有规范和标准，但不同的浏览器间、同一浏览器的不同版本间存在着差异，可能导致兼容性问题，因此需要对不同的浏览器环境测试所有网页能否正常显示。

① 分别用不同的显示器分辨率（1440×900、1280×1024、1280×800、1280×768、1024×768、800×600）运行每个网页，查看每个页面的外观，若发现外观异常的网页，需将其修改正确。修改后的页面需用之前运行过的分辨率再次检查，直到都显示正确为止。

② 分别用常用的 4 种浏览器运行每个网页，查看每个页面的外观，发现外观异常的网页时，要对其进行修改。修改后的页面需用之前运行、过的浏览器重新运行，查看是否出现异常，如果有异常则继续修改，直到以上 4 种浏览器都显示正常为止。

 任务总结

【巩固训练】

根据工作任务 2 巩固训练中的网站界面设计，完成网站的页面制作。具体要求如下：

（1）根据网站设计的模块栏目，规划网站的目录结构，并规范化地创建目录结构。
（2）独立思考，应用 DIV+CSS 的网页布局技术制作网站网页。
（3）页面编辑完成后需进行正确测试，修正错误。

【任务拓展】
拓展 1：浏览器兼容性问题的解决。
拓展 2：Dreamweaver 网页编辑工具还有哪些强大的功能？Dreamweaver CS5 与其他版本相比有何异同？

【参考网站】
HTML 视频教程：http://www.dreamdu.com/xhtml/video。
http://publish.it168.com/2008/0528/20080528017101.shtml。
CSS 教程：http://www.aa25.cn/，http://www.52css.com/，http://www.w3cbbs.com/。
CSS 视频教程：http://www.enet.com.cn/eschool/zhuanti/css/，http://www.dwww.cn/special/css/。
硅谷动力之 Dreamweaver 视频教程：http://www.enet.com.cn/eschool/zhuanti/tydw/。

【任务考核】
（1）能否使用 DIV+CSS 样式进行布局。
（2）能否结合 DIV+CSS 技术应用了浮动框架、表格、框架等技术。
（3）网页效果与界面设计效果是否一致。
（4）是否进行了链接测试，没有错误的超链接。
（5）是否进行了分辨率测试，在不同分辨率中网页都能正确显示。
（6）是否进行了兼容性测试，在不同浏览器中都能正确显示。

工作任务 4　运营形象宣传网站

任务导引

（1）申请用于站点发布的静态网站空间。
（2）使用 Dreamweaver 上传到网站服务器中，并测试确认。
（3）使用竞价排名、共享软件等方式推广网站。
（4）维护网站，保障网站正常运行。

4.1　网站发布

根据公司建站需要，域名已注册，需选择网站空间的提供商，可与域名使用同一个提供商，也可以使用不同的提供商，根据服务质量、价格等确定，空间也是每年续费的，一年后根据质量需求可以重新选择不同的虚拟主机，一般不再更换域名。

4.1.1　申请网站空间

根据网站的技术要求，采用支持静态技术的网站空间。
（1）搜索静态网站空间提供商。在搜索引擎上查找到提供付费静态空间的网站，如 www.nihao.net。
（2）网站空间详情查看。可单击每台虚拟主机的"详情"按钮，包括虚拟功能、邮件系统、机房环境、网络带宽及流量、服务器配置、系统安全、网管系统、网站管理、服务等内容，进行比较后，发现迷你虚拟主机性价比较高：针对个人及企业用户 50MB 虚拟主机+20MB 邮箱空间+流量限制 5GB/月，价格 100 元/年，也能达到网站所需环境的要求。
（3）查询域名。详情查看完毕，单击"立即申请"按钮，进行域名查询，如图 4-1 所示。在"WWW."文本框中输入已申请的域名，单击"查询"按钮，显示域名查询结果如图 4-2 所示。
（4）填写申请信息。94ky.com 已由本公司注册，选中"94ky.com（已被注册）"复选框，单击"确认选择"按钮，进入客户详细信息页面，输入公司的详细信息，如图 4-3 所示，并提交订单。
（5）网站付费。进入付费页面，通过在线支付完成网站付费。
（6）网站空间开通确认。进入邮箱收到"开通通知"邮件，如图 4-4 所示。进入网站提供的用户自助平台查看网站提供的服务，查看空间的基本状态，可见域名已经与空间绑定。

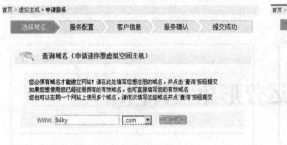
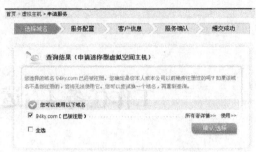

图 4-1　空间申请时的查询域名　　　　图 4-2　空间申请时域名查询结果

图 4-3　输入客户信息　　　　　　　　图 4-4　服务开通通知

4.1.2　网站备案

域名和虚拟空间注册完成后,域名及 IP 地址均不能访问。需要进行备案,通过审核后才能访问。通常可通过网站空间提供商所提供的自助平台完成网站备案,网站备案的基本流程如图 4-5 所示。

(1) 进入网站空间用户自助平台,选择"网站备案"→"备案通道"命令,开始进行网上备案。

(2) 填写备案信息。进入备案信息页面,填写备案所需的相关信息。备案信息填写完成后,提交并等待审核。

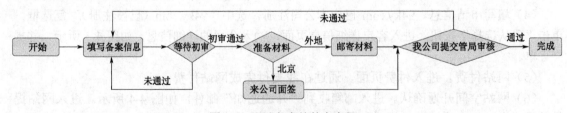

图 4-5　网站备案的基本流程

（3）备案初审。备案初审通过后，可通过备案通道查询备案进度，显示"等待审核"。

（4）提交审核文本资料。初审通过后，进入提交备案文本资料阶段，按要求准备资料，将资料通过快递送到指定地点以备审查。通过审查后，网站备案完成，可通过域名访问网站。

提交的资料有：核验单 2 份、域名证书 2 份、安全责任书 2 份、备案信息登记表 2 份、身份证复印件 1 份、以该公司幕布为背景的网站负责人照片 1 张。

知识解说：

网站备案是网站的所有者根据国家法律法规的需要向国家有关部门申请的备案。网站备案的目的是防止在网络中从事非法的网站经营活动，打击不良互联网信息的传播。现在主要有 ICP 备案和公安局备案，其中，公安局备案一般按照各地公安机关指定的地点和方式进行。

4.1.3 使用 Dreamweaver 上传网站

发布网站时，可以使用 FTP 资源管理器、FTP 软件上传，也可以使用 Dreamweaver 软件的上传功能上传。工作任务 3 中网站使用 Dreamweaver 制作、测试和管理，为了使用方便，该任务使用 Dreamweaver 上传。

（1）管理站点。选择"站点"→"管理站点"命令，选择"科源形象宣传网站"，单击"编辑"按钮，弹出站点设置对象对话框，选择"服务器"选项卡，如图 4-6 所示单击"+"按钮，进行服务器设置。

（2）配置远程服务器。如图 4-7 所示，选择"连接方法"为 FTP（File Transport Protocol，文件传输协议），输入网站空间中提供的主机地址、主机目录、FTP 用户名及密码。

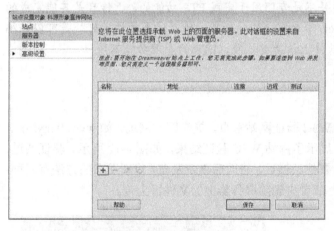

图 4-6 站点设置

图 4-7 配置远程服务器

（3）上传文件。在"文件"面板中单击"连接"按钮，连接成功后，单击"上传"按钮上传文件。上传结束后，在"文件"面板中再次单击"连接"按钮，显示远程站点的具体内容，如图 4-8 所示，判断网站的所有文件是否已经上传完成。注意其与本地视图的区别，本地视图如图 4-9 所示。

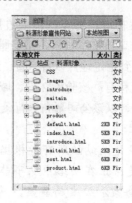

图 4-8 "文件"面板远程视图　　　　图 4-9 "文件"面板本地视图

知识解说：

将制作好的网页、文字、图像等文件上传到服务器中，称为上传。上传的方法有 Web 页面、专用 FTP 软件和"兼职"FTP 软件。

1）使用 Web 上传

网站空间通常提供 Web 上传的方法上传网页。它是通过直接单击网页中相关按钮来上传文件的。其优点是使用简单；缺点是速度慢、稳定性差，并且不支持断点续传。

2）使用专用 FTP 软件上传

FTP 上传是最常用、最方便也是功能最为强大的主页上传方法，如 CuteFtp、WS-Ftp 等使用的非常广泛，还有断点续传、任务管理、状态监控等功能。

3）使用"兼职"FTP 软件上传

"兼职"的 FTP 软件是指软件本身并不是专门用于完成 FTP 功能的，上传只是其能完成的任务之一，如 FrontPage、Dreamweaver 等都有上传的功能。使用这类软件的好处是可以在编辑页面的同时上传到服务器。但这种软件上传速度较慢，FTP 的管理功能不强。

4.1.4　W3C 验证

输入 http://validatior.w3.org，打开 W3C 验证网站首页，提交网站网址，如 www.94ky.com，单击"Check"按钮，如图 4-10 所示，显示了网站 W3C 验证结果，如图 4-11 所示，验证通过，无错误。若提示有错误，则根据指示位置修改错误，修改后重新发布，重新发布的方法有两种：直接复制或上传覆盖服务器上的文件，或者先删除服务器上的文件再上传。

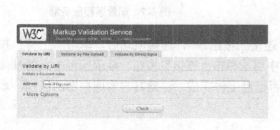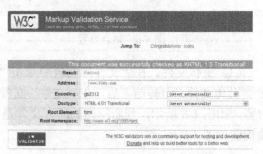

图 4-10　W3C 官网首页　　　　图 4-11　通过 W3C 验证

4.2 网站推广

4.2.1 免费的搜索引擎

分别在 Google、百度、雅虎、搜狗、hao123、265 等高质量搜索引擎及分类目录上免费提交本网站。下面以 Google 搜索引擎为例，其他搜索引擎的操作与此类似。

寻找搜索引擎中提交网站的页面。进入 Google 首页，单击其下方的"Google 大全"超链接，在新页面中单击"提交网站"按钮，在新页面中单击"将您的网址添加到 Google 索引中"超链接，进入"将网址添加到 Google"页面，如图 4-12 所示。填写网站网址、评论（关键字）等内容，单击"添加网址"按钮，即可显示提交成功。

图 4-12 填写提交网站信息

知识解说：

通过在搜索引擎站点的手工登记，使搜索引擎收录网站的网址。登录网站需要充分理解递交表单的含义和规则，输入网页的关键词、网页描述、分类信息、附加信息、联系信息等。

按以下策略能有效提高网站在搜索引擎中的排名。

1）网站内容

丰富充实的内容是网站的灵魂，突出的主题在此基础上才能达到优化的目的。

2）网站结构

① 网站的拓扑结构合理，把最主要的东西放在第一层（首页）中或者第二层（首页导航栏连接的页面）中。

② 网站内部连接流畅，各个网页使用导航栏、返回按钮连接。

③ 网站的文件名和目录名合理，一是方便网站管理，二是可以突出推广关键词。

④ 最好建立网站地图页面，有利于网络蜘蛛进行页面挖掘。

3）网站页面优化

① 不要用纯图像、纯 Flash 或框架构建页面。

② 在网页标题中要尽量多地包含所要表现的关键词，当然，这里有字符长度的限制（一

一般不超过 40 个字符）。

③ 用心编写 meta（keywords 和 description）标签中的内容，包含页面关键字。

④ 图像和超链接的优化处理，在图像的 alt 标签和超链接的 title 标签中批注推广关键词。

⑤ 文字的优化处理，页面中尽量使用推广关键词或强调关键词。

4）超链接优化

高质量的导入链接越多越好，而导出链接要适度。通过导入链接可提高网站流量。此外，可选择多个登录搜索引擎站点进行登记，以吸引访问者，提高被发现的概率。

4.2.2 竞价排名

这里以百度竞价排名为例。

（1）竞价排名与自然搜索结果的区别。在百度中输入"IT 外包服务"进行搜索，在超链接后注明"推广"的为竞价广告的排序结果，未注明的是自然搜索的排序结果，如图 4-13 所示。

图 4-13 百度搜索的竞价排名和自然搜索结果的比较

（2）关键词竞价方式。

① 手动竞价，即需要每次人工手动调整价格，也就是说，如果关键词价格定为每访问一次 0.50 元，那么发生访问时，就从账户中扣除 0.50 元。

② 自动竞价，设定一个关键词点击的最高价，系统会根据排名自动调整单次点击价格，最大限度地节省成本，实际点击价格一定不会超过设定的最高价。随后，竞价排名系统将根据设定的最高价，自动给关键词挑选一个最合适的位置，并且关键词实际点击价仅比下一名的竞价价格高 1 分钱。

（3）收费标准（参考）。

开户最低：2400+600=3000 元。

竞价排名推广最低预付金为 2400 元，当有潜在客户通过竞价排名点击访问网站后，搜索引擎会从账号中扣除相应的竞价费用，竞价最低费用为 0.30 元/次。

专业服务费 600 元/年，百度提供咨询、开户、管理、关键词访问报告 4 项专业服务。

（4）竞价排名管理。

① 管理关键字：对已提交的关键字调价、编辑标题或描述、删除等。

② 添加关键字：添加新的搜索竞价关键词，选择自动或手动竞价。

③ 关键词排名提醒：可以在竞价排名系统中设定提醒，当关键词排名下降时系统会自动发送邮件通知，随时监控推广效果。

④ 分组管理：对已提交的关键词进行分组管理，可以按组进行批量编辑和删除。

⑤ 统计报告：按日期、关键词、关键词组查询和生成专业统计报告，根据自己的需求创建定制报告，支持定期将生成的定制报告发送到邮箱。

⑥ 信息查询：提供关键词竞价查询功能和相关关键词搜索频率功能。

⑦ 缴纳费用：网上缴纳费用并查看付款记录，在线提交索要发票提醒，设定续费提醒。

⑧ 有效防止恶意点击：在访问统计时百度竞价排名系统有数十个参数来判断一个访问是否真实、有效，如果有人不断访问同一条结果进入企业的网站，则无论有多少访问都只计算一次，以防止恶意访问或程序自动访问，最大程度地保证了访问统计的科学性和合理性。

⑨ 推广增值服务：营销中心帮助客户获取商业资讯，商机中心帮助用户在网站上和潜在客户建立沟通。

知识解说：

竞价排名是一种按效果付费的网络推广方式，由百度在国内率先推出。企业在购买该项服务后，通过注册一定数量的关键词，其推广信息会率先出现在网民相应的搜索结果中。

竞价排名属于许可式营销，让客户主动找上门来，只有需要的用户才会看到竞价排名的推广信息，因此竞价排名的推广效果具有很强的针对性；其次，竞价排名按照效果付费，即按给企业带来的潜在客户数量计费，没有点击不计费，企业可以灵活控制推广力度和资金投入，投资回报率高。

与搜索引擎营销相比，竞价排名具有见效快、在搜索引擎排名位置可控制、关键词数量无限制的优点，但也存在价格高昂、管理烦琐，在一个搜索引擎做竞价排名不会改变其他的搜索引擎排名等不足。

4.2.3 共享软件推广

根据大学生的需求，在维护保养栏目增加共享软件下载，共享软件是一种超链接诱饵。共享的软件包括联想产品的驱动软件、Windows 优化大师等计算机维护软件、其他常用工具软件，并在网站中详细讲述这些软件的使用方法。

知识解说：

即使是创意新颖、设计很好的网站也不能坐等顾客上门，还需要不断用宣传、广告或超链接来推广网站。网站推广就是为了让更多的网民知道网站，以提高网站的知名度，尽最大可能提高网站的访问量，争夺有限的资源，吸引和创造商业机会。推广如同营销，成功的推广活动要有足够的吸引力，然后从有效的推广到全面的整合推广，其可分为如下 4 个阶段。

第 1 阶段：网站结构整合及 SEO 优化。

此阶段主要工作为网站内部优化调整，其主要内容有网站优化与搜索引擎优化。

第 2 阶段：网站的搜索引擎推广。

此阶段有针对性地对网站内部优化后，便可在国内外搜索引擎及向各大分类目录网站提交收录。

第 3 阶段：网站有效内容的宣传及推广。

在此阶段需要的是更为有效的访问量，有效的访问量才能生成忠诚度极高的用户群体，因此，对网站内容的有效宣传以及有针对性地对网站的用户群进行广泛的宣传，这也是网站进行宣传的重要渠道，包括建立博客、论坛推广、邮件广告、病毒性营销、软文推广、网络广告及活动宣传等。

第 4 阶段：网站渠道及联盟网站的整合。

此阶段主要工作包括友情链接策略、渠道网站联盟、品牌店联盟及分销商联合推广。

4.2.4　策划线下推广活动

校园内张贴海报，发放宣传彩页（发放到寝室），免费发放书签（反面印有公司网址）及"更多最新优惠活动见网站"的说明；在校园内进行一次联想产品知识和科源网站知识问答有礼活动，从而宣传公司的产品和网站；在校园内赞助学校活动，冠名各种比赛，如"计算机组装与维护大赛"、"网站制作大赛"等。

知识解说：

在网站上举办活动进行推广，可以在较短的时间内迅速扩大自身的知名度和影响力。活动推广包括以下 3 种。

（1）赞助大型活动。借助大型活动的广告效应来宣传网站。

（2）召开专题会议。通过专题会议来直接推广网站，此活动在专业领域中效果显著。

（3）赠品型广告。通过发放印有网站标识的免费小物品来进行区域化推广，多用于与网站有密切联系的老客户和潜在客户。

4.3　网站维护

4.3.1　网站空间和域名的维护

（1）每天定期检查或当网站内容更新后检查网站的运行情况和通信情况，网站能否正常访问、速度是否正常、能否访问网站内的超链接、能否正常显示网页及其图像等。

（2）每个月对网站中的所有文件进行一次备份。

（3）域名管理。顶级域名是企业的标志，如果域名到期后不定时续费，则会被其他企业抢注，因此在域名到期前要及时对域名进行付费。

（4）在虚拟主机空间租用到期后定时付费，不能满足需要时可更换虚拟主机空间。

4.3.2　网站内容的更新维护

（1）根据优化、推广等活动内容及相关部门提供的维护内容，及时制作网页更新网站。

（2）网站服务与反馈工作要积极有效，要充分发挥在线服务咨询、邮箱、电话的服务和沟通作用，对客户的问题进行细致的回答，同时收集客户信息，对收集的客户信息进行汇总、分析、整理、总结，再根据这些信息调整公司的营销策略，并进行网站的更新。

（3）各页面的关键词、描述、标题信息的维护。

（4）网站外部超链接的维护。

（5）制作完成后网页必须进行网站测试，测试完成后再发布网站。

知识解说：

一个成功的网站在于它能否长期及时地给用户提供有用的信息。网站建成后，网站的全面管理和不断维护更新是网站运行的前提和保障,网站的运营维护期才是网站能否真正成功的决定时期。

网站的维护与管理首先包括保证网络的畅通、服务器的正常运行等硬件方面的工作,也包括网站创意、内容延伸、网民咨询及网民信息搜集等软件方面的工作。后者是企业开展网络营销要做的更大量和更重要的工作,企业的决策者及网站管理者必须时刻关注网站并使其常变、常新。网站维护管理的内容主要包括以下 7 项。

(1) 网站日常设备管理和信息发布。
(2) 用户信息搜集和及时反馈。
(3) 网站页面形式和内容的更新,并且每次更新应给出提示。
(4) 企业网站的设备、技术的不断更新。
(5) 企业网站不断推广和优化,根据推广和优化策略更新。
(6) 不断完善网站系统,提供更好的服务。
(7) 需要对网站的经营效果进行评估和检测。

任务总结

【巩固训练】
申请空间,发布网站,运营推广网站。具体要求如下。
(1) 申请网站空间,发布工作任务 3 中完成的网站,通过 W3C 验证后,登录搜索引擎。
(2) 策划线上线下的运营推广活动,形成文档。
注意:可使用校园服务器或实训室服务器,使用局域网内空间为学生提供发布。
【任务拓展】
拓展 1:W3C 验证主要验证哪些方面?在设计时应注意哪些问题?
拓展 2:还有哪些运营推广活动能提高网站的知名度和访问量?
【参考网站】
点石互动:http://www.dunsh.org。
百度推广:http://e.baidu.com。
【任务考核】
(1) 上传的网站是否正确。
(2) 网站的运营推广方案是否有创意。

学习情境 2

科源公司客户服务网站

引言

科源信息技术有限公司经过近两年多的艰苦创业,已在高校园区小有名气,并在附近的高新产业园区中产生了一定的影响,公司的宣传网站及各种营销活动,使公司树立了当地品牌。公司业务领域也不断扩展,已从计算机销售、软硬件维修,扩展到网络安装、信息系统集成等方面。公司业务量显著提高,员工人数快速增长,已初具规模。公司拥有了一支高素质、高层次的专业服务团队,形成了灵活、周到的服务模式,建立了完整、高效的服务保障体系,致力于保障企业办公和网络系统稳定、安全、高效的运转。

公司业务已从单一品牌的计算机及外设配件延伸到网络及安全设备、办公设备及IT外包服务,客户主体也从在校大学生个体转向高校机关和高新产业园区企业。随着公司的主体业务转为IT外包服务,其发展战略调整为面向小微企业,提出做"小微企业的合作伙伴"发展理念,倡导"减少支出降能耗,提升服务促增长"的价值观。

工作任务 5　策划客户服务网站

任务导引

（1）明确客户服务类网站的营销目标。
（2）采用用户访谈法确定网站的目标受众。
（3）准确进行网站定位。
（4）确定 PHP+My SQL 结合的动态网页技术的解决方案。
（5）确定搜索引擎优化的网站推广方法。
（6）制定网站的建设计划。

5.1　客户服务网站目标

在网站的运营过程中，企业的业务会发生一定变化，特别是业务领域的调整，网站的目标受众也会因此而改变，网站如何调整以反映业务变化？网站顾客会因各自的需求不同，对网站的内容和版式有新的期盼，如何收集顾客建议？ 只有明晰这些问题，才能为网站改版提供依据。

5.1.1　网络营销目标

企业及其市场环境不断变化，当变化超出一定范围后，网站营销目标又应如何调整呢？
经调查发现，在科源公司毗邻高新产业园区和高校园区，高新产业园区内先后进驻了200多家企业，园区仍在继续建设和扩展，园区内的企业基本都建立了接入互联网的企业网，对于办公设备、网络设备、服务器、网络安全产品、数码产品、周边产品的需求量增加，相应的运维服务也大量增加。针对这一情况，科源公司进行了公司战略调整，从计算机及外设销售逐渐转向到网络系统和 IT 外包服务，并已经拥有一定数量的固定企业客户。经过进一步调研发现，在高新区内无相应服务的提供商，在科源市其他区提供类似服务的公司较多，但都是以产品销售为主，提供 IT 外包服务的较少。如何才能抢占市场呢？
为了应对快速的业务增长，科源公司决定一方面稳固已有市场，另一方面抓紧抢占高新区甚至科源市的市场。公司拟在原宣传网站的基础上进行改版，进一步加大对外宣传力度，全面开展网络营销活动。经过咨询专业顾问公司，采用差异性市场策略，以 IT 外包服务为突破口，通过网络营销方式有效地解决传统卖场无法实现的问题，并实现客户与企业的双向交流。公司决定将公司网站改版为客户服务网站，并确定了网站的建设目标。
（1）开展网上调查。可通过在线调查表或者电子邮件等方式完成网上市场调研，网上调研具有效率高、成本低的特点，企业可开展经常性的市场调研，为调整企业经营提供依据。

（2）开展客户服务。网站应当提供更加方便的在线客户服务措施，从形式最简单的 FAQ（常见问题解答），到邮件列表及 BBS、聊天室等各种即时信息服务，客户服务质量对于网络营销效果具有重要影响。也可通过在线客服、电子邮件、在线表单等方式尝试开展网上预购、维修预约服务。

（3）维系客户关系。良好的客户关系是网络营销取得成效的必要条件，通过网站的交互性提高客户参与度，通过网络营销工具与客户进行双向沟通，在开展客户服务的同时也增进了客户关系。

5.1.2 定位受众人群

对于企业网站来说，企业网站的目标受众无疑是与企业有业务往来的群体，由于公司的业务领域已有一定变化，因此需要重新确定新版网站的目标受众。

经统计分析，公司业务中零售营业收入虽然不断上升，但在公司主营业务收入中所占比例仅为 40%左右，而高校机关和周边企业则达 60%左右。因此新版网站的目标受众已不是在校大学生，而是高校机关和周边企业的员工，尤其是 IT 部门的员工。

通过对网站有代表性用户的访谈，发现目标受众的主要特点：年龄多为 25～45 岁，文化程度较高，上网时间不多，目标明确，消费理智，购买能力强（单位购买），重产品质量和售后服务。购买产品时要求对产品有较多的了解，特别是要求产品部分的内容必须详尽、实用。

经验分享：

对于网站当前的目标受众，如果改版之后仍将是主要的目标受众，则非常有必要听取他们的建议和意见，其方法是召开用户访谈会。用户访谈会一般邀请 5～10 名本企业网站的实际客户，请他们就当前的网站发表看法。通过以下问题来引导客户表述看法。

（1）您明白本网站的意图吗？

（2）这个公司的主打产品或服务是什么？能从网站上看出来吗？

（3）网站给您留下的公司印象是什么？与您所了解的公司印象一致吗？

（4）能从网站上找到公司客服的联系方式吗？

（5）网站布局清晰吗？不点击能否通过标题了解其内容概要？

（6）网站上的内容是否过时，甚至完全不合理？是否给您不专业、粗劣的感觉？

在访谈过程中，要鼓励访谈者表达观点，但要避免产生诱导，最后要客观分析访谈结果，为改版网站提供参考依据。

5.1.3 网站定位

科源公司致力于为周边高新产业园区的小微企业、周边高校机关团体及各大学师生服务。网站为公司产品做宣传，让老客户提前了解公司新产品，反馈来自客户的建议，不断改进产品的服务，满足客户的需求；吸引潜在客户，让更多的人通过上网了解公司和公司产品，争取使更多的潜在客户购买公司产品；增加公司产品销售的渠道，扩大产品销售量。围绕客户对产品和服务的需求有针对性地设计简洁的栏目及实用的功能，极大地方便客户了解企业的产品和服务，提供咨询服务、技术支持、问题解答等一系列服务。

主题定位：因为目标顾客群体的扩大，科源公司的业务范围也进一步扩大，网站不再局限于只提供一些计算机及配件的信息。新版网站的主题明确为计算机产品、网络产品、办公耗材的销售信息，IT 外包服务业务的服务范围和业务流程，计算机系统、网络系统、办公设备的维护知识。希望打造一个专业的服务网站。

功能定位：作为服务型网站，科源公司的新网站在原有的企业宣传、发布产品信息、介绍维护知识的基础上，应实现服务中心的在线支持、客户社区互助交流等功能，从而更好地为客户服务和维系客户关系。

网站栏目设置：本网站具有 IT 外包服务、技术与产品、科源社区、服务中心、企业介绍、新闻动态、招贤纳士等栏目。重点突出服务中心、科源社区交流。原则上只包含二级目录，便于客户快速、准确查找所需信息。

（1）IT 外包服务：认识外包服务、基础运维服务、网络运维服务、整体资源外包，三级栏目为详细服务介绍。

（2）技术与产品：主要介绍具有竞争力的技术和能提高效率、降低成本的设备。

（3）科源社区：为提高客户忠诚度，设计论坛社区吸引客户、获取客户信息、保留客户的反馈、巩固客户关系；功能与常规论坛一致。

（4）服务中心：提供客户关系管理、问题解答、技术支持、下载中心、产品演示、无登录的客户在线服务咨询和客户调查、服务流程；客户关系管理包含的功能有客户提交访问记录（咨询、产品追踪、预约服务等），客户查看访问记录，客户修改资料，管理员维护所有客户信息，管理员维护所有访问记录，管理员提交访问记录（邮件、面谈、电话等各种方式的访问记录，客户可查看这些记录）。

（5）企业介绍：包括企业概况、企业联系方式、企业文化、企业的组织结构及企业相册。

（6）新闻动态：包括行业动态和公司内部新闻。

（7）招贤纳士：帮助公司招聘优秀人员，包含兼职和专职及岗位的分类。

网站风格定位：对于改版后的网站，延续目标客户熟悉的网站风格是必要的，但更需适应新目标客户的需求。科源公司网站的主要受众是高校机关和周边企业的员工，页面需呈现沉稳、朴实，给人庄重的感觉，面向企业的客户服务网站，且业务领域专一，总体布局要求简洁、清晰、重点突出，页面以浅绿色为底，配以墨绿色块突显主题，白色色块配以黑色的文字直观呈现内容。企业网站标识形象要调整，透视喻义着对未来的展望，直接展现企业价值观。

5.2 网站技术方案

科源公司网站的改版目标不仅要介绍公司及其业务信息，还要实现客服与客户、客户间的互动交流。网站需要根据访客的不同请求用不完全相同的信息进行回应，因此，本网站需采用动态网页技术进行实现。根据多数计算机的配置情况，结合信息发布要求，决定按 1024×768 的分辨率，仍以微软的 IE 6.0+浏览器支持的技术标准为基准进行设计。在动态网页技术的选择中，经比较，决定选用 PHP+MySQL。

知识解说：

动态网页具有良好的交互性、数据库查询、缩短查询时间、提高浏览效率等一些静态网页无法比拟的优点,逐渐成为构建 Web 网站的主流。常见的动态网页技术有 PHP、ASP 和 JSP 等,如表 5-1 所示。

表 5-1 常用动态网页技术概览

	PHP(Professional Hypertext Preprocessor)	ASP(Active Server Pages)	JSP(Java Server Pages)
编程语言	PHP	VBScript 和 JavaScript	Java
支持平台	几乎可以运行于所有平台	Windows 系列平台,要有 IIS 或 PWS 的支持	几乎可以运行于所有平台
数据库	几乎支持所有常见的数据库,特别内置了对 MySQL 的支持	使用 ODBC 技术访问数据库,支持 Access、MSSQL Server 等	使用 JDBC 访问技术数据库,支持所有数据库,更偏向于 Oracle、DB2 等
执行效率	低(解释型脚本)	低(解释型脚本)	高(编译型代码)
安全性	低	低	高
技术易用性	较易	易	难
适用系统	中小系统	中小系统	大型系统

5.3 网站推广策略

当人们在上网时,常通过搜索引擎去查找那些可能含有相关内容的网站。搜索引擎收集的网站是否都是企业通过竞价排名和登录搜索引擎提交上去的?其实,搜索引擎会根据某些关键字主动收集网站,以丰富其搜索内容和提高其网站查询效率。网站具有什么条件才能被搜索引擎关注呢?这就要求网站建设过程中遵循搜索引擎优化策略。科源公司在网站改版中明确提出实施搜索引擎优化,强化自身的网站推广能力。经过咨询专家,拟采用以下方法进行网站推广。

5.3.1 关键字优化策略

利用"百度指数(http://index.baidu.com)"预选网站关键字,优化网站关键字,根据网站主题和评测工具预选出网站的关键字,确定 1~4 个关键字;扩展网站关键字信息。由于关键字的容量有限,难以全面、准确地表达网站信息,通过 meta 标签的"description"属性可进一步补充。

1. 预选网站关键字

由于科源公司网站的主题是销售联想的笔记本电脑、台式机及数码产品,并且介绍计算机的维护知识,据此,预列出以下关键字:电脑销售、联想产品、联想电脑、联想笔记本电脑、联想台式机、联想数码、计算机维护知识。通过"百度指数"进行评测。

当评测"电脑销售"、"联想电脑"、"联想笔记本"、"联想台式机"、"联想数码"、"电脑维护知识"时,均显示有较高的关注度,因此可将它们作为候选的网络关键字。当评测"联想电脑报价"时,结果如图 5-1 所示。

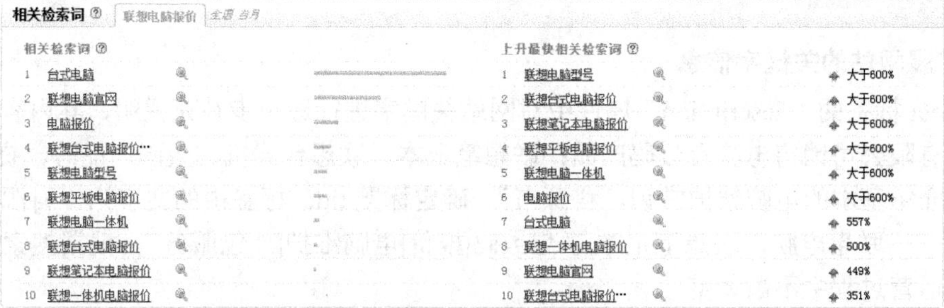

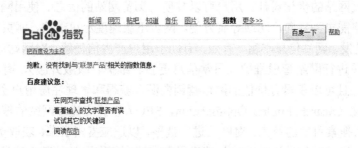

图 5-1　评测预选关键字（一）

当评测"联想产品"时，系统显示没有相关的信息，如图 5-2 所示。因此不能将"联想产品"作为关键字。

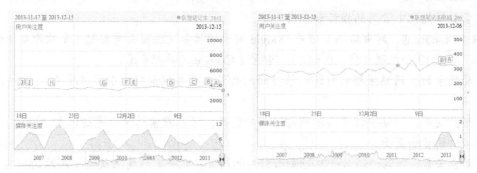

图 5-2　评测预选关键字（二）

当在"百度指数"中评测"联想笔记本"、"电脑维护知识"时，又发现它们分别比"联想笔记本电脑"、"计算机维护常识"具有更高的关注度，如图 5-3 所示。"准确的关键字不一定是热门关键字"，因此，可以考虑用具有更高关注度的同义词来取代某些准确关键字。

图 5-3　评测预选关键字（三）

2. 优化网站关键字

首先，确定一个主关键字，如选择"联想电脑"。

其次，确定辅关键字，如选择"联想笔记本"、"联想数码"、"电脑维护"。

最后，加上限定性辅关键字，如选择"报价"。

综合起来，本网站的关键字为"服务器、网络、无线路由器、网络安全、办公用品、外包、销售、科源市"。

根据页面内容，从上述关键字选择对应的关键字放在网页的 meta 标签的 "keywords" 属性中。

3. 扩展网站的关键字信息

在 meta 标签的"description"属性中对网站关键字进行进一步补充说明,其内容为"科源信息技术有限公司销售电脑及数码产品:联想笔记本、联想台式机、数码产品等,提供 IT 外包服务,介绍基本的电脑维护常识,科源市"。确定标题 title 标签中的文字为"科源信息技术有限公司——联想电脑,联想笔记本|联想数码|报价|电脑维护|外包服务"。根据搜索引擎的收录情况在运营过程中不断调整。

5.3.2 实施网站优化与搜索引擎优化

网站优化指对网站进行调整,以提高用户体验、完善网站功能为根本出发点。针对用户体验进行优化,经过网站的优化设计,用户可以方便地浏览网站的信息、使用网站的服务。具体表现如下:以用户需求为导向,网站导航方便,网页下载速度尽可能快,网页布局合理并且适合保存、打印、转发,网站信息丰富、有效,有助于用户产生信任感。对网站运营维护的优化,方便网站运营人员进行网站管理维护(日常信息更新、维护、改版升级),有利于各种网络营销方法的应用,并且可以积累有价值的网络营销资源(获得和管理注册用户资源等)。

搜索引擎优化(Search Engine Optimization,SEO)以提高成本网站的搜索引擎友好性为根本出发点,针对搜索引擎的特点,对网站进行调整,以适应搜索引擎,获取更高排名的方式。对网络环境优化,经过优化设计的网站使搜索引擎能顺利抓取网站的基本信息,当用户通过搜索引擎检索时,用户能够发现有关信息并引起兴趣,从而单击搜索结果并达到网站获取进一步信息的目的,直至成为真正的顾客。对网络环境优化的表现形式如下:适合搜索引擎检索,便于积累网络营销网站资源(如互换链接、互换广告等)。

知识解说:

搜索引擎优化中常用的指标和术语如下。

PR(Page Rank,网页级别)值是 Google 用于评估和反映页面重要性(受欢迎度)的算法和指标,共分 12 个级别(空,0~10),可通过 Google 工具栏查看。

页面收录数,网站被搜索引擎收录页面的数量。可在搜索引擎中通过搜索"site:域名"进行查询。

链接广泛度,网站被外部其他网站链接的情况。可在搜索引擎中通过搜索"link:域名"查询链接的数量和页面。

页面包含数,网站的域名被其他页面引用的情况,从一定程度上反映了网站的知名度。可在搜索引擎中通过搜索"域名"进行查询。

5.4 素材收集与加工

根据网站栏目的设置进行素材收集和分类整理。

(1)素材收集。对于公司原来已有的 CIS、高管人员信息、机构设置、资质证书等,根据其是否发生变化,以及变化程度,决定是续用,还是重新收集再加工。由于业务领域已有所变化和调整,需要收集网络、办公、数码等产品的实物照片、使用说明书、驱动程序等数字化资料、IT 外包服务的业务范围、商务流程、应用方案样例、客户服务规则等。

（2）素材加工。CIS 的数字化优化，利用 Flash 进行加工，以更生动、更直观地展示企业形象，增强网站影响力。对于产品的实物照片，在忠实于产品质量的前提下，按网站展示的需要，在大小上进行适当的裁剪，在效果上进行必要的优化。根据关键字优化的要求，组织网站的新闻稿和相关技术或产品的介绍文章，做好优化网站的基础工作。

5.5 进度安排

因网站的功能扩展，技术难度加大，科源公司在原网站建设团队的基础上增加了网站制作人员。公司总经理张铁担任网站项目经理，技术总监郑好担任网站建设的技术负责人，陈美负责网站设计，陈美协同并进行页面优化，朴建、李晓、张灵分块负责网站制作，李晓负责网站运营维护，王萍负责资料收集、整理，任务分工如表 5-2 所示。项目组成员在明确各自分工的基础上，强调相互协同。

表 5-2 任务分工

任 务	内 容	时 间	责 任 人	备 注
网站规划	负责组织市场调查与分析、网站栏目设置、确定技术方案、制定开发进度表	5 个工作日	张铁	
资料准备	公司情况介绍、主要产品资料、维护经验介绍、IT 外包服务业务、用户调查表、驱动程序及工具软件	3 个工作日	王萍	
网站设计	CIS 设计、主页设计、二级页面样例设计	7 个工作日	陈美	
网站制作及测试	数据库规划、页面制作、网站测试	20 个工作日	朴建	郑好为总的技术负责人
空间申请	空间申请	2 个工作日	李晓	
网站发布	网站发布及兼容性测试	2 个工作日	李晓	
网站运维	网站推广、页面更新	网站发布之后	李晓	直到网站弃用

为了保证网站建设工作按计划完成，科源公司制定了建设日程表，如表 5-3 所示。

表 5-3 建设日程表

序号	任务名称	开始时间	完成	持续时间	2011年01月02日				2011年01月09日							2011年01月16日							2011年01月23日							2011年01月30日				
					4	5	6	7	8	9	10	11	12	13	14	15	16	17	18	19	20	21	22	23	24	25	26	27	28	29	30	31	1	2	3
1	网站规划	2011/1/4	2011/1/8	5 天																																
2	资料准备	2011/1/7	2011/1/9	3 天																																
3	网站设计	2011/1/9	2011/1/15	7 天																																
4	网站制作及测试	2011/1/13	2011/2/1	20 天																																
5	网络空间	2011/1/27	2011/1/28	2 天																																
6	网站发布	2011/2/2	2011/2/3	2 天																																

为了加快建设进程，计划整个建设工期为 31 个工作日（节假日不休）。

任务总结

【巩固训练】

由 2～4 人组成小组团队，拟定团队名称和团队宣传口号。团队准备创业成立公司，拟建立电子商务网站以销售产品，团队同时作为网站建设公司进行网站策划。具体要求如下：

确定团队成立的公司名称、生产经营的产品、公司规模、业务及流程、目标客户、市场分析、网站定位、促销策略等，形成文档。

【技能拓展】

拓展1：通过什么手段可以获取网站访问者的个人信息？

拓展2：通过网络进行原始资料的收集存在哪些问题？在网上二手收集的过程中会出现哪些问题？为什么会出现这些问题？如何解决这些问题？

拓展3：如何利用网络社区与目标客户进行沟通？

拓展4：分析企业网站在企业网络营销中的作用。

【参考网站】

中国营销传播网：http://www.emkt.com.cn。

网络营销论坛：http://www.webpromote.com.cn。

搜索引擎优化知识：http://www.dunsh.org。

SEO 知识：http://www.seochat.org。

【任务考核】

（1）小组内是否分工明确，团队能否协同工作。

（2）市场分析是否清晰，网站策划方案是否合理性。

（3）公司的营销策略等有效性、创新性。

（4）任务分工、进度规划表内容是否合理。

工作任务 6　设计客户服务网站

任务导引

（1）进行网站的 CIS 设计、版面、交互、导航等设计。
（2）手绘设计草图。
（3）使用 Photoshop 完成网站的通用界面、功能模块界面和社区论坛界面的制作。
（4）学习动画原理，制作 Flash 广告动画。
（5）完成各页面的切片。

6.1 网站设计技巧

在完成了上一个网站的设计和制作后，有了一定经验，需要进一步认识网站设计的技巧，从而更灵活地应用到网站的界面设计中。

6.1.1 网站整体设计技巧

网站的建设宗旨和服务项目不同，面向的访问群体也不同，根据潜在的访问群体进行网站定位，对所要搭建的网站的类型、风格、栏目设置、内容安排、链接结构等综合分析后，进行网站创意性定位。例如，访问对象是科研人员，网站应体现严谨、理性、科学、专业等特点；访问对象中有孩子的妈妈，则应营造温馨、关爱、轻松、愉悦的氛围。

第一，明确站点设计需要达到的目的，并以设计目的为方向来设计网站。
第二，明确站点将要涵盖的内容，并以高质量的内容为基础来建设网站。
第三，强化、调整、修饰网站。
具体的做法如下。
（1）有清晰易记的网站标识，在每个页面上（或者页眉、页脚、背景）呈现网站标识。
（2）设计醒目的宣传标语，并做在 banner 中或者醒目的位置，告诉浏览者网站的特色。
（3）选用适宜站点内容的色彩和字体，文字链接、图像的主色彩、背景、边框等使用统一的色彩，标题、菜单、图片中使用统一的规范字体。
（4）设计结构清晰、印象深刻、操作简便的网站版面布局，设计合理的导航和站点地图。
（5）设计精美并有创意的图像、动画、多媒体元素放在重点网页。
（6）适度给页面添加一些花边、线条、点等，例如，在一个链接前可加一些符号等，虽然是很简单的一个变化，却有与众不同的感觉。

（7）网站的内容需要围绕主题、目的明确，内容应正确丰富、具有时效性，文字表达准确，具有统一的语气和人称。

（8）给网站增加一些特色内容，如免费下载咨询、与浏览者的交流、反馈与问答、建设者的洞察力、网站的荣誉和成功案例、趣味性的内容等。

6.1.2 色彩设计技巧

要学会色彩设计的技巧，首先要知道色相、纯度、明度的概念。色相是色彩的相貌，赤橙黄绿青蓝紫等都是对色相的描述；纯度是指色彩鲜艳的程度；明度是指色彩明亮的程度。在Photoshop 中，可以用色相、纯度、明度三者的数值去调色。

PCCS 色彩体系最大的特点是将色彩的 3 属性（色相、明度、纯度）关系综合成色相与色调两种观念来构成色调系列，在同一色相之中，色彩的明、暗、强、弱、浓、淡、深、浅是不一样的。在色调图中，从下到上亮度依次增加，从左到右纯度依次增加，越靠上的颜色越亮，越靠下的颜色越暗，越靠右的颜色越纯、越鲜艳，越靠左的颜色越接近于无彩状态。最靠右外围的色调群属于高彩度的纯色系，颜色最饱和，纯度最高的色调称为纯色调（Vivid）。在纯色调中加入不同比例的白色，会出现中明调（Bright）、明色调（Light）和明灰调（Pale）。加入不同比例的黑会出现中暗调（Deep）、暗色调（Dark）和暗灰调（Grayish）。在纯色调中加入不同比例的灰色，会出现浊色调（Dull）、中灰调（Light Grayish）。这 9 种色调如图 6-1 所示。同一色调有着色彩的色相变化，但这个色调带有的感情效果是共同的，适合用在表现类似感觉的时候，如图 6-2 所示。

在以往的设计实践中，设计师们总结了很多网页色彩搭配的方案，根据网页风格定位，选择适宜的色彩的搭配。可参考由电子工业出版社出版的《设计师谈网页配色》一书（或参考互联网）中的色彩方案，这套方案是以 3 个颜色为一个色彩小组，以其中某一种为主色，另外两种为辅色进行设计的，能够达到事半功倍的效果。

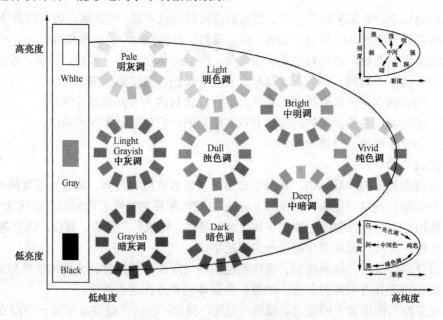

图 6-1 PCCS 体系 9 色调构成图

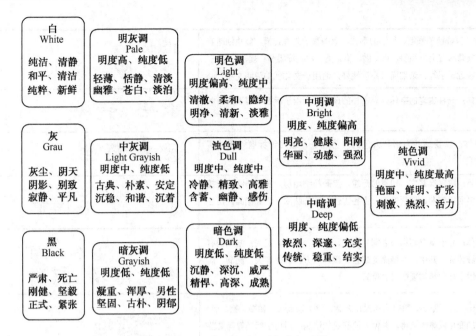

图 6-2　PCCS 体系 9 色调情感表现图

6.1.3　字体设计技巧

字体是文字信息的重要组成部分，是信息内容传达的重要载体。选择适当的字体，不仅关系到网页的页面艺术效果，还对浏览者的阅读体验有直接影响。

1. 字体

字体分为中文字体和英文字体，中文字体传承了中国书法和古代印刷术的韵味和痕迹，如表 6-1 所示。英文字体源于英美国家的钢笔书写和打字机的长期发展，要体会代表东西方文化的不同的文字体系，要区别文字的不同的特征和风格，使字体在页面排版中展现出和谐、平衡的状态是需要深厚的美术基础的，作为初学者，最好多借鉴和模仿优秀网站的文字设计，在实践中理解文字美感的塑造方法。有些字体粗壮有力，有些字体朴素端庄，有些字体清秀明快，有些字体随意自由，均展现了不同的文化和风格。

表 6-1　常用中文字体的特征和风格

特征描述	示例
宋体：字形方正，横细竖粗，横竖转折处有顿角，点、撇、捺、挑、勾的粗细差异较大；可分为标宋、中宋、书宋、细宋等；典雅工整、严肃大方、清正秀丽，适用于正文	宋体简　中宋
黑体：笔画单纯，粗细一致；可分为粗黑、大黑、细黑等；结构严谨、庄重而有力，朴素大方，视觉效果强烈，适用于标题等需要醒目的位置	黑体　**特粗黑**
仿宋体：字身略长，粗细均匀，起落笔有顿角，横画向右上方倾斜，点、撇、捺、挑、勾尖锋较长；字形秀美、挺拔，适用于注释、说明等	仿宋
幼圆体：方形，四个角边是平滑的，笔画更加细长，便于阅读，拐弯处笔画处理尤为细腻，没有笔锋，显得柔弱和文静；适用于注释、说明等	幼圆

续表

楷体：保持楷书顿笔、行笔的形式，笔画富于弹性，横、竖粗细略有变化，横画向右上方倾斜，点、撇、捺、挑、勾尖锋柔和；规范、端庄、秀美，接近于手写，亲切而且易读性好，适用于文化性的说明文字	楷体 硬笔楷书简体
隶书体：一种古老的字体，有古朴的风范，适用于标题等需要醒目的位置	隶书　隶书
魏碑体：以苍劲的力感和大气的气势见长，适用于标题等需要醒目的位置	魏碑简体
篆书体：取秦汉篆字、印章的形貌，点画粗细均等，头尾势圆，连接自然，多回折转曲，四周饱满，古香古色，装饰味浓，犹如图画，历史感强	小篆體　白篆
行书体：介于草书与楷书之间，活泼、轻松、自然、优美；常见的有行楷、舒体等；其中，行楷流动感强、飘逸大方，舒体博大、圆润、质朴；适用于标题等需要醒目的位置	行楷　黄学简体 硬笔行书　舒体
综艺：方正坚实，吸收宋体灵便之意，对个别点画（如撇、捺、点、折）稍加变化或略加装饰，并使外轮廓更加饱满；适用于标题等需要醒目的位置	综艺简体
琥珀体：浑厚朴拙、圆润活泼、粗壮豪放，叠加自然。彩云体是空心琥珀体，透亮、轻盈；适用于标题等需要醒目的位置	琥珀　彩云
美黑：类似的有姚体，是一种粗细相近，横竖似黑体，余画像宋体，结构稍长的字体，既具有黑体的庄重，又具有宋体的朴实敛静	美黑体　姚体
微软雅黑体：微软公司为其 Vista 操作系统开发的中文字体，单独设计的粗体、品质优异的斜体、清晰的小号字显示，中英文搭配和谐，非常优美。字形不是正方形的，而是稍显扁宽，字间距小，使默认的行间距更为明晰，字心更为饱满，在同样的字号下，单字面积更大，更容易识别，阅读起来也更舒服	微软雅黑　微软雅黑 微软雅黑
其他美术字体：如稚艺体、毡笔黑简体、娃娃体、丫丫体、嘟嘟体等，有的诙谐、随意，有的顽皮、夸张，有的幼稚、笨拙，具有明显的个性化特色，适用于活跃版面	稚艺简　粗倩简 毡笔黑　彩蝶体 拍卖体　嘟嘟体 哈哈体　火柴体 丫丫体　一禛体 萝卜体　瘦金书 双线体　娃娃篆 雪峰体

2. 字体的属性

（1）字重：同一种字体不同的轻重表现形式。正常（Normal）：显得规范，适用于一般正文的内容，也用于表达严肃、庄重的情形。粗体（Blod）：显得黑重，适合需要强调的信息，特别是标题。细体（Light）：显得飘逸，适合内容疏散、优雅的信息。

（2）字形：字体站立的角度，分为正常体（Regular）、斜体（Italic）、下画线（UnderLine）、上画线（Overline）、删除线（Line-through）。

（3）字号：字号与页面上其他元素之间的比例关系对页面风格的设计是非常重要的，字号太小难以识别；字号太大或字号变化过频会显得杂乱。常用的单位是磅（pt）和像素（px）。

（4）字体颜色：字体颜色可以使页面变得引人注目，运用不同的颜色将对文字的表达产生不同的影响，一个页面字体的颜色一般不超过 3 种。

（5）字体宽度：同一字体、同一字号、同一字重可以有不同的宽度，即水平方向上占用的实际空间不同，分为正常、紧缩、加宽，如图 6-3 所示。

（6）字符间距：同一字体、同一字号、同一字重的两个字符之间的水平距离。中文的字符间距即中文每个汉字间的距离，英文的字符间距为每个英文字母间的距离，如图 6-4 所示。正文文字使用默认的字符间距保证正常的阅读，图像中的文字间距可根据装饰效果需要进行设置。

紧缩 正常 加宽　　　字间距的变化 字 间 距 的 变 化

图 6-3　字体宽度的比较　　　　　图 6-4　字符间距的比较

（7）行间距：两行文本之间的距离。行间距太窄文本无法阅读，行间距太宽浪费页面空间、导致眼睛疲劳，设置接近字体尺寸的行间距比较适合正文。

（8）文字方向：字体方向对页面效果会产生很大的影响，分为水平向左、水平向右、垂直向左、垂直向右。水平方向的文字显得更为稳健、缺少动感，垂直则恰好相反。

3. 字体排版技术

Web 对字体的支持十分有限，对字体进行排版时，有如下 3 种方法。根据其优缺点，在不同场景、不同的目的、不同的区域应选择不同的排版技术。

（1）使用图像处理技术，可以选择客户端没有的特殊美观的字体，还可以为字体增添各种特效，缺点是图像需要一定的下载时间，影响网页打开的速度。

（2）使用 HTML 技术，使用其标记及属性进行文字的排版，问题是 HTML 标记有很多缺陷，不能达到理想的排版效果。

（3）使用 CSS 样式表技术，CSS 样式表弥补了 HTML 在排版上的不足，并能控制整个网站及页面的风格，其不足是在不同的浏览器及版本间会有一些偏差。

4. 字体选用原则

（1）思想性：从文字的内容和应用方式出发，确切而生动地体现文字的精神内涵，用直观的形式突出宣传的目的和意义。

（2）实用性：字体与结构清晰，易于正确识别，并应考虑颜色、字重、字形、字宽、字距、行距、周边空白等的妥当处理，准确传达网页中具有的特定信息。

（3）艺术性：文字受历史、文化背景的影响，可作为特定情境的象征，可成为审美因素，发挥着纹样、图像一样的装饰作用。按照平衡、对比、韵律等美学形式上的规律适当调整字体的结构、大小、笔画粗细等，并借鉴中西方文字的表现特征，充分发挥设计的艺术性。

6.1.4 导航设计

1. 网站导航的用途

如果把首页比做网站门面，那么导航就是通道，这些通道应当简单、直观、方便，使来访者能快捷地走向网站的每个角落，切不可设计成迷宫，让人不知所在。导航的作用体现在以下几个方面。

（1）决定用户在网站中浏览的体验。

（2）网站导航设计合理，可以将网站的内容和服务尽快地展现在用户面前。

（3）合理的导航设计可以增加用户黏性，提高网站的浏览深度。

（4）促进用户消费，提高网站营销效果。将用户真正需要的产品和服务展示在面前，甚至呈现一些用户可能感兴趣的服务。

2. 网站常见的导航结构

（1）栏目导航：横排栏目和纵排栏目，组成了单维度导航。

（2）下拉菜单式导航：横排栏目和纵排栏目导航与下拉菜单的结合，组成了二维度导航。

（3）线性导航：类似于"主分类>一级分类>二级分类>三级分类>……>最终内容页面"，体现了一种层级归属关系，并能追溯来源，组成了多维度导航。

（4）站点地图式导航：一份详尽的有效和快捷的网站内容指引，组成了多维度导航。

3. 网站导航的特点

（1）横排导航。注意力权重逐渐降低，最后出现跃升，如图6-5所示。这个规律是根据人的横扫描阅读习惯总结归纳得出的，在设计的过程中需要把最重要的项目放在横排导航的第一位，而次要项目放在横排导航的最后一位，其他项目从第二位依次排列。

（2）纵列导航。注意力权重由上至下逐渐降低，如图6-6所示。由于用户阅读的横扫描习惯，纵列导航保持了一个简单的递减关系，上面的权重最高，下面的权重最低。

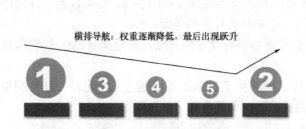

图6-5 横排导航权重排序

图6-6 纵列导航权重排序

（3）将网站结构扁平化的网站导航更有效。网站使用多级导航，甚至按照逻辑关系把导航细分为3级甚至4级，如果每增加一级导航就增加一个维度，那么增加的这一级将使整个导航系统的复杂度增加数倍，而用户的操作难度将呈几何数量级增加。减少网站的维度，甚至打破网站栏目之间明确的从属逻辑，使导航更扁平，可使用户更快地找到自己需要的内容。图6-7

所示为二维导航被扁平化的实例。

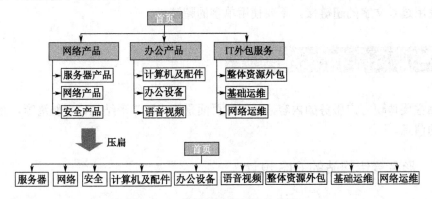

图 6-7 二维导航被扁平化的实例

（4）精简合理的导航结构。设计一种结合各种导航的优势，使用较少链接实现多级导航的网站导航形式，更利于增加导航的优化。图 6-8 所示为精简合理的多级导航。

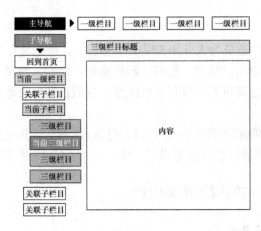

图 6-8 精简合理的多级导航

4. 导航设计的注意事项

（1）导航指示明显：用于导航的文字和图像按钮都应清晰无误地标识出来，通过超链接文字颜色的不同来突出或强调与正文的不同。同时，导航的设置方式应符合惯例。

（2）主次导航明确：主导航条的位置应该在接近顶部或网页左侧的位置，当因为内容过多需要子导航时，要让用户容易地分辨出主导航和子导航。

（3）导航使用简单：导航的使用必须尽可能简单，避免使用下拉或弹出式菜单导航，如果一定要用，则菜单的层次不要超过两层。

（4）导航文字简明：用户在单击导航链接前对其所找的东西有一个大概的了解，链接上的文字必须能准确描述链接所到达的网页内容。

（5）线性导航直观：对所在网页位置的文字说明，明确现在的网页和相关的网页，同时配合导航的颜色高亮，可以达到视觉直观指示的效果。

（6）长文档有序：超过 3 个屏幕的长文档不利于用户查找所需的内容，通过内容分页设置添加"上一页"、"下一页"、"第几页"、"返回"等超链接指向文档位置。

（7）常见错误：不要将超链接连接到未完成的网页上，不要在一篇短文中使用太多的超链接，不要使用过长文字的超链接，不要使用单字的超链接。

6.2 客户服务网站的界面设计

本网站主要体现客户服务的内容，故网站页面采用"匡"形结构，导航清晰，充分展示产品和服务的信息。

6.2.1 形象宣传网站的 CIS 设计

1．网站标识和宣传标语的设计

网站的标识沿用科源已有的标识图案；公司理念使用公司标识文字，配合网站整体的形象修改其字体和颜色；广告条突出企业整体经营规模、服务范围、服务目标，制作多个 Flash 动画形式的广告。

2．网站色彩的设计

标准色彩采用海蓝，这是最为大众所接受的颜色之一，也是具有传统历史意义的色彩，采用这种颜色的色彩组合可给人以可靠、值得信赖的感觉，警官、海军军官或法官都穿着深色、稳定的海军绿，这类色彩也带有不可置疑的权威感，与橙色搭配表达出坚定、有力量。

3．网站的字体设计

中文网站中的文字一般采用宋体小五号（12 像素），网站标识采用方正硬笔行书、Comic Sans MS，广告使用微软雅黑，栏目标题采用宋体、大小 14～18 像素不等，字体应稳重。

6.2.2 客户服务网站的网页版面设计

1．网页规划及各页面尺寸

本网站主要设计了 3 类页面：首页、各模块的次级页面、社区论坛页面，分别用于展示首页、各一级导航模块页面内容和社区论坛的相关内容。各类页面尺寸分别如表 6-2 所示。

表 6-2 各类页面尺寸

页面	内容实际尺寸	设计页面效果尺寸
首页	960×942	1200×600
各模块的次级页面	960×高度（随内容缩放）	1200×高度（不定）
社区论坛页面	960×高度（随内容缩放）	1200×高度（不定）

社区论坛页面又分为 3 类：表单提交型页面、主题列表型页面和主题回复详细页面。

网页布局的宽度为 960 像素，高度为屏幕的 1～2 屏，兼容 1024×768 及以上的分辨率。

2．各网页的界面布局设计

本网站有 3 类页面界面，基本使用"匡"字布局，使界面简单清晰。设计时绘制的手工草图如下：首页如图 6-9 所示，产品模块次级页面如图 6-10 所示，社区论坛页面如图 6-11 所示，以供使用 Photoshop 制作界面效果图时参考。

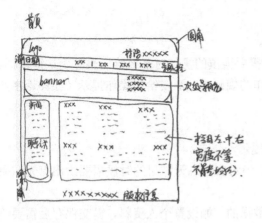
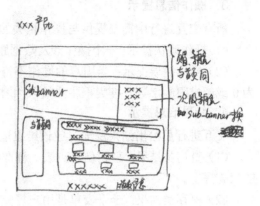

图 6-9　首页的手绘设计图　　　　　图 6-10　产品模块次级页面的手绘设计图

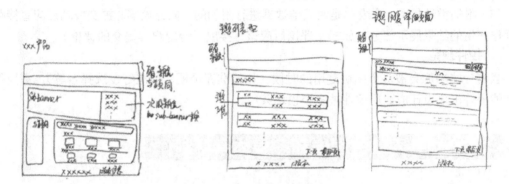

图 6-11　社区论坛页面的手绘设计图

6.2.3　交互设计

制定一份交互设计规范来指导网站的设计，从而保证网站设计的一致性，提升整体质量。

1. 页面信息规范

页面信息规范主要指页面的静态信息应该遵循的规则，即：

（1）标题规范：用于规定整个产品中所有不同层级、不同功能的页面应该使用的标题的规则。

（2）新窗口链接规范：用于规定页面链接是采用新窗口打开还是在本窗口中打开的规则。

（3）图片规范：用于规定图片信息是否带有 alt、title 值，这些值又取自哪里。

2. 预先信息提示

所有交互进行前需要提供给用户的预先应该知道的提示信息。

（1）表单提交类：表单提交的步骤，每个表单项的要求需要给出提示信息（如密码要多少位，搜索框中建议输入什么内容。）

（2）谨慎类操作：一个操作对用户来说是需要慎重的，如扣除金币等，也需要预先提示（如扣除金币的操作需要预先提示扣除金币数目，以及当前金币是否足够等。）

（3）差异化规则：当一个功能的规则与用户习惯的规则具有一定的差异或比较复杂时，需要给出提示，或者给出帮助链接。

3. 操作信息提示

所有交互进行中需要提供与操作相关的提示。

（1）操作确认提示：一个操作涉及数据删除等需要谨慎的操作时需要给出删除确认提示框。

（2）操作错误提示：当用户的操作不符合操作的规则时，需要给出操作提示（如评论字数为 0 或超过限制字数，搜索框中未输入内容等）。

4. 结果信息提示

交互进行后给出结果反馈时应该给出适当的提示。

（1）查询类结果：任何信息列表、查询结果，当对应信息无结果的时候需要给出有无结果的状态提示。

（2）保存类结果：一个表单是用户提交保存数据的，如设置个人资料，提交保存后需要给出提示，成功为绿色、失败为红色、普通为灰色。

（3）附加类结果：一个表单是对其他数据进行附加的，如评论等。提交成功后应直接跳转到操作产生的结果展示部分（如提交评论后应该直接展示给用户其提交的评论）。

5. 控件规范

当有一些功能会被多个模块复用的时候（如标准评论框、标准好友选择器等），需要把这些功能提炼出来设计成通用控件被多个模块共用。

6.3 客户服务网站的图像和多媒体素材制作

本网站中需要自行绘制公司标识、可复用的小图标；对产品类的图片进行统一尺寸、裁剪、去背景等操作；图像素材进行归类整理和保存。

6.3.1 收集整理素材和资料文件

文件夹设置与工作任务 2 相同，即 5 个文件夹，分别为原始素材（为制作网页搜集的素材）、处理素材（用于保存制作过程中处理的半成品或素材文件）、源文件（用于保存各页面的 PSD 格式的文件）、页面效果（用于存放各页面的 JPG 格式的效果图）、images（用于存放为制作网页绘制的切片）。

6.3.2 制作通用页面图像

首页和次级页面布局构图方式相同，所以本网站界面设计采用整体制作布局图像，通过切片分别导出图像的方法。

1. 新建文件和绘制参考线

将页面划分为 5 个区域：header（页眉）、navigator（导航栏）、banner（广告条，右侧为次级导航）、container（内容链接区，分为左、右区域）、footer（页脚，无背景图像），如图 6-12 所示。

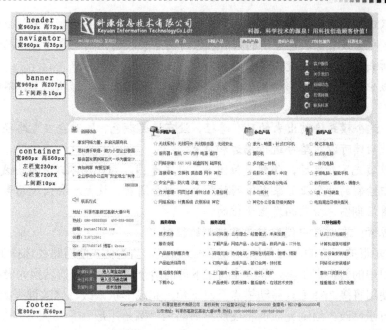

图 6-12　首页布局规划

（1）新建宽为 1200px、高为 1000px、分辨率为 72 像素/英寸的文件，保存在"源文件"文件夹中，命名为"首页.psd"。将背景色设置为#D3E4DE，按 Ctrl+Delete 组合键将"背景"层填充为背景色。

（2）设置参考线。根据各部分的尺寸，在界面中从标尺拉出纵、横的参考线以便对齐和分区。内容实际宽为 960px，所以在左右均留出 120px 的空白区域。其他参考线可按照各区域的大小排列来添加，也可以在绘制过程中根据需要添加或删除。

2. 用区域色块划分页面

（1）header 区域的色块。

① 设置前景色为#00656D，绘制半径为 25px 的圆角矩形，绘制模式设置为形状图层，绘制过程中可以按 Space 键控制放置图形的位置，如图 6-13 所示，按 Ctrl+T 组合键进行自由变换，设置参考点位置为图形左上角，其他设置为 X: 120 px △ Y: 0 px W: 960 px H: 72 px ，这时可见图层是由前景色的图层加上矢量蒙版形成的，如图 6-14 所示。

图 6-13　绘制图形并调整位置　　　　　　　图 6-14　形状图层

知识解说：

Photoshop 所处理的图片是位图图像，位图放大会出现马赛克现象。

Photoshop 中绘制形状可使用图形或钢笔工具，模式可选择形状图层、路径、填充像素。

（1）形状图层：调用矢量蒙版，对图层进行矢量路径的镂空，主要借助钢笔工具或绘图工具，通过矢量形状绘制带图层颜色的形状。用这种模式绘制的图层是由底色层和链接起来的矢量蒙版层组成的，其中底色层控制镂空后显示的颜色，矢量蒙版层控制需要显示出来的图像（镂空）。

矢量蒙版只能用黑或白来控制图像不显示或显示，不能产生半透明效果，白色闭合区域必须为封闭路径，即蒙版中让底色显示的部分。它与图层蒙版的区别也在此，而它的优点是可以随时通过编辑矢量图形来改变矢量蒙版的形状。

在矢量蒙版中使用矢量图形绘制工具修改路径，即钢笔工具、形状工具，不能使用画笔之类的工具修改。

（2）路径：这个模式绘制出来的只有路径，没有填充颜色，同时会在"路径"蒙版中生成一个工作路径。后续可以对路径进行描边和填充。

路径描边或填充了颜色后，仍然是位图而不是矢量图，因此形状改变也会发生模糊情况，如学习情景 1 中绘制的"企业形象宣传网站"中的部分图层，放大后会出现马赛克现象。但是路径是不会随着后期图片修改而发生变化的。

（3）填充像素：在图层中使用前景色绘制的位图。

② 将圆角矩形的下方的左右角修改为直角。以左下角为例，使用路径选择工具单击路径，使用钢笔工具组中的转换点工具，单击控制左下角的两个锚点，将它们转换为没有贝塞尔曲线的直线锚点；使用直接选择工具移动锚点至左下角，完成形状修改，修改过程如图 6-11 所示。右下角用同样方法修改。绘制完成后将图层重命名为"圆角矩形"。

③ 添加"圆角矩形"的图层样式为"渐变叠加"，在"图层样式"对话框中设置线性渐变颜色#08505D→#007179→#042B32，并将两侧颜色的颜色中点调至接近中间颜色的点处，如图 6-16 所示。渐变叠加的透明度、角度等设置如图 6-17 所示。在叠加时可以在工作区中使用鼠标拖动叠加颜色的放置位置，如图 6-18 所示，得到 header 区域的圆角矩形。

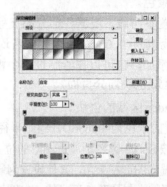

图 6-15　对路径的锚点进行修改的过程　　　　图 6-16　设置 header 区域的渐变色

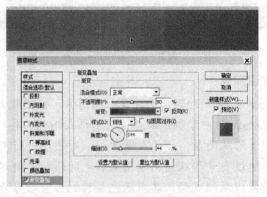

图 6-17　渐变叠加的设置　　　　图 6-18　拖动鼠标以调整渐变叠加的位置

（2）navigator 区域色块。紧挨着 header 矩形绘制一个宽为 960px、高为 35px 的渐变矩形图层，从上到下线性渐变填充颜色#2D868E→#4EA3AA。

经验分享：

使用形状图层绘制时，需将之前设置的"渐变叠加"图层样式取消，以免影响效果。

（3）banner 区域色块。用填充像素的模式，在新建图层中绘制一个半径为 23、宽为 960px、高超过 230px 的白色圆角矩形，参考点位置为圆角矩形的左上角，位置与 navigator 和 container 区域间隔 10px，具体参数为 ，使用矩形选框工具将多出的下半截选中并删除，如图 6-19 所示，使剩余部分高度为 207px。再将该图层垂直翻转，形成 banner 区域。

（4）绘制 banner 右边的次级导航背景效果。绘制一个半径为 20、宽为 242px、高为 192px 的渐变填充圆角矩形，离右边界 18px，使用直接选择工具将左圆角的左上和左下控制点向左移动，并调整邻近的控制点至合适的位置，将路径转化为选区，在新图层中从左到右线性渐变填充颜色#00575A→#043134。

图 6-19　删除多余的部分

（5）同理，绘制 container 区域。绘制两个白色的圆角矩形，左边矩形半径为 23、宽为 230px、高为 560px；右边矩形半径为 15、宽为 720px、高为 560px。

制作登录框的背景图像。绘制半径为 15、宽为 205px、高为 87px 的圆角矩形路径，调整路径变形，在新图层中描边路径，笔触类型为 1px、颜色为#002E32；载入选区，从左到右线性渐变填充#00494F→#00616A→#02373D。

这时界面的基本布局已可呈现出来，如图 6-20 所示。完成后将所有图层放入到图层组"框架"中并锁定。

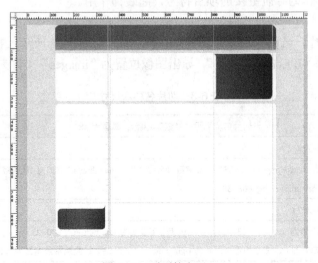

图 6-20　页面的布局

3. 完善各部分图像

这里本着完善制作切片内容的原则，暂不添加不会进入切片的文字内容。

（1）header 区域。将学习情境 1 的网站标识复制到该文件中，将网站标识中的"KY"符号改为实心填充#00656D，"书"形态为白色，阴影为#1BA8B9，文字都为白色，公司中文名称字体为方正硬笔行书、24px、字距为100、加粗，设置消除锯齿方法为平滑；公司英文名称字体为 Comic Sans MS、16px、字距为-60；公司理念为宋体、白色。完成后选中此部分的所有图层，按 Ctrl+G 组合键将它们放入到图层组"header"中。

知识解说：

"点"与"像素"的区别：Photoshop 中字体默认的大小单位是点，设计中有时需要以像素为单位，可以选择"编辑"→"首选项"→"单位与标尺"命令，在"单位"处将文字单位改为"像素"。

（2）navigator 区域。

制作导航链接分隔效果：使用矩形选框工具在两个新图层中分别绘制两个宽度为 1px、高度为 24px 紧挨着的矩形选区，形似直线，左矩形从上到下线性渐变填充#2F8890→#89B8BE→#469DA4，右矩形从上到下线性渐变填充#2F8890→#1E7B83→#469DA4，合并两个图层，并重命名，复制 5 次，将最左侧和最右侧竖条放置到合适的位置，同时选中 5 个竖条，均分宽度排列。

设置导航链接鼠标悬停时的图像效果：在新图层中绘制半径为 10、宽为 67px、高为 60px 的矩形，填充颜色#D3E4DE，删除下半部分，剩余上半部分高为 30px，向下移动 1px；选中该图层，选择"选择"→"修改"→"扩展"命令，设置选区向外扩展 1px，新建图层填充颜色 #00656D，将该图层拖动至浅色矩形的下方，将下边线部分删除，如图 6-21 所示。完成后将两个图层合并。

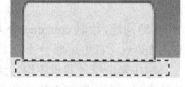

图 6-21 删除下边线

（3）banner 区域。banner 左侧是 Flash 制作的动画，无需切片；右边为次级导航，需要绘制。绘制 4 条导航水平分隔横直线，笔触类型为 1px、颜色为#175E64、均分高度；用几何形状绘制 5 个白色的小图标，放置到直线的左上方，作为导航链接的项目符号，起装饰作用。

4. 制作切片

共绘制 10 个切片，名称和尺寸如表 6-3 所示，切片如图 6-22 所示，打开"优化"面板，设置导出文件格式为"JPEG 较高品质"，导出图像位置为"images"文件夹。完成后清除切片。

表 6-3 切片名称和尺寸

区域	切片名称和尺寸（宽度×高度，单位为 px）	个数
页眉	header（960×72）	1
导航栏	渐变平铺背景为 nav_repeat（2×35）；导航链接分隔效果为 nav_line（2×35）；导航链接鼠标悬停时的图像效果为 nav_ahover_bg（68×30）	3
banner	banner（960×207）	1
container	左边矩形上圆角为 left_top（230×23）；左边矩形下圆角为 left_bottom（230×23）；右边矩形上圆角为 right_top（720×23）；右边矩形下圆角为 right_bottom（720×23）；登录背景图像为 enter（205×100）	5

经验分享：

因为界面还没有制作完毕，所以可以选择"视图"→"锁定切片"命令将切片锁定，避免误操作。若无需再使用这些切片的划分，则可以"清除切片"。

图 6-22　首页图像切片绘制

5. 制作项目符号图像

使用几何图形工具绘制项目符号等图像并切片，用于导航链接前或栏目标题前起装饰作用。本网站中使用的图标及切片信息如表 6-4 所示。

表 6-4　本网站使用的图标及切片信息

单位：px

图 标	切片名称	切片尺寸	图 标	切片名称	切片尺寸
	star1	12×12		star2	12×12
	Arrow	6×5		arrow_o	6×5
	icon0	27×22		more	40×9
	icon1	20×20		icon2	20×20
	icon3	40×36		icon4	35×35
	icon5	27×32		icon6	18×18

经验分享：

矢量小图标可以使用 Photoshop 绘制，也可以用专门的矢量图绘制软件绘制，互联网上也有很多矢量图标可以免费下载后使用。小图标保存为 GIF 格式后存储容量更小。

6. 完善各部分文字及图像

将界面中各部分的文字补充完整，banner 可用一幅图片切割成它的形状代替；footer 部分

155

无底色，最终完成整个页面效果。

7. 裁剪画布及保存

完成后发现页面底部存在多余部分，可以选择"图层"→"画布大小"命令，将画布高度修改为942px，定位部分设置为以上方图像为准向上收缩，如图6-23所示。这时文件的高度与实际内容一致。

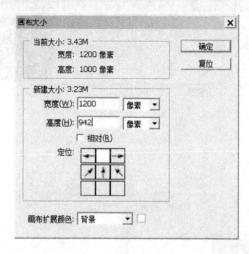

图 6-23　调整画布大小

保存文件，并将其另存为"首页.jpg"放置到"页面效果"文件夹中。

6.3.3　制作次级页面图像

1. 各模块的次级页面制作

各模块的次级页面整体框架与首页类似，这里以"网络产品无线路由器"为例，主要介绍其与首页不同的制作，其他页面参照此制作。

（1）将"首页.psd"打开，另存为"网络产品无线路由器.psd"，将 banner 左栏动画效果占位图改为本页会用到的图片，并裁剪成一致的形状；将 container 区域左侧的圆角矩形变长，以容纳文字的宽度，将图标和文字替换为本页文字。

（2）制作内容区右栏标题图像。在 container 区域的右圆角矩形处绘制半径为 40、宽为 703px、高为 25px 的矩形，放置到合适的位置，从上到下线性渐变填充#068BAC→#28A8CD，如图 6-24 所示。重新绘制宽为 720px、高为 33px 的切片，导出文件 sub_right_top.jpg。

图 6-24　次级页面内容标题区图像

（3）内容完善及保存。将这个区域内的内容替换为现在需要的图片、图形和文字；将页脚的图层组调整位置；将页面多余的下边裁剪掉。完成后效果如图 6-25 所示。

图 6-25 次级页面——网络产品无线路由器页面

2. 社区论坛页面制作

社区论坛是一个单独的 PHP 模块，主要实现用户的交互，其中有表单提交型页面、主题列表型页面和主题回复详细页面，分别如图 6-26～图 6-28 所示。

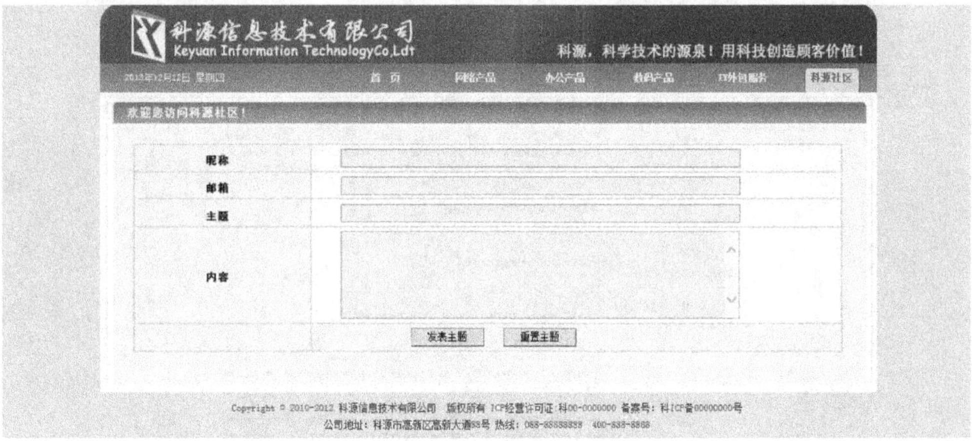

图 6-26 表单提交型社区论坛页面

图 6-27 主题列表型社区论坛页面

图 6-28 主题回复详细型社区论坛页面

这类页面在网页制作时会使用不同的方法，但是界面设计的方法类似。这里以图 6-26 所示的页面为例，简要介绍这类页面的制作。

（1）打开"网络产品无线路由器.psd"，将其另存为"科源社区—发表新主题.psd"，将 banner 和 container 区域的内容全部删除。

（2）在导航栏下方，在新图层中绘制 960px×360px 的白色矩形；选中该层，收缩选区 8px，新建图层填充白色，为该图层添加#E6E6E6 的外发光样式，外发光具体设置如图 6-29 所示。

（3）绘制内容区的标题。绘制半径为 5、大小为 930px×24px 圆角矩形，添加颜色为# 0D85A8、1px 的描边，从上到下线性渐变填充#068BAC→#35B7D7。

（4）再绘制一个填充颜色为# F6F6F6，大小为 930px×310px 的矩形。

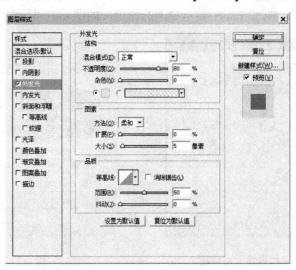

图 6-29 "外发光"图层样式的设置

（5）绘制表单框架。绘制两个大小分别为 220px×215px、876px×35px，颜色为#EDF6FB 的矩形，一个大小为 656px×215px 的白色矩形，放置到合适的位置；绘制粗细为 2px、线条颜色为#BED8EB 的 6 条横线、3 条竖线，放置到合适的位置。

（6）绘制 3 个切片：内容区的顶部 bbs_con_top.jpg（960px×38px），内容横条 bbs_con_repeater.jpg（960px×17px），内容区的底部 bbs_con_bottom.jpg（960px×20px）。将其放置到"images"文件夹中。

（7）绘制表单的内容，添加文字。将画布高修改为 520px。

（8）保存文件，另存为"科源社区—发表新主题.jpg"，放置到"页面效果"文件夹中。

6.3.4 制作多媒体动画

1. 首页广告动画制作

（1）启动 Photoshop，打开"原始素材"文件夹中为动画准备的两幅素材图像，分别用于整个动画的背景（bg.jpg）和透过"KY"符号移动的效果（sky.jpg），将其都裁剪为宽为 660px、高为 180px 的图像，存储于"处理素材"文件夹中。

（2）启动 Flash，新建 Flash 文件，在属性窗口中单击"大小"按钮，在弹出的"文档属性"对话框中设置尺寸宽为 660px、高为 180px，添加标题和描述等值，背景颜色为白色（默认颜色）、帧频为默认每秒播放 12 帧，如图 6-30 所示，保存文档，命名为 banner.fla。

知识解说：

Flash 是用于制作二维矢量动画的软件，具有交互性强、矢量绘图、文件小、流式技术播放、艺术表现形式强、制作成本低、版权保护有效、多种格式导出等特点。Flash Player 用于播放 Flash 动画，需要在浏览器中安装 Flash Player ActiveX 插件才能在网页中播放 Flash 动画。本书主要以 Adobe Flash CS5 为参照进行讲解。

（3）选择"文件"→"导入"→"导入到库"命令，选择步骤（1）中准备好的两幅图像，导入后打开"库"面板，即可在库中显示导入的图像，如图 6-31 所示。

图 6-30 "文档属性"对话框　　　　　　图 6-31 "库"面板

（4）新建层，在"时间轴"面板中建立 6 个层，命名分别如图 6-32 所示。后续操作编辑完一层锁定一层。

图 6-32 在"时间轴"面板中添加相应层

知识解说：

（1）库：用于存储和管理 Flash 文档资源，包括导入的位图、视频和声音、创建的元件（创建一次即可多次重复使用的图形、按钮、影片剪辑或文本）、所有组件等。在编辑文档时，可以任意打开文档的库，将该文件的库项目创建为实例并用于当前文档。还可以创建永久的库，在任何 Flash 文档中都可以使用，Flash 提供了含按钮、图形、影片剪辑和声音的范例永久库。

（2）舞台：文档窗口，即在创建 Flash 文档时放置图形内容的矩形区域。创作环境中的舞台相当于 Flash Player 或 Web 浏览器窗口中播放期间显示文档的矩形空间。可在编辑文档时使用放大和缩小功能更改舞台的视图，可以使用网格、辅助线和标尺等工具帮助项目对象在舞台上定位。

（3）属性窗口：用于显示或修改当前文档、文本、元件、形状、位图、视频、组、帧或工具的属性信息，当选择了两个或多个不同类型的对象时会显示选中对象的总数。

（4）图层：在图层上绘制和编辑对象，不会影响其他图层上的对象，在图层上没有内容的舞台区域，可以透过该图层看到下面图层的对象。可以通过工具 插入普通图层、插入引导层、新建图层文件夹、删除图层；可以通过工具 隐藏、锁定、显示图层对象轮廓；可以拖动图层重新排列；还可以通过快捷菜单更改图层的属性。

（5）时间轴：用于组织和控制一定时间内的图层和帧中的文档内容。帧是动画的基本单元，表示时间关系，像电影的胶片。Flash 文档默认 1/12s 播放一帧，帧的时长可以更改。图层是动画的空间关系，就像堆叠在一起的多幅图像，每个图层都包含显示在舞台中的不同内容。

（5）编辑 bg 层。选中 bg 层的第 1 帧，将库中的 bg.jpg 拖放到舞台中，在属性窗口中将 X 和 Y 的位置都设置为 0，默认第 1 帧为空白关键帧，在第 100 帧处右击，在弹出的快捷菜单中选择"插入帧"命令。

（6）编辑 sky 和 ky 层，使用遮罩效果。

① 选中 ky 层的第 1 帧，使用文字工具在舞台的右方输入文字"KY"，设置文字属性：字体 Arial Black、大小 200px、红色（后面设置为遮罩层后该颜色是看不到的，这里使用红色是为了方便编辑），按 Ctrl+B 组合键两次将文字打散。放大视图，打开标尺，有规律地拖入若干条水平或垂直的辅助线，如图 6-33 所示。沿所有辅助线绘制直线，将直线间的间隔区域删除，形成马赛克状的"KY"图形，如图 6-34 所示。双击直线即可选中所有直线并删除，如图 6-35 所示。使用鼠标框选所有分离的"KY"图形，再按 Ctrl+G 组合键组合图形，在 ky 层的 100 帧处插入帧。

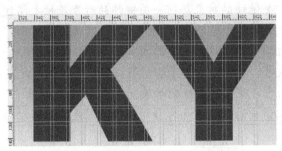

图 6-33 为"KY"文字添加辅助线

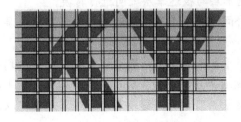

图 6-34 沿辅助线绘制直线　　　　　图 6-35 "KY"马赛克状效果

② 选中 sky 层的第 1 帧，将库中的 sky.jpg 拖放到舞台中，选中 sky 图像，选择"修改"→"转换为元件"命令，弹出"转换为元件"对话框，将其转换为"图形"元件并命名为"sky"，如图 6-36 所示，单击"确定"按钮后在库中显示。将"sky"图形元件实例与"KY"图形左对

齐,如图6-37所示。在sky层的第100帧处插入关键帧,选中第100帧中的"sky"图形元件使其实例,拖动该元件使其与"KY"右对齐,再选中第1帧并右击,在弹出的快捷菜单中选择"创建补间动画"命令,自动完成从右到左移动的动画效果。

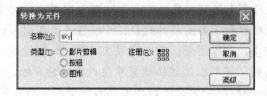

图6-36 "转换为元件"对话框

③ 选中ky层并右击,在弹出的快捷菜单中选择"遮罩层"命令,创建遮罩,ky层成为遮罩层,sky层成为被遮罩层,如图6-38所示。按Ctrl+Enter组合键预览动画效果,"KY"变成一个孔,"sky"图像在孔中从左到右移动,在"KY"图形以外的区域,"sky"图像是不可见的。

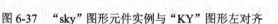

图6-37 "sky"图形元件实例与"KY"图形左对齐　　　　图6-38 遮罩层和被遮罩层的标识

知识解说:

1)帧类型

① 关键帧:黑点。关键帧的对象与前一关键帧的对象属性之间发生了关键的变化,它是动画序列的转折点。

② 空白关键帧:白圈,没有对象的关键帧。

③ 静态扩展帧:灰色,关键帧的若干帧扩展,延续关键帧的内容,未设置任何动画。

④ 空白扩展帧:白色,空白关键帧的扩展。

⑤ 补间帧:带实心箭头的帧,蓝色为移动动画,绿色为变形动画,指两个关键帧之间做了内嵌型动画的帧。

2)层类型

① 常规层:可以在引导层与被引导层、遮罩层与被遮罩层之间进行转换。

② 引导层与被引导层:被引导层的移动补间动画沿着引导层的路径运动。引导层的内容不会显示在发布的SWF格式的文件中。

③ 遮罩层与被遮罩层:遮罩层的内容相当于孔或者窗口,透过这个孔或窗口看到的是被遮罩层的内容,而遮罩层上没有内容的区域、被遮罩层对应的内容都被隐藏起来。遮罩内容可以是填充的形状、文字对象、图形元件的实例或影片剪辑等。遮罩层与被遮罩层都可以创建动画,一个遮罩层可以遮罩多个被遮罩层。

3)元件

每个元件都有一个唯一的时间轴、舞台及几个图层。可以将帧、关键帧和图层添加至元件时间轴,就像将它们添加到主时间轴中一样。创建元件时需要选择元件类型。

① 图形元件,可用于静态图像,并可用来创建连接到主时间轴的可重用动画片段。图

形元件与主时间轴同步运行。交互式控件和声音在图形元件的动画序列中不起作用。

② 按钮元件，可以创建用于响应鼠标单击、滑过等动作的交互式按钮，可以定义与各种按钮状态关联的图形，然后将动作指定给按钮实例。

③ 影片剪辑元件，可以创建可重用的动画片段。影片剪辑拥有各自独立于主时间轴的多帧时间轴，可以将多帧时间轴看做嵌套在主时间轴内。它可以包含交互式控件、声音甚至其他影片剪辑实例，可以将影片剪辑实例放在按钮元件的时间轴内以创建动画按钮，可以给影片剪辑添加动作。

4）创建移动动画的注意事项

① 创建移动动画时需要使用元件的实例，若是矢量图、位图、文字等，则需要转换为元件，若未转换为元件，在库中将自动出现若干补间元件，动画也会出错。

② 不同的实例必须放在不同的层中进行组织和管理，创建移动动画时，同一层同一关键帧只能有一个实例，动画前后的两个关键帧必须是同一个实例。

③ 移动渐变动画是通过改变前后关键帧元件实例的属性产生动画的，如位置、大小、旋转、倾斜、颜色、透明度等属性，只需要在动画关键转折处定义关键帧，软件自动创建关键帧之间的内容。只有关键帧的内容能编辑，移动动画之间过渡帧的内容可查看，但不能编辑。

（7）编辑 fg 层。选择 fg 层的第 1 帧，绘制一个宽为 660px、高为 180px 的白色矩形，再绘制一个宽为 660px、高为 180px、边角半径为 30 的红色圆角矩形（先调整矩形边角半径后绘图），X 和 Y 的位置都为 0。将两个矩形组合成为一个整体后，将红色圆角矩形删除，留下白色的 4 个弧形角，删除左上弧形角，剩余 3 个弧形角，fg 层在最上，这样导出的动画就会有圆角显示效果。再在 fg 层添加没有动画效果的广告语，分隔用白色直线和服务热线等白色文字。在 fg 层的 100 帧处插入帧。

（8）编辑 Chinese 和 English 层。完成两段广告语从一边飞入、从另一边飞出的闪烁动画。

① 选择 Chinese 层的第 1 帧，在广告语水平分隔直线上方输入文字"让科源技术服务中国"。设置文字属性：字体微软雅黑、大小 24px、白色，按 Ctrl+B 组合键两次将文字打散，再按 F8 键将其转换为图形元件，命名为"c_word1"。分别在第 10、40、50 帧处插入关键帧，第 1~10 帧广告文字从右边渐变飞入，第 11~39 帧静态显示广告文字，第 40~50 帧文告文字渐变飞出到左边。第 1 帧的元件实例向右移动，并设置元件实例属性"颜色"选项为"Alpha"（透明度），其值为 0；第 50 帧的元件实例向左移动，Alpha 值也为 0；分别选中第 1 帧和第 40 帧创建补间动画。

② 在 Chinese 层的第 51 帧处插入空白关键帧，输入文字"让中国服务走向世界"，文字属性的设置与步骤①相同，将文字打散，再按 F8 键将其转换为图形元件，命名为"c_word2"。分别在第 60、90、100 帧处插入关键帧，第 51 帧的元件实例向右移动，Alpha 值设置为 0；第 100 帧的元件实例向左移动，Alpha 值也为 0；分别选中第 51 帧和第 90 帧，创建补间动画。

③ 在 English 层完成英语广告语动画，制作方法与 Chines 层相同，输入的文字为"KeYuan Technology Serve China"和"Chinese Service Advance towards the World"，不同的是文字大小为 21px、黑色，动画的运动方向为左右反向。

知识解说：

为什么要打散文字？Flash 动画中的文字字体的显示取决于客户端是否安装了此字体，如果客户端未安装此字体，则动画中不能显示该文字，为了使客户端能看到文字，需要把文字打散。打散一次变成独立的个体，打散两次变为矢量元素，然后进行编辑或转换为元件或组合。

系统自带文字（如宋体黑体等）经常会出现打散后结块的现象，原因就是这种字体并不完全支持打散，可以用钢笔等工具编辑结块的文字使之正确，或者换成能支持打散的字体。

（9）测试和导出动画。动画完成以后，时间轴面板和舞台设置如图 6-39 所示。按 Ctrl+Enter 组合键预览和测试动画，修复所遇到的错误。选择"文件"→"导出"→"导出影片"命令，将动画导出到"images"文件夹中，命名为"banner.swf"。

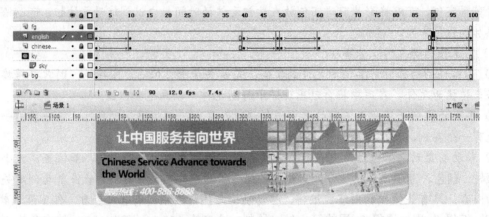

图 6-39　动画完成后的"时间轴"面板和舞台设置

2. 行业方案栏目广告动画制作

（1）打开 Photoshop，打开"原始素材"文件夹中为动画准备的 5 幅素材图像。3 幅用于动画的背景切换，裁剪为宽 660px、高 180px 的图像；一幅中国地图，背景设置为透明，宽为 228px、高为 180px；一幅城市标识用小图标，背景设置为透明，宽为 9px、高为 5px，存储于"处理素材"文件夹中。

图 6-40　在"时间轴"面板中添加相应层

（2）切换到 Flash，新建一个 Flash 文件，设置舞台宽为 660px、高为 180px，保存文件为 sub_banner.fla。

（3）将步骤（1）中 5 幅准备好的图像导入到库中。

（4）新建层。在"时间轴"面板中建立 14 个层，命名如图 6-40 所示。后续操作编辑完成一层锁定一层。

（5）将动画拆分制作，先编辑背景变换效果，涉及位于下面的 9 个层，背景变换效果再拆分为 3 组遮罩，3 个层为 1 组，即：第 1 组包含 bg1、bg2_m、mask1，第二组包含 bg2、bg3_m、mask2，第二组包含 bg3、bg1_m、mask3。第一组动画为 1～60 帧，背景先看到的是 bg1.jpg；bg2.jpg 是由散开的斜着的细线逐渐变宽，直到全部遮住 bg1.jpg；mask1 是遮罩层，是由很多倾斜矩形的由细变粗的动画组成的；bg2_m 是被遮罩层，只有 mask1 层矩形变化的孔看得到 bg2.jpg；bg1.jpg 只是常规层衬在下面的背景，如果没有这个背景，mask1 最开始细线外只能看到白色的背景色。第 2 组动画为 61～120 帧，背景先看到的是 bg2.jpg；bg3.jpg 是由散开的斜着的细线逐渐变宽的，直到全部遮住 bg2.jpg。第 3 组动画为 121～180 帧，背景先看到的是 bg3.jpg；bg1.jpg 是由散开的斜着的细线逐渐变宽的，直到全部遮住 bg3.jpg。全部结束后再循环到第 1 组动画。

① 制作遮罩用影片剪辑元件，很多倾斜矩形的由细变粗的动画效果。选择"插入"→"新

建元件"命令,新建一个影片剪辑元件,命名为"mask",确定后进入影片剪辑编辑模式 。在"mask"影片剪辑编辑区域绘制一个宽为 1px、高为 800px 的矩形,把该矩形转换为图形元件,命名为"m1"。打开"变形"面板,设置"m1"元件实例的旋转属性为 30°,如图 6-41 所示,再将"m1"元件实例复制 10 次,拖动各实例均匀分布排列。同时选中 10 个"m1"元件实例并右击,在弹出的快捷菜单中选择"分散到图层"命令,在"mask"影片剪辑时间轴上自动添加了 10 个层,分别在每层的第 20 帧插入关键帧,第 60 帧插入帧,在每层的第 20 帧使用任意变形工具 放大 100 倍,放大后显示各层的"m1"元件实例间没有缝隙,即能让被遮罩层的图像全部显示,再分别选中每层的第 1 帧创建补间动画,如图 6-42(a)所示。再分别选中每层的 1~20 帧,用鼠标向右拖动若干帧,改变各"m1"元件实例出现的时间顺序,如图 6-42(b)所示。

图 6-41 通过"变形"面板设置元件实例属性

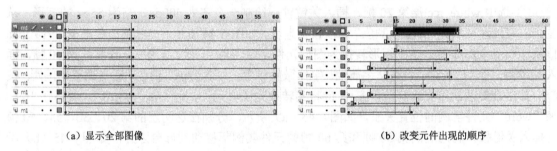

(a)显示全部图像　　　　　　　　　　　(b)改变元件出现的顺序

图 6-42 "mask"影片剪辑的层和时间轴设置

② 切换回场景 1,制作第 1 组遮罩。选中 bg1 层的第 1 帧,将库中的 bg1.jpg 拖放到舞台中。选中 bg2_m 层的第 1 帧,将库中的 bg2.jpg 拖放到舞台中。选中 mask1 层的第 1 帧;将库中的 mask 元件拖放到舞台中,分别在这 3 层的第 60 帧插入帧。选中 mask1 图层并右击,在弹出的快捷菜单中选择"遮罩层"命令,mask1 层为遮罩层,bg2_m 层为被遮罩层,bg1 为常规层。

③ 制作第 2 组遮罩。选中 bg 2 层的第 61 帧,插入关键帧,将库中的 bg2.jpg 拖放到舞台中。选中 bg3_m 层的第 61 帧,插入关键帧,将库中的 bg3.jpg 拖放到舞台中。选中 mask2 层的第 61 帧,插入关键帧,将库中的 mask 元件拖放到舞台中。分别在这 3 层的第 120 帧处插入帧。选中 mask 2 图层并右击,在弹出的快捷菜单中选择"遮罩层"命令,mask 2 层为遮罩层,bg3_m 层为被遮罩层,bg 2 为常规层。

④ 制作第 3 组遮罩。与第 2 组方法类似,不同的是,在 121 帧处插入关键帧,拖放图像和元件实例,在 180 帧处插入帧。

(6)编辑 fg 层,该层没有动画。将 banner.fla 中 fg 层中的 3 个弧形角复制到该文件中,使导出动画显示圆角效果,并在左边输入服务热线等白色文字,在第 180 帧处插入帧。

(7)编辑 ChinaMap 和 city 层。动画效果为公司能服务的城市有图标在中国地图上闪烁。

① 选中 ChinaMap 层，将库中的 ChinaMap.jpg 拖放到舞台的左方调整好位置，该层没有动画，在第 180 帧处插入帧。

② 城市图标闪烁动画制作时需在地图上先定位，再转换为影片剪辑，然后编辑动画。选中 city 层的第 1 帧，拖放很多个 icon.jpg 到舞台，放置到中国地图上各城市对应的位置，使用多角星形工具 ☆ 在北京对应位置绘制红色的五角星。选中所有图标和五角星并转换为图形元件，命名为"city"。选中"city"元件实例，转换为影片剪辑元件，命名为"mc_city"。双击"mc_city"实例，切换到影片剪辑编辑模式，为城市图标做出先淡入后淡出的动画效果，第 1～10 帧由无变化为有，第 11～19 帧城市图标动画持续显示，第 20～30 帧由有变化为无。分别在第 10、20、30 帧处插入关键帧，将第 1 帧和第 30 帧的"city"图形元件实例属性的 Alpha 值设置为 0，分别选中第 1 帧和第 20 帧，创建补间动画，如图 6-43 所示。切换回场景 1，在 city 层的第 180 帧处插入帧。

（8）编辑 white_rec 和 word 层。完成广告语飞入和飞出的闪烁动画效果，从时间上分共有 3 段广告语效果。第一段广告的第 20～30 帧从右往左飞入；第 31～54 帧持续显示，第 55～60 帧从左往右飞出。第二段广告的第 80～90 帧飞入，第 91～114 帧持续显示，第 115～120 帧飞出。第一段广告的第 140～150 帧飞入，第 151～174 帧持续显示，第 175～180 帧飞出。第 1～19 帧、第 61～79 帧、第 121～139 帧无内容，为空白帧。

① 选中 white_rec 层第 20 帧，插入关键帧，绘制一个宽为 400px、高为 55px 的矩形，从左到右线性渐变填充，通过"颜色"面板设置渐变，如图 6-44 所示，白色到白色渐变，但 Alpha 值从 20%到 95%渐变，选中矩形转换为图形元件，命名为"rec"。选中 word 层的第 20 帧，插入关键帧，输入广告语，设置文字属性：字体微软雅黑、大小 28px、白色，适当调整字间距，按 Ctrl+B 组合键两次将文字打散，按 F8 键将其转换为图形元件，命名为"word1"。调整好"rec"和"word"元件实例的位置关系，如图 6-45（a）所示。分别在这两层的第 20、30、55、60 帧处插入关键帧，将两层的第 30 帧和第 60 帧的元件实例都移动到舞台之外，如图 6-45（b）所示。分别选中两层的第 20 帧和第 55 帧创建补间动画。

图 6-43　mc_city 影片剪辑元件的编辑　　　　图 6-44　矩形线性渐变透明颜色设置

　　（a）调整位置　　　　　　　　　　　　（b）移动元件示例

图 6-45　white_rec 和 word 层动画的关键帧间的位置关系对比

② 分别在两层的第 61 帧和第 80 帧处插入空白关键帧，第 80~120 帧用类似方法制作第 2 段广告语闪烁动画。第 2 段广告语做完后，再分别在第 121~140 帧处插入空白关键帧，在第 140~180 帧处制作第 3 段广告语闪烁动画。

（9）测试和导出动画。动画完成以后，"时间轴"面板和舞台设置如图 6-46 所示。测试并修复动画错误后，导出影片到"images"文件夹中，命名为 sub_banner.swf。

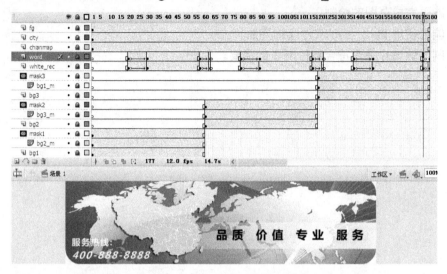

图 6-46　动画完成后的"时间轴"面板和舞台设置

 任务总结

【巩固训练】

根据工作任务 5 巩固训练中完成的需求分析说明，进行网站设计。具体要求如下。

（1）比较企业形象宣传网站和客户服务网站的整体风格有何异同。两个网站的布局结构分别是怎样的？

（2）完成网站界面手绘设计。

（3）能使用 Photoshop 进行网页界面制作。

（4）能使用 Photoshop 制作网页切片。

【任务拓展】

拓展 1：从字体网站下载更多的各种字体，比较字体的形态，总结各种字体适用于什么场合？

拓展 2：搜索界面设计好的网站，面向的受众群是什么，分析其使用了什么样的色调及配色方案。

【参考网站】

色彩学：http://www.secaixue.com/form。

色彩中国之网页色彩搭配：http://www.colorcn.com.cn/pic/ShowClass.asp?ClassID=25。

硅谷动力 Flash 教程：http://www.enet.com.cn/eschool/includes/zhuanti/flash1130。

【任务考核】
(1) 站点的 CIS 是否符合需要,是否有商业价值和艺术价值。
(2) 色彩设计遵循怎样的色调。
(3) 版面布局是否主次分明、重点突出、均衡和谐。
(4) 网站的交互设计、导航设计能否提升用户体验。
(5) 能否完成草图的绘制。
(6) 能否使用 Photoshop 软件绘制界面。
(7) 制作的切片是否符合制作网页的需要。

工作任务 7　制作客户服务网站

任务导引

（1）从网站结构、网页结构、网页代码等方面，养成利于搜索引擎优化的编码习惯。
（2）使用 DIV+CSS 技术布局网页，将内容和表现真正分离。
（3）使用 Dreamweaver 模板，批量生成次级网页。
（4）使用 jQuery 技术为网页添加行为。
（5）理解 PHP+MySQL 的动态网站开发技术，并配置其站点服务器。
（6）通过 Dreamweaver 的向导代码生成方式，创建 PHP+MySQL 模式的论坛功能。
（7）对网页进行超链接、兼容性外观测试。
（8）编写测试用例对论坛的程序功能、表单、数据库进行测试。

7.1　养成利于搜索引擎优化的编码习惯

从网站逻辑结构、网站目录结构、网页结构、代码优化几个方面应用搜索引擎优化策略，明确网站制作过程中网站结构的设计原则和网站的编码原则，为后面的网站页面制作做准备。

7.1.1　网站结构设计

逻辑结构优化主要是减小页面间的链接深度，包括减小普通页面与重要页面间、重要页面与重要页面间的链接深度，以及为网站中相对重要的页面增加更多的链接入口。物理结构优化主要是减小页面的目录深度，站在 URL 的角度，实际上就是减少页面 URL 的目录层次。

网站目录与目录名必须按规范和优化要求进行规划，形成良好的工作习惯，也为后期网站的扩展开发奠定基础。

（1）网站首页 default.html 和 sitemap.html 放在根目录中，其他模块的所有页面放在模块文件夹中，模块的一级页面命名为 index.html，是该模块的中心页，模块的二级页面命名为 list_xxx.html（xxx 指代具体二级内容的英文名称），三级页面命名为 list_xxx_yyy.html（yyy 指代具体的三级内容的英文名称），内容终端页以产品名称的英文单词拼接命名，都存储在模块文件夹中。

（2）建立"style"文件夹，放置整个网站页面的表现文件，将 CSS 代码从 XHTML 文件中分离出来，写成独立的 CSS 文件放置于此文件夹中，并在其内部建立"images"文件夹，用于存放网站外观表现所用的图像文件，包括网站各模块表现需要的样式文件和图像文件。

(3) 网站根目录中的"images"文件夹用于存放首页上的"内容"的图像文件,而每个模块网页的"内容"图像存储在各模块的"images"文件夹中。图像的文件命名也要规范。

规划后的网站文件与目录结构如图 7-1 所示,这样会显得更清晰。

7.1.2 网页结构设计

(1) 重要区域分布优化。搜索引擎对页面中的每个区域重视程度是不一样的,同样的内容出现在页面中不同的区域,所起的作用会存在很大的差别,重复关键字出现在页面的顶部或底部,所起的作用是完全不一样的。从用户体验角度出发,普通用户在浏览页面时是自上而下、自左而右进行的。搜索引擎分析网页时,在 HTML 源代码中是自上而下进行的,它更重视接近页面顶部的代码。优化时需同时兼顾搜索引擎和用户。

重要的区域放在文档的前面,而左右可以通过浮动调整横向位置。整个网页不要只使用一个 DIV 分区或一个表格进行排版,尽量按不同区域使用不同的 DIV 或表格排版。

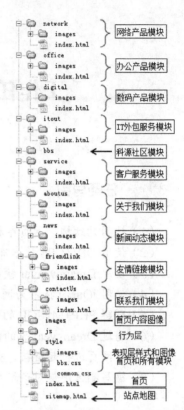

图 7-1 网站文件与目录结构规划

(2) 网站地图优化。搜索引擎能够通过一个页面抓取到网站中更多重要的页面,也可以快速使用户获取更多的信息。网站地图必须是静态页面,命名为 sitemap.html,链接数量控制在 100 以内,链接地址必须是静态 URL,每个链接对象只能使用文字,并与关键字一致,最重要的链接内容使用加粗标记,网站中的绝大部分页面、页脚的位置都添加指向网站地图页面的链接。

(3) 框架优化。在网站的网页中,不使用不利于搜索引擎优化的框架网页、浮动框架网页。

(4) 隐藏区域优化。隐藏区域的内容放在当前页面中会增加页面的体积,并且会占据页面中相对重要的区域,有的搜索引擎并不关心隐藏区域内容。把重要的内容放在默认显示区域,有些重要的隐藏内容区域可以保留在页面中,次要的隐藏内容区域放在外部调用的隐藏区域中,克服了内部调用的负面影响,搜索引擎也会对外部调用的内容进行单独处理。

(5) Flash 优化。个别搜索引擎能够解析 Flash 文档中的内容,但并不重视文档中的信息,收录几率也非常低,尽量避免使用 Flash 展示相对重要的内容,避免 Flash 代码占用页面顶部的重要位置。利用搜索引擎不解析 JavaScript 文件的特性,使用 JavaScript 调用页面中的 Flash 文档,既可以避免让搜索引擎解析 Flash 文档,又能留出页面顶部的重要区域。

7.1.3 网页代码设计

代码优化是对网页中的 HTML 源代码进行必要的调整,以提高页面的友好性。优化的目的是使最终生成的目标代码更短、运行时间更短、占用空间更小。

1. 精简代码

精简代码包括清理垃圾代码、HTML 标签转换、CSS 优化、JS 优化。其中清理垃圾代码是精简代码中最重要、最基础的。HTML 和 CSS 的优化需要整理和合并等，JS 优化需从程序逻辑上调整共用方法、压缩等。

（1）垃圾代码的处理方法有以下 4 种。

① 使用 Dreamweaver 的"清理 HTML/XHTML"功能，如图 7-2 所示。

② 直接手动删除垃圾代码。

③ 使用 Dreamweaver 的"查找替换"功能，如将 align=center 等替换为空。

④ 清除所有布局代码，使用 CSS 来弥补，以保证页面显示效果。

（2）不允许空标签块，要特别注意有的标签块用来占位，显示装饰背景图像，这样的标签不能删除，处理方法是在空标签块代码中加入关键字信息，然后用 CSS 属性将这些信息隐藏，即在外观表现时不可见。

图 7-2 "清理 HTML/XHTML"对话框

2. 页面头部优化

根据工作任务 5 中的关键字、描述、标题的选择方法进行设置。

3. 注重权重标签的使用

在进行页面制作时，采取以下方法突出关键字。

（1）使用标题标签（<h>）取代加粗标签（<b>）及字号大小（<font>）设置。

（2）避免使用 Dreamweaver 的<strong>和<em>取代<b>、<i>、<u>。

4. 图像优化

为了增加网页的视觉效果，可以在网页中使用图像或多媒体元素。如果图像文件过大，则会造成页面显示缓慢，搜索引擎也不能识别图像的内容。图像优化主要包括以下两种。

（1）图像描述：通过修改图像名称、设置 alt 属性值、在图像周边增加相关的文字描述信息向搜索引擎提供检索信息。

（2）图像压缩：裁剪部分非关键图块减少图像面积，以及改变图像格式都可有效地降低图像文件的容量，加快页面显示速度。

7.2 网站网页制作

7.2.1 建立网站站点

1. Dreamweaver 建立站点

（1）在 D 或 E 盘的"科源客户服务网站"文件夹中新建"ky-CustomerService"文件夹，在该文件夹中新建文件夹"images"。启动 Dreamweaver，将"ky-CustormService"文件夹新建为本地站点，设置 images 为"默认图像文件夹"。

（2）站点基本设置完成后，打开"文件"面板，按网站结构设计新建网页、文件夹、子文件夹。

（3）将工作任务6中制作的网页装饰图像和动画，即表现图像和动画，复制到站点根目录"style"样式文件夹中的"images"文件夹中，把首页上作为内容的图像，复制到站点根目录的"images"文件夹中，而将其他模块的内容图像和内容资源复制到对应模块文件夹的"images"文件夹中。而其他次级网页文件在制作的过程中再添加到相应的文件夹中，网站结构设置完成。

2. 设置网页基本信息

（1）本网站所有网页使用的 Dreamweaver 默认的文档类型"XHTML 1.0"，所有文件使用国际通用的编码方式"UFT-8"。

（2）添加网页标题和 meta 信息。根据工作任务5中关键字搜索引擎优化策略中确定的关键字、描述、标题进行设置。每个网页都要进行设置。

```
<meta name="Keywords"
      content="服务器、网络、无线路由器、网络安全、外包、销售、科源市">
<meta name="Description" content="科源信息技术有限公司销售电脑及数码产品：联想笔记
      本、联想台式机、数码产品等，提供IT外包服务，介绍基本的电脑维护常识，科源市">
<meta name="Robot" content="all">
<meta name="Author" content="科源信息技术有限公司">
<meta name="Copyright" content="科源信息技术有限公司">
<title>科源信息技术有限公司-联想电脑，联想笔记本|联想数码|报价|电脑维护|外包服务
</title>
```

7.2.2 网站页面的布局设计

（1）首页和次级页面布局构图的方式相同。

（2）将页面划分为5个区域：header（头部）、navigator（导航栏）、banner（广告条）、container（内容链接区）、footer（页脚，无背景图像），如图7-3所示。

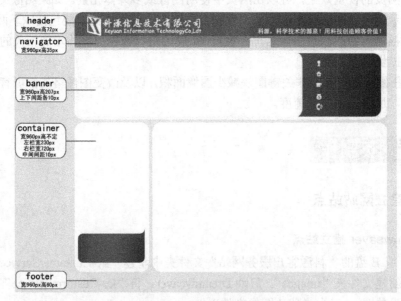

图 7-3 首页布局规划

7.2.3 首页制作

1. 新建 CSS 样式表文件

启动 Dreamweaver，在站点的"style"文件夹中新建 common.css 文件，添加一些基本的和通用的 CSS 属性。

```
*{margin:0px;padding:0px;font-size:12px;font-family:"宋体";color:#000000;
  text-decoration:none;list-style:none;}
body{ background:#d3e4de;}
a{color:#666666; }
a:hover{color:#FF9900;}
```

首页制作准备：从"文件"面板的本地视图站点中打开 index.html 文件，添加网页标题，附加 common.css 样式文件。

2. 制作 header 区域

结构化的网页代码如下，不允许有空标签。

```
<div id="header"><p id="logo">科源信息技术有限公司！</p></div>
```

header 区域的 CSS 代码如下。设置 header 区域的左右外边距为 auto，使该区域在网页中水平居中对齐，设置网站标识选择符区域隐藏。

```
#header{width:960px;height:72px;margin:0 auto;
        background:url(images/header.jpg) no-repeat;}
#logo{display:none;}
```

3. 制作 navigator 区域

日期显示使用 span，导航链接使用无序列表<ul>实现，网页代码如下。年、月、日和星期需动态显示，在 7.3.2 小节中添加。导航内容更重要，所以放在前面，日期内容放在后面，通过 CSS 样式能控制日期在左边显示，导航在右边显示。

```
<div id="navigator">
  <ul>
    <li><a href="index.html">首  页</a></li>
    <li><a href="network/index.html">网络产品</a></li>
    <li><a href="office/index.html">办公产品</a></li>
    <li><a href="digital/index.html">数码产品</a></li>
    <li><a href="itout/index.html">IT 外包服务</a></li>
<li><a href="bbs/index.php">科源社区</a></li>
  </ul>
<span id="date">2011 年 10 月 10 日 星期六</span>
</div>
```

navigator 区域的尺寸及布局如图 7-4 所示。CSS 代码如下。

（1）navigator 区域的左右外边距为 auto，实现该区域在网页中水平居中对齐，行高为 35px，与 navigator 区域高度相同，使文字在该区域垂直居中。

（2）span 区域向左浮动，左内间距为 30px，使日期文字距离 navigator 区域左边界 30px。

（3）ul 列表向右浮动，li 列表项左浮动横向排列，继承"*"通配符取消了列表项圆点，li 列表项宽度为 110px，背景图像设置在右边显示导航分隔线。列表项中的超链接鼠标悬停时会改变背景图像效果，超链接是行内元素，宽高属性无效，给超链接设置内间距上下 10px、左右 20px，增加鼠标悬停时背景图像的显示区域，使背景图像能正常显示，导航超链接文字继承无下划线装饰，重新设置了超链接文字的颜色。

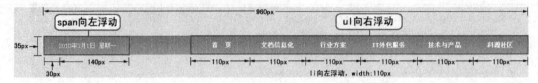

图 7-4　navigator 区域的尺寸及布局情况

```
#navigator{width:960px; height:35px; margin:0 auto; line-height:35px;
          background:url(images/nav_repeat.jpg) repeat-x;}
#navigator span{float:left;width:140px;padding-left:30px; color:#FFFFFF;}
#navigator ul{float:right;}
#navigator li{float:left;width:110px;
             background:url(images/nav_line.jpg) right 0px no-repeat;
text-align:center;}
#navigator li a{padding:10px 20px;color:#FFFFFF;font-weight:bold;}
#navigator li a:hover{color:#338086;
          background:url(images/nav_ahover_bg.jpg) no-repeat center 4px;}
```

4. 制作 banner 区域

导航链接使用 ul 无序列表，在 motion 区域需插入 Flash 动画，现暂加入关键字等文字信息，网页代码如下。Flash 的插入使用 jQuery，见 7.3.3 小节。

```
<div id="banner">
   <ul>
      <li><a href="servers/index.html">服务中心</a></li>
      <li><a href="aboutus/index.html">关于我们</a></li>
      <li><a href="news/index.html">新闻动态</a></li>
      <li><a href="friendlink/index.html">友情链接</a></li>
      <li><a href="profile/contact.html">联系科源</a></li>
   </ul>
<div id="motion">科源信息技术有限公司欢迎您！卓越品质！专业服务！</div>
</div>
```

banner 区域的尺寸与布局如图 7-5 所示。CSS 代码如下。

（1）banner 区域的左右外边距为 auto，实现该区域在网页中水平居中对齐，上下外边距为 10px，实现与 navigator 区域和 container 区域间各 10px 的间隔。

（2）motion 区域左浮动，设置内间距上 13px、下 14px、左右 20px，即 Flash 的位置。

（3）右边导航链接的位置比较难确定，设置 banner 区域相对定位，ul 相对于 banner 区域的绝对定位确定其位置，这样设置后可能在 Dreamweaver 中无法正确显示位置，如果不正确，则需要在浏览中查看与调试位置。导航超链接文字继承无下划线装饰，重新设置了超链接文字的颜色。

图 7-5   banner 区域的尺寸与布局

```
#banner{width:960px;height:207px; margin:10px auto;line-height:32px;
        background:url(images/banner.jpg)no-repeat;position:relative;}
#banner #motion{float:left;padding:13px 20px 14px; width:660px;
                height: 180px;}
#banner ul{position:absolute;right:140px;top:26px;}
#banner li a{color:#FFFFFF;}
```

知识解说：

如何使用绝对定位和相对定位？

绝对定位的元素脱离了文档流，与文档中的其他元素没关系。若使用了相对于 body 而言的绝对定位，且设置了 top 和 left 等属性，则当显示器尺寸变化时，元素的位置会发生变化，使网页变形。若使用了相对于父级元素的绝对定位，则使用的是相对于父级元素的绝对位置关系。

相对定位的元素属于文档流，是稳定的，是相对于它的父级元素（包含 body）的位置。

一般情况下，相对和绝对定位如下：父元素是相对定位的，且有布局（如有高度、宽度等），子元素用绝对定位，可以相对它的父元素进行绝对定位。父元素若不是相对定位，那么子元素用绝对定位其实是相对于 body 的绝对定位。

5. 制作 container 区域

container 区域内嵌套了两个区域：左边内容区（con_left）和右边内容区（con_right）。在 con_left 和 con_right 内嵌套若干区域。网页代码如下。

```
<div id="container">
   <div id="con_left"></div>
   <div id="con_right"></div>
</div>
```

container 的区域尺寸与布局如图 7-6 所示。CSS 代码如下。

（1）container 区域的左右外边距为 auto，使该区域在网页中水平居中对齐。

（2）con_left 宽为 230px、向左浮动，背景图像为左顶部圆角矩形，不平铺，背景为白色。

（3）con_right 宽为 720px、向右浮动，左外边距为 10px，左右两区域形成 10px 的间距，背景图像为右顶部圆角矩形，不平铺，背景为白色。

（4）嵌套的左右两个区域宽度与外边距、内间距、边框的宽度之和不能超过其外层区域的宽度，否则区域会错位。

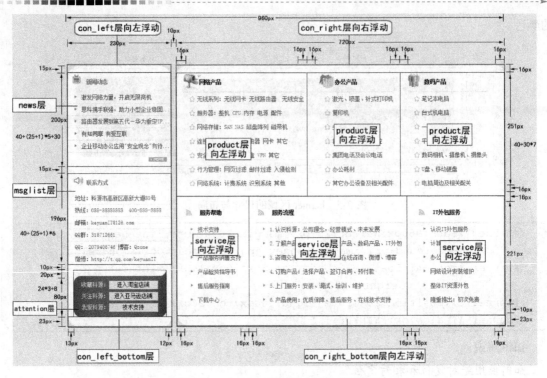

图 7-6 container 区域的尺寸与布局

```
#container{width:960px;margin:0px auto;}
#con_left{float:left;width:230px;
        background:url(images/left_top.jpg) no-repeat #FFFFFF;}
#con_right{width:720px;margin-left:10px;float:right;
        background:url(images/right_top.jpg) no-repeat #FFFFFF;}
```

con_left 区域内嵌套了 4 个区域：news（新闻动态）、msglist（联系方式）、attention（关注）和 con_left_bottom（底部装饰），con_left_bottom 不能为空标签。网页代码如下。

```
<div class="news">
    <h1>新闻动态</h1>
    <ul>
        <li><a href="#">激发网络力量，开启无限商机</a></li>
        //……（省略）
    </ul>
    <h6><a href="news/index.html">
            <img src="style/images/more.gif" alt="新闻动态 MORE"/></a>
    </h6>
</div>
<div class="msglist">
    <h1>联系方式</h1>
    <p>地址：科源市区高新区高新大道 88 号</p>
    //……（省略）
</div>
<div id="attention">
```

```
        <p>收藏科源:<input type="button" value="进入淘宝店铺" onclick=
                "location.href='www.amazon.cn/shops/BBBBBBBBBBBBBB/'"/><br/>
           关注科源:<input type="button" value="进入亚马逊店铺" onclick=
                "location.href='www.amazon.cn/shops/BBBBBBBBBBBBBB/'"/><br/>
           我爱科源:<input type="button" value="技术支持" onclick=
                "location.href='bbs/default.php'"/>
        </p>
    </div>
    <div id="con_left_bottom">
        <p class="bottom">笔记本|数码|报价|电脑维护|外包服务</p>
    </div>
```

con_left 区域的 CSS 代码如下。

（1）按文档流顺序自动从上到下排列这 4 个区域,不用设置浮动。

（2）news 区域、msglist 区域、enter 区域都设置上外边距,实现各区域上下之间的间距。

（3）enter 区域的左右外边距的设置使背景图像水平居中显示,enter 区域上内间距设置为 25px,确定表单项的顶部显示位置。

（4）con_left_bottom 区域的背景图像为左底部圆角矩形,其内文字为 SEO 关键字信息但被隐藏了。

```
#con_left .news{ height:200px; margin-top:15px;}
#con_left .msglist{height:196px; margin-top:15px;}
#con_left #attention{width:205px;height:100px;margin:10px 12px 0px 13px;
                color:#C6E1DA; text-align:center;
                background:url(images/enter.jpg) no-repeat; }
#con_left_bottom{height:23px; background:url(images/left_bottom.jpg) no-repeat;}
#container .bottom{display:none}
```

再对 news、msglist、enter 区域中的元素进行布局设置。CSS 代码如下。

（1）news 区域高为 200px,由 h1、ul、h6 元素组成,h1 元素高为 40px,li 元素高为 26px（行高 25px+下边框 1px）,ul 元素的高度等于 130px（26px×5）,h6 元素高为 30px（上内间距 10px+下内间距 10px+插入图像高度 10px）。h1 和 li 元素使用行高属性,既确定了元素的高度,又使其中的文字垂直居中。h1 元素的内间距设置为 40px,使栏目标题文字距离左边界 40px,背景图像为自定义项目符号图像,在标题文字左边且不顶左边界。li 元素的内间距设置为 30px,使文字距离左边界 30px,背景图像为自定义项目符号图像,在链接文字左边且不顶左边界。li 元素下边框线设置为宽 1px、灰色、虚线的分隔效果。

（2）msglist 区域高为 196px,由 h1 和 6 个 p 元素组成,h1 高为 40px, p 每个高为 26px。

（3）attention 区域高由 3 行组成,各表单项的上下间距通过 p 元素的 margin 属性设置完成,文本框和按钮元素的文字大小、背景颜色、边框线重新设置。

```
#con_left h1{padding-left:40px;line-height:40px;color:#287881;}
#con_left .news h1{background:url(images/icon1.gif) no-repeat 10px 3px;}
#con_left .msglist h1{background:url(images/icon0.gif) no-repeat 10px 3px;}
#con_left ul li{border-bottom:1px dashed #d4d4d4; padding-left:30px;
                line-height:25px;
```

```
                    background:url(images/arrow.gif) no-repeat 15px 5px;}
#con_left h6{padding:10px; text-align:right;}
#con_left .msglist p{color:#6666666; border-bottom:1px dashed #d4d4d4;
padding-left:15px; line-height:25px;}
#con_left #attention p{ padding-top:20px;color:#FFFFFF;}
#con_left #attention input{font-size:12px;background-color:#C6E1DA;
                    border:1px solid #006060;width:110px;height:20px;}
```

经验分享：

BUG 症状：当在一个容器中，文字和 img、input、textarea、select、object 等元素相连时，在 IE 5 和 IE 6 中，对这个容器设置的 line-height 属性失效。

解决方法：设置与文字相连接的 img、input、textarea、select、object 等元素的 margin 或 padding 属性。

con_right 区域内嵌套了 7 个区域：3 个 product 区域、3 个 service 区域、1 个 con_right_bottom 区域（底部装饰区域）。

```
<div class="product net">
   <h1>网络产品</h1>
   <ul>
      <li><a href="#">无线系列：无线网卡 无线路由器  无线安全</a></li>
      //……（省略）
   </ul>
</div>
<div class="product office">
   <h1>办公产品</h1>
   <ul>
      <li><a href="#">激光、喷墨、针式打印机</a></li>
      //……（省略）
   </ul>
</div>
<div class="product digital">
   <h1>数码产品</h1>
   <ul>
      <li><a href="#">笔记本电脑</a></li>
      //……（省略）
   </ul>
</div>
<div class="service">
   <h1>服务帮助</h1>
   <ul>
      <li><a href="#">技术支持</a></li>
      //……（省略）
   </ul>
</div>
<div class="service">
   <h1>服务流程</h1>
   <ul>
```

```html
        <li><a href="#">1.认识科源:公司理念,经营模式、未来发展</a></li>
        //……(省略)
    </ul>
</div>
<div class="service">
    <h1>IT外包服务</h1>
    <ul>
        <li><a href="#">认识IT外包服务</a></li>
        //……(省略)
    </ul>
</div>
<div id="con_right_bottom">
    <p class="bottom">笔记本|数码|报价|电脑维护|外包服务</p>
</div>
```

con_right 区域的 CSS 代码如下。

(1) 7 个区域都设置为向左浮动,3 个 product 区域横向不能一起排列时要自动换行。

(2) 3 个 product 区域和 3 个 service 区域的宽度都由 li 列表的文字多少自动生成,上、下、左、右内间距都为 16px。每个 h1 元素的高是 41px(上内间距 5px+下内间距 5px+行度 30px+下边框线 1px),每个 li 项的高度是 30px,这样即可确定每个区域的高。

(3) product 区域的每个 h1 元素的背景装饰图像不一致,3 个 product 区域加了第 2 个 class 属性,分别是 net、office、digital,以示区别,方便进行其他背景图像的设置。

(4) con_right_bottom 区域的背景图像为右底部圆角矩形,其内文字为 SEO 关键字信息但被隐藏了。各区域的链接元素 a 设置为自定义项目符号图像背景,链接的属性需重新设置。

```css
#con_right .service{float:left;padding:16px;height:221px;}
#con_right .product{float:left;padding:16px;height:251px;}
#con_right ul li{padding-left:10px;line-height:30px;}
#con_right h1{font-size:12px;padding:5px 0px 5px 35px; line-height:30px;
            color:#000;border-bottom:1px dashed #d4d4d4;}
#con_right .net h1{background:url(images/icon3.gif) no-repeat;}
#con_right .office h1{background:url(images/icon4.gif) no-repeat;}
#con_right .digital h1{background:url(images/icon5.gif) no-repeat;}
#con_right .service h1{background:url(images/icon6.gif) no-repeat 2px 10px;}
#con_right .product a{background:url(images/star1.gif) no-repeat 3px 0px;
            padding-left:20px;}
#con_right .product a:hover{padding-left:20px;
                background:url(images/star2.gif) no-repeat 3px 0px;}
#con_right .service a{padding-left:20px;
                background:url(images/arrow.gif) no-repeat 5px 2px;}
#con_right .service a:hover{color:#666666;text-decoration:underline;}
#con_right_bottom{float:left;width:720px;height:23px;
                background:url(images/right_bottom.jpg) no-repeat;}
```

6. 制作 footer 区域

footer 区域网页代码如下。

```
<div id="footer">
    <p>Copyright&copy;……(省略)</p>
    <p>技术支持：……（省略）</p>
</div>
```

footer 区域的 CSS 代码如下。

```
#footer{clear:both;margin:10px auto;width:960px;color:#333333;
       text-align:center;line-height:20px;}
```

7.2.4 使用 Dreamweaver 的模板创建次级页面

由于次级页面的布局结构表现效果是相同的，不同之处在于要改变内容区，包括左栏上方的二级导航的内容，右栏正文标题和正文内容。可以通过模板快速批量生成网页。各个模块具有不同的二、三级链接导航，需要为每个模块单独建立模板文件，这些模板也有共用区域，创建一个 sub 模板，包含次级页面共同的各区域，再复制 sub 模板，创建每个栏目模块的模板。科源社区是动态网页，不使用模板。

知识解说：

模板是一种特殊类型的文档，用于设计"固定的"页面布局；然后基于模板创建文档，创建的文档会继承模板的页面布局。设计模板时，可以指定在基于模板的文档中哪些内容是"可编辑的"，未指定可编辑的部分是固定的，即不可编辑。使用模板可以快速创建或更新多个页面，修改模板后立即更新基于该模板的所有文档，除非分离该文档。

1. 创建通用模板

选择"窗口"→"资源"命令，打开"资源"面板，选择模板，单击"新建模板"按钮，新建 sub 模板，模板文件扩展名为.dwt，存储在自动生成的"Templates"文件夹（站点根文件夹下）中，如图 7-7 所示。

在后面的讲解制作过程中，只选择典型模板和典型页面讲解，选择一个包含二、三级目录导航的网络产品模块（network）和一个只包含二级目录导航的模块（service）。

（1）打开 sub 模板，能看到一些模板文件特有的代码。

（2）复制<meta>和<title>到 sub 模板的<head>标记之间。

图 7-7 通过"资源"面板建立 sub 模板文件

（3）附加 CSS 样式。选择"文本"→"CSS 样式"→"附加样式表"命令，将 common.cs 样式表文件以链接方式附加到 sub 模板中。

（4）复用区域，将 index.html 页面<body>中的 5 个区域全部复制到 sub 模板中。

（5）删除 container 中的 con_left 区域的 news 区域，添加 sub_nav 区域，将 container 中的 con_right 区域的结构修改为 sub_con_right，删除 con_right 区域的 product 和 service 区域，保留 con_right_bottom 区域，添加<h3>和 detail 区域，网页代码如下。

```
<div id="container">
  <div id="con_left">
    <div id="sub_nav"><h1></h1></div>
```

```
        //……其他区域保持不变（省略）
      </div>
      <div id="sub_con_right">
        <h3></h3>
        <div id="detail"></div>
          <div id="con_right_bottom">
            <p class="bottom">笔记本|数码|报价|电脑维护|外包服务</p>
          </div>
        </div>
      </div>
    </div>
```

（6）复用区域的样式在前面已经定义，并能继承，新添加的区域的样式需要设置，sub_nav 上部要有外边距，sub_nav 中的 h1 的图片要替换；sub_con_right 区域的背景图像要替换成次级页面的内容区右栏标题图像 sub_right_top.jpg；h3 需设置文字样式；detail 需设置内间距，避免详细内容与边界对齐。CSS 代码如下。

```
#con_left #sub_nav{margin-top:15px;}
#con_left #sub_nav h1{background:url(images/icon5.gif) no-repeat 10px 3px; }
#sub_con_right{width:720px; margin-left:10px;float:right;
               background:url(images/sub_right_top.jpg) no-repeat #FFFFFF;}
#sub_con_right #detail{padding:10px;}
#sub_con_right h3{padding:12px 30px;font-size:14px;color:#FFFFFF;}
```

（7）插入可编辑区域。选择"插入"→"模板对象"→"可编辑区域"命令，弹出"新建可编辑区域"对话框，在<h3>中插入可编辑区域"正文标题"，detail 区域中插入可编辑区域"正文内容"，在 motion 区域中插入可编辑区域"动画"，如图 7-8 所示。切换到 Dreamweaver 的设计视图，可以看到插入的 3 个可编辑区域，如图 7-9 所示。切换到代码视图，发现其中增加了代码，如<!-- TemplateBeginEditable name="动画"--> 动画 <!-- TemplateEndEditable -->。

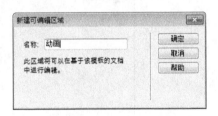

图 7-8　"新建可编辑区域"对话框命令

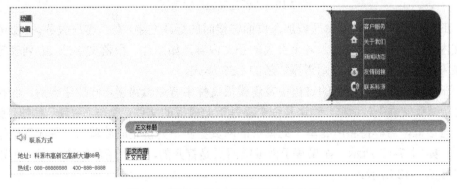

图 7-9　模板中插入可编辑区域的效果

（8）修改 navigator（导航栏）、banner（广告条）区域的超链接，因相对位置发生了变化，在超链接中添加上一个目录表示"../"。sub 模板创建完成。

2. 创建客户服务模板

（1）将 sub 模板另存为客户服务模块的模板，命名为 service。

（2）在 sub_nav 区域添加二级导航，内容与结构如下，样式即添加完毕。

```
<h1>客户服务</h1>
<ul>
    <li><a href="#">服务流程</a></li>
    <li><a href="#">产品服务销售支持</a></li>
    //……（省略）
</ul>
```

3. 通过客户服务模板创建网页

（1）选择"文件"→"新建"命令，弹出"新建文档"对话框，选择"模板中的页"选项卡，如图 7-10 所示。再选择该站点的"service"模板，单击"创建"按钮，将网页保存在"service"文件夹中。切换到代码视图，除了可编辑区域，其余不可编辑区的代码都为灰色。切换到设计视图，网页模板中的样式没有显示，但预览网页时显示效果是正确的。

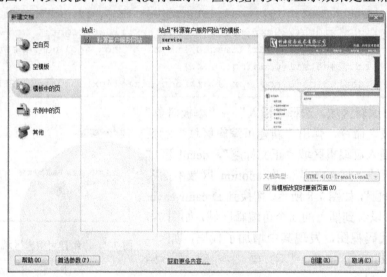

图 7-10 "新建文档"对话框

（2）在"正文标题"可编辑区域加入页面链接时的标题文字，如"客户服务 >> 服务流程"。在"正文内容"可编辑区域加入各个页面的正文内容，如图片、段落文字或 dl 列表等，添加的内容如果表现样式不美观，则需添加新的 CSS 样式。

（3）在通过模板创建网页的过程中发现模板文件中有编辑错误，修改错误后，保存模板会弹出"更新模板文件"对话框，确认是否更新基于此模板的文件，单击"更新"按钮，弹出"更新页面"对话框，需等待将所有基于此模板的网页更新，更新完成后单击"关闭"按钮，完成所有更新，如图 7-11 所示。如果基于模板的网页是打开的，则更新后需要保存。预览测试网页，效果如图 7-12 所示。

(a) "更新模板文件"对话框

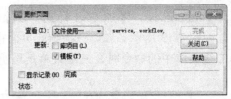
(b) "更新页面"对话框

图 7-11 "更新模板文件"和"更新页面"对话框

图 7-12 服务流程网页效果

4. 创建网络产品模板

（1）将 sub 模板另存为网络产品模块的模板，命名为 network。

（2）在 sub_nav 区域添加二、三级导航，内容与结构如下。

```html
<h1>网络产品</h1>
<ul class="PanelTree">
  <li class="PanelTab"><span><a href="#">无线系列</a></span>
    <ul class="PanelContent">
      <li><a href="#">无线路由器</a></li>
      <li> <a href="#">无线网卡</a></li>
      <li> <a href="#">无线安全</a></li>
    </ul>
  </li>
  <li class="PanelTab"><span><a href="#">网络服务器</a></span>
    <ul class="PanelContent">
      <li><a href="#">服务器整机</a></li>
      //……（省略）
    </ul>
  </li>
  //……（省略）
</ul>
```

(3) 打开 common.css，添加 CSS 样式。去除三级导航的下边框虚线效果，二级导航的虚线效果保留，如图 7-13 所示。二、三级导航页面很长，需要使用 jQuery 编码将它变成折叠菜单，当选择二级菜单中的命令时，三级菜单是可折叠的，折叠后可减少导航的高度，见 7.3.4 小节。

```
#con_left ul li ul.PanelContent li{border-bottom:0;}
```

5. 通过网络产品模板创建网页

（1）通过模板新建导航中的各级网页，保存在"network"文件夹中，如无线路由的三级网页 list_wireless_routing.html。在"正文标题"可编辑区域加入页面链接时的标题文字，如"网络产品 >> 无线系列 >> 无线路由器"。在"正文内容"可编辑区域插入表格，表格中加入产品列表，链接到具体的产品详细网页，表格添加 CSS 样式进行格式化。预览三级网页的超链接，预览测试网页，效果如图 7-14 所示。

图 7-13 二、三级菜单效果　　图 7-14 网络产品次级页面效果

（2）通过模板新建产品详细网页，保存在"network"文件夹中，如思科企业级千兆无线路由器产品的详细网页 ciscosrp530w.html。在"正文标题"可编辑区域加入页面链接时的标题文字，如"网络产品 >> 无线系列 >> 无线路由器 >>企业级千兆无线路由器 srp530w"。在"正文内容"可编辑区域加入具体的产品图片，Tab 选项卡的产品描述、规格参数、典型空间。

Tab 选项卡的标题和内容分成两个区域，分别称为 tab_menu 和 tab_box，如果有 3 个选项，则要在选项卡标题区域添加 3 个列表项<li>，在选项卡内容区域添加对应的 3 个区域<div>，3 个标题选项都可见，3 个选项内容中有一个可见，另外两个隐藏，通过单击某项标题显示对应的内容，其他内容项被隐藏，单击的效果见 7.3.5 小节。内容和结构代码如下。

```html
<div id="product_img">
    <img src="images/ciscosrp530w.jpg" width="500" height=" 267"/>
</div>
<div class="tab">
    <div class="tab_menu">
        <ul>
            <li class="selected">产品描述</li>
            <li>规格参数</li>
            <li>典型应用</li>
        </ul>
    </div>
    <div class="tab_box">
        <div>
            <p>思科公司陆续推出一系列精睿新品，……（省略）</p>
            //……（省略）
        </div>
        <div class="hide">
            <p>无线路由器类型：无线智能路由器</p>
            <p>处理器：专用硬件芯片</p>
            //……（省略）
        </div>
        <div class="hide">
            <p>思科科技针对中小企业推出……（省略）</p>
            //……（省略）
        </div>
    </div>
</div>
```

打开 common.css，添加 CSS 样式，实现 Tab 选项卡的标题区域、内容区域的美化，不可见内容区域的隐藏，代码如下。网页正文内容部分的效果如图 7-15 所示。

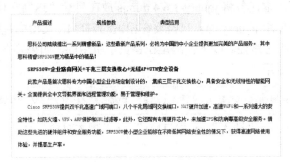

图 7-15　网页 detail 区的效果

```
#product_img{width:660px;margin:0 auto;height:300px;text-align:center;}
.tab{width:660px;margin:20px auto;}
.tab_menu ul{width:660px;margin:0px auto;}
.tab_menu ul li{float:left;width:150px; margin-right:5px;text-align:center;
            height:40px;line-height:40px; border:1px solid #a6cbe7;
            border-bottom:0;background:#ecf6fb;cursor:pointer;}
.tab_menu ul li.selected{background:#FFF;}
.tab_menu ul li.hover{background:#eee;}
.tab_box{clear:both;}
.tab_box .hide{display:none}
.tab_box div{border:1px solid #a6cbe7;padding:15px;background:#fff;}
#sub_con_right .tab_box div p{line-height:30px;}
```

7.3 jQuery 特效添加

7.3.1 jQuery 技术

结构与行为分离，行为能增加用户的体验感，脚本代码的应用越来越受到人们的重视，一系列 JavaScript 程序库蓬勃发展起来，而 jQuery 以独特的处理方式、优美的效果，成为流行的趋势。

1. 认识 JavaScript

JavaScript 是一种脚本语言，脚本是一种能够完成某些特殊功能的指令序列，这些指令在运行过程中被浏览器内置解释器逐行执行。它能跨平台，基于对象和事件驱动，具有安全性能，在 HTML 文档中嵌入 JavaScript 程序，调用文档对象来控制页面的呈现、响应对文档对象的操作事件，从而弥补了 HTML 的不足（参见工作任务 3 中介绍的文档对象模型）。

2. 在网页中使用 jQuery 的方法

（1）获取 jQuery 最新版本。进入 jQuery 的官方网站，网址是 http://jquery.com/，下载最新的 jQuery 库文件，目前是 1.10.2 版本或 2.0.3 版本，它们的不同是后者不支持 Internet Explorer 6/7/8，如果在 IE 9/10 中使用"兼容性视图"模式也将会受到影响，但 2.X 版本完全兼容 1.X 版。jQuery 库还分为压缩 min 版和非压缩开发版。压缩 min 版的存储容量非常小，仅几十千字节。本书的 jQuery 实例都是基于 1.X 版本进行编写的，该任务用的是 jquery-1.6.4.min.js。

（2）在页面中引入 jQuery。jQuery 不需要安装，只要把下载的 jquery-1.6.4.min.js 放到网站上的一个公共位置即可，本任务将 jquery-1.6.4.min.js 放在目录"JS"文件夹中。无论什么时候，当用户想在某个页面上使用 jQuery 时，只需要在相关的 HTML 文档中超链接到该库文件的位置即可，引用时使用的是相对路径。以下代码是在首页中引用的，如果要在次级页面中引用，则需加上上一级目录的相对引用"../"。

```
<script src="js/jquery-1.6.4.min.js" type="text/javascript"></script>
```

可以通过 Dreamweaver "插入"→"HTML"→"脚本对象"命令，浏览并选择 JS 文件超链接到文档中。

7.3.2 jQuery 的日期显示

在所有网页的导航栏的左边显示动态日期。
（1）回顾要显示动态日期的标记，ID 值为"date"。
（2）新建 JavaScript 文件，文件名为 showdate.js，存储在"JS"文件夹中。

```
$(document).ready(function(){
    var mydate=new Date();
    var str = "" + mydate.getFullYear() + "年";
    str += (mydate.getMonth() + 1) + "月";
    str += mydate.getDate() + "日 "; str += "星期";
    str += "日一二三四五六".charAt(mydate.getDay());
    $("#date").text(str);
});
```

① $(document).ready(function(){ });的作用类似于传统 JavaScript 中的 window.onload（网页加载事件），但与之比更具优势：网页中所有 DOM 结构绘制完毕后即可执行，也就是说，DOM 元素关联的东西并没有加载完也能执行，而且能编写多个并都可执行。可简写为 $(function(){ });。

② 通过系统函数获取当期日期时间，从中取得年、月、日、星期的数字，拼接成中文的日期形态，而星期几的数字作为索引数组中的第几个数，匹配出中文大写数字，这一部分与 JavaScript 原有的语法是相同的。

③ 这里的关键点，而且与 JavaScript 的不同点是$("#date")，这是选择符的用法，能快速找到 ID 为 date 的标记，即网页中显示动态日期的 span。而 text(val)设置每一个匹配元素的 HTML 内容，这里即为设置<span>标记中的内容，原有的日期会被替换。

（3）打开首页和模板，链接 jQuery 库文件 jquery-1.6.4.min.js 和 showdate.js，jQuery 库文件必须在其他 JS 文件的前面，模板保存时会自动更新所有引用模板的网页。预览网页并测试当前系统的日期显示。

```
<script language="javascript" src="js/jquery-1.6.4.min.js"
        type="text/javascript" ></script>
<script language="javascript" src="js/showdate.js" type="text/javascript">
</script>
```

7.3.3 jQuery 的 Flash 外部链接

在所有网页的广告条的 motion 区域添加外部链接 Flash。
（1）回顾要插入 Flash 动画的标记，ID 为"motion"。
（2）新建 JavaScript 文件，文件名为 showbanner.js，存储在"JS"文件夹中。
（3）打开首页，将光标定位在"motion"区域中，选择"插入"→"媒体"→"SWF"命令，选择 banner.swf 文件，在首页中插入了 Flash 文件，代码很多，如图 7-16 所示，将其剪切，打开 showbanner.js 文件，粘贴插入 Flash 的 HTML 代码，将其修改为 jQuery 代码。

```html
<div id="motion">科源信息技术有限公司欢迎您! 卓越品质! 专业服务!
    <object classid="clsid:D27CDB6E-AE6D-11cf-96B8-444553540000"
            codebase="http://download.macromedia.com/pub/shockwave/cabs/flash/swflash.cab#version=9,0,28,0" width="660" height="180" title="广告">
        <param name="movie" value="style/images/banner.swf" />
        <param name="quality" value="high" />
        <embed src="style/images/banner.swf" quality="high"
               pluginspage="http://www.adobe.com/shockwave/download/download.cgi?P1_Prod_Version=ShockwaveFlash"
               type="application/x-shockwave-flash" width="660" height="180">
        </embed>
    </object>
</div>
```

图 7-16　Dreamweaver 中插入 Flash 的代码

```javascript
$(function(){
    var f='<object classid="clsid:D27CDB6E-AE6D-11cf-96B8-444553540000"';
    f+='codebase="http://download.macromedia.com/pub/shockwave/cabs/flash/swflash.cab#version=9,0,28,0"';
    f+=' width="660" height="180" title="广告">';
    f+='<param name="movie" value="style/images/banner.swf" />' ;
    f+='<param name="quality" value="high" />';
    f+='<embed src="style/images/banner.swf" quality="high"';
    f+='pluginspage="http://www.adobe.com/shockwave/download/download.cgi?P1_Prod_Version=ShockwaveFlash"';
    f+=' type="application/x-shockwave-flash" width="660" height="180">';
    f+='</embed>';
    f+='</object>';
    $("#motion").html(f);
});
```

① 将插入 Flash 的 HTML 代码用单引号拼接成字符串，存储在变量 f 中。

② "$("#motion").html(f)" 表示在 "motion" 区域中设置 f 字符串变量中包含的 HTML 代码，即把它们插入到网页中。

③ Flash 文件的 URL 地址是相对于网页的，不是相对于脚本文件的。

（4）打开首页，链接 showbanner.js 文件（库文件已链接）。预览网页并测试 Flash 能否显示。

（5）创建其他 Flash 文件的外部链接脚本文件，有两种方法：一是按以上步骤再操作一遍；二是将上一个文件另存后，修改其 Flash 的 URL 地址，再打开其他网页或模板，链接对应的 Flash 外部链接脚本的文件。

7.3.4　jQuery 的折叠菜单

具有二、三级导航的次级网页，三级菜单项默认打开时为折叠，通过选择二级菜单命令，可将三级菜单命令展开，再选择三级菜单命令又折叠，不断循环，这样能减少二、三级导航的高度。

（1）回顾二、三级导航的结构和表现，二、三级导航都是在对应模块的模板网页中设置的，例如，网络产品模板 network.dwt，<li class="PanelTab">……</li>为二级菜单命令，<ul class="PanelContent">……</ul>为三级菜单命令。

（2）为折叠效果添加如下 CSS 样式。

```
ul.PanelContent{display:none;}
ul li.PanelTab_Open{background:url(images/arrow_o.gif) no-repeat 15px 8px; }
```

① 将三级菜单命令都设置为隐藏。

② 添加新的 class：PanelTab_Open 作为二级菜单展开时的效果，展开时的图像为 ；PanelTab 作为二级菜单折叠时的效果，折叠时的图像为 。

（3）新建 JavaScript 文件，文件名为 tree.js，存储在"JS"文件夹中。

```
$(function(){
    $(".PanelTab > span").click(function(){
        $ul=$(this).next("ul");
        if($ul.is(":visible")){
            $ul.slideUp().parent().attr("class","PanelTab");
        }
        else if($ul.is(":hidden")){
            $ul.slideDown().parent().attr("class","PanelTab_Open");
        }
    });
});
```

① 通过层次选择器，获取二级菜单命令".PanelTab > span"，当单击时调用 click 事件，执行其后 function()函数中的代码。再获取三级子菜单<ul>赋值给 jQuery 的变量$ul，通过条件判断当三级子菜单可见时调用 slideUp()方法，高度变化（向上减小）来动态地隐藏三级菜单，并更改它的父级菜单即二级菜单命令的样式为折叠时的 PanelTab；当三级子菜单隐藏时将调用 slideDown()方法，通过高度变化（向下增大）来动态地显示三级菜单，并更改父级菜单即二级菜单样式为展开时的 PanelTab_Open。

② 这里使用了 jQuery 的强大的链式操作，一行代码实现了多个功能，也可将它拆分。

（4）打开所有具有二、三级导航的模板，链接 jQuery 库的文件 tree.js 文件（库文件前面已链接），模板保存时会自动更新所有引用模板的网页。预览网页测试折叠菜单效果。

7.3.5 jQuery 的选项卡

在产品详细网页中设计了选项卡，默认情况下显示 3 个选项卡标题：产品描述、规格参数、典型应用，只显示产品描述的详细内容，规格参数、典型应用的详细内容隐藏，通过选择"规格参数"标题，显示对应的内容，另外两个选项卡内容隐藏。

（1）打开 ciscosrp530w.html 网页，回顾选项卡的结构和表现，<div class="tab_menu">……</div>为选项卡标题，<div class="tab_box ">……</div>为选项卡内容。

（2）新建 JavaScript 文件，文件名为 tab.js，存储在"JS"文件夹中。

通过层次选择符获取选项卡的标题项，赋值给 jQuery 的变量$div_li，当某个标题项被选择时，为当前标题项添加 selected 样式显示，去掉其他同类标题项的 selected 样式显示。获取当前选择标题项在全部 li 元素中的索引，通过该索引值显示对应选项卡内容项的索引值的<div>，隐藏其他几个同类的<div>元素。当鼠标指针放在或离开标题项时，添加或移除 hover 样式。

（3）打开所有具有产品明细页面模块的模板，链接 jQuery 库中的文件 tab.js 文件（库文件前面已链接），模板保存时会自动更新所有引用模板的网页。预览网页即可测试 Tab 选项卡的效果。

```
$(function(){
   var $div_li =$("div.tab_menu ul li");
   $div_li.click(function(){
      $(this).addClass("selected").siblings().removeClass("selected");
      var index =  $div_li.index(this);
      $("div.tab_box > div").eq(index).show().siblings().hide();
   }).hover(function(){
      $(this).addClass("hover");
   },function(){
      $(this).removeClass("hover");
   })
})
```

7.4 论坛制作

7.4.1 PHP 动态网站技术和 MySQL 数据库技术

1. PHP 技术

PHP（超文本预处理器）是一种通用开源服务器端语言。PHP 是跨平台的，在 Windows、Linux、UNIX 等平台下都能够运作，更重要的是它是免费的、开源的，结合数据库能够制作论坛、留言板、购物车等各种 Web 系统。

2. MySQL 数据库技术

在 Web 应用技术中，数据库起着重要的作用，数据库为 Web 应用系统的管理、运行、查询和数据存储等提供技术支持。MySQL 是一个关系型数据库管理系统，由瑞典 MySQL AB 公司开发，目前属于 Oracle 公司，扮演着于大家所熟悉的 Access、SQL Server 等数据库角色。MySQL 与 PHP 同样具有跨平台性、开源性，可免费使用。

关系数据库是以二维表的方式将数据组织起来的数据集合。在 MySQL 中所有数据以表的形式进行存储。每个表包含了数据架构定义与数据本身。图 7-17 所示为一个主题表，其中包含编号、主题、内容、昵称、邮箱、发表时间等数据。

	▲TopicID	Title	Content		Nick...	Email	Time
□	1	电脑启机后蓝屏，怎么处理？	用过外来U盘，可以中...	97B	张飞	zf@sina.ocn	2011-01-03 08:00:00
□	2	U盘故障	U盘不能打开，也不能...	55B	关羽	gy@sofu.com	2011-01-03 17:10:18
□	3	电池如何保养才经用？	笔记本最大的优势就是...	258B	刘备	lb@sohu.com	2011-01-03 17:29:58
□	4	小企业超建无线网络问题？	10人的小企业，应该买...	59B	青梅	cc@163.ocm	2011-01-06 19:01:13
□	5	双天线路由改天线问题。	如果有一台双天线路...	192B	吕布	lb@sina.com	2011-01-10 23:49:59

图 7-17 关系数据表

表中的每一列称为属性或字段，一行的所有属性组合起来表示一个实体或记录。数据结构定义就是列的定义，要求一个表中每一列都有一个唯一的列名，每一列的数据具有相同的特性，即数据类型应相同。

为了能方便地从数据表中检索信息，每个表应当包含可标识表中数据是唯一不重复的某一列或多列的组合，在创建数据表时，可将此列或列的组合标识为表的主键。例如，在主题表的例子中，因为"TopicID"是不可重复的，所以"TopicID"列可以作为主键。

7.4.2 搭建 PHP+MySQL 的动态网站开发环境

1. 下载 AppServ

AppServ 是一个整合了 Apache、PHP、MySQL 与 phpMyAdmin 的套装程序，能一次性将 4 个项目安装完成，并且不需要手动去更改每个项目的设置。AppServ 有几个不同的版本，其差异在于 2.4.X 版本搭配 PHP 4，2.5.X 版本搭配 PHP 5，而 2.6.X 版本搭配 PHP 6。本任务使用的是 AppServ 2.4.9。

进入 AppServ 的官方网站 http://www.appservnetwork.com/，打开首页后，能看到不同版本的最新下载超链接，单击超链接后可以下载文件。

2. 安装 AppServ

（1）启动安装程序后会进入程序说明和授权界面，只需单击"Next"、"Agree"按钮即可，可以选择安装目录，如图 7-18 所示，推荐使用默认值 C:\AppServ。

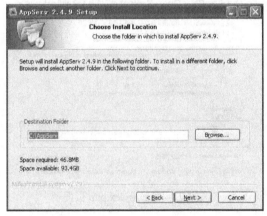
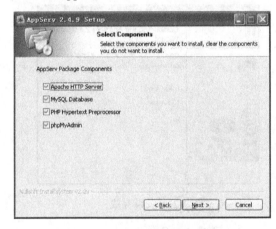

图 7-18 选择安装目录　　　　　　　　图 7-19 选择安装组件

（2）选择要安装的组件，默认全部选择，4 个组件都安装，如图 7-19 所示。单击"Next"按钮。

（3）输入服务器名称，这里不需要对外服务，只是作为本机的测试服务器，先在"Server Name"文本框中输入"localhost"，也可以输入"127.0.0.1"，或者本机的 IP 地址。再输入电子邮箱，最后输入端口号，在"Apache HTTP Port（Default：80）"文本框中输入"8080"，如图 7-20 所示。

站点服务器默认的是 80 端口，但 IIS（Internet 信息服务）、Oracle 等软件的默认端口也是 80，很容易引起冲突，因此为了避免冲突要改成 8080 端口，选用其他不用的端口也可以，如 8000、8888 等。修改端口与不修改的区别如下：非 80 默认端口必须在站点地址后跟上端口号，如 http://localhost:8080/index.php；而默认的 80 端口在站点地址上不跟端口号，直接使用站点地址即可，如 http://localhost/index.php。

（4）对 MySQL 进行设置。MySQL 默认的管理用户是 root，输入 root 用户的密码，如 123456。字符集选择国际通用码 UFT-8，如图 7-21 所示。单击"Next"按钮，开始安装。

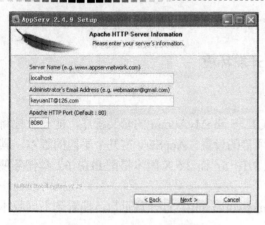
图 7-20　Apache 参数配置

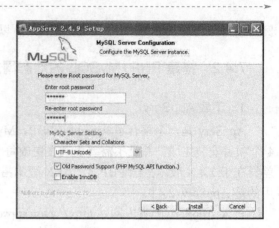
图 7-21　MySQL 参数配置

（5）AppServ 安装完毕后，单击"Finish"按钮即可结束安装，如图 7-22 所示。默认启动 Apache 及 MySQL。

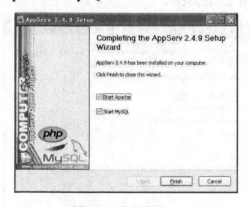
图 7-22　安装完成

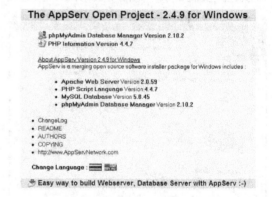
图 7-23　测试 index.php 页面

3. 测试 AppServ

（1）打开浏览器，输入网址 http://localhost:8080/来测试服务器能否正常运行，显示的是默认文档 index.php，默认文档可以不输入文件名，如图 7-23 所示。

（2）查看 PHP 服务器的配置信息。输入网址 http://localhost:8080/phpinfo.php，或者单击 index.php 网页上的超链接 PHP Information Version 4.4.7，进入配置信息网页，如图 7-24 所示。

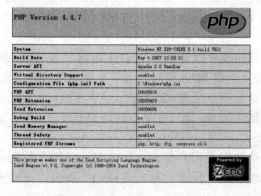
图 7-24　测试 phpinfo.php 页面

图 7-25　MySQL 登录

（3）查看 MySQL 数据库管理工具。输入网址 http://localhost:8080/phpMyAdmin/，或者单击 index.php 网页上的超链接 phpMyAdmin Database Manager Version 2.10.2，弹出登录对话框，输入用户名和密码，如图 7-25 所示，输入 MySQL 默认的管理用户 root 和密码 123456，即可进入 MySQL 数据库管理平台，如图 7-26 所示，进行数据库的管理等操作。

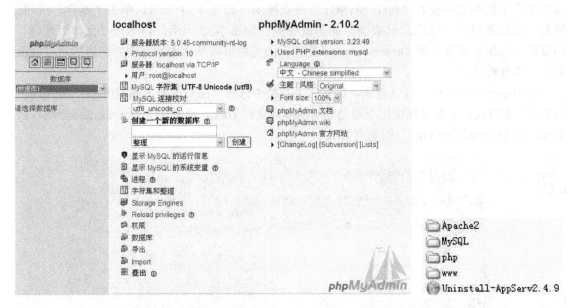

图 7-26　MySQL 管理平台　　　　　　　　　图 7-27　AppServ 安装目录

（4）AppServ 安装成功后，当前的计算机就成为一个可以执行 PHP 与使用 MySQL 的 Web 服务器。进入 AppServ 的安装目录，如图 7-27 所示，其中"Apache2"文件夹是 Apache Web 服务器运行的系统文件，"MySQL"文件夹中有 MySQL 数据库运行系统文件和数据库文件，"php"文件夹是 PHP 运行的系统文件，"WWW"文件夹则为默认的站点主目录，刚才能查看运行的 index.php、phpinfo.php、phpMyAdmin 就存储在"WWW"文件夹中。

（5）服务管理。Apache 和 MySQL 是服务管理方式，需要启动"控制面板"→"管理工具"中的"服务"，对 Apache 和 MySQL 服务进行启动或停止，如图 7-28 所示。

图 7-28　Apache2 和 MySQL 的服务管理

7.4.3　Dreamweaver 配置动态站点

1. 复制站点到 AppServ

将站点文件夹"ky-CustomerService"复制到 AppServ 的安装文件夹中的"WWW"站点文件夹中（即 C:\AppServ\www），网站的访问地址为"http://localhost:8080/ky-CustomerService"。在浏览器中输入以上地址访问网站首页或在以上地址后加上网页文件的名称访问网页。

2. 配置 Dreamweaver 的站点

启动 Dreamweaver，选择"站点"→"管理站点"命令，单击"编辑"按钮，弹出站点设置对象对话框，在"站点"选项卡中更改本地站点地址为 C:\AppServ\www\ky-CustomerService。

选择"服务器"选项卡，如图 7-29 所示，单击"添加服务"按钮➕，在基本选项中输入服务器名称，连接方法选择"本地/网络"，浏览网站文件夹，将 Web URL 修改为"http://localhost:8080/ky_Customer Service/"，如图 7-30 所示，再选择"高级"选项卡，在"服务器模型"下拉列表中选择"PHP MySQL"站点技术，如图 7-31 所示，单击"保存"按钮，回到站点设置对象对话框，已成功添加测试服务，如图 7-32 所示，再单击"保存"按钮，测试服务器配置完成。在 Dreamweaver"文件"面板中可以从"本地视图"切换到"测试服务器"并查看网站。

在 Dreamweaver 中，打开首页，在文档工具栏中选择"在浏览器上预览/调试"工具或按 F12 键预览网页，浏览器地址栏不再是原来的本地文件 URL，而是如"http://localhost:8080/ky-CustomerService/index.html"的站点 URL。

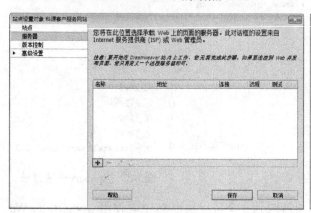
图 7-29　添加服务器站点

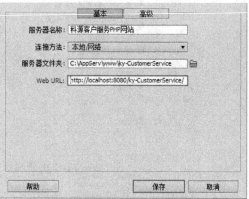
图 7-30　服务器站点的基本配置

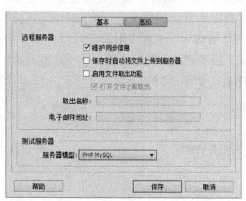
图 7-31　服务器站点的高级配置

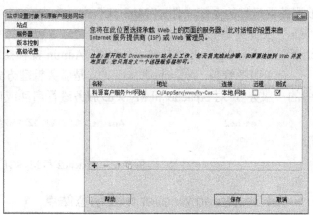
图 7-32　服务器站点配置完成

7.4.4　科源社区论坛功能描述

整个论坛功能页面如表 7-1 所示。

表 7-1　论坛中用到的 13 个页面

名　称	作　用	说　明
index.php	社区主页	分页显示主题列表，每页 10 条列表，每条列表显示主题标题、发表人昵称、时间，主题标题提供超链接到主题详细显示页面：topic.php
topic.php	主题详细显示	客户通过社区主页 index.php 选择某一个主题超链接到该页面，显示选择的主题的标题、内容、发表人昵称、发表时间，显示其回复列表，每页 10 条列表，每条列表显示内容、回复人昵称、发表时间，并提供回复该主题的超链接：reply.php
post.php	发表新主题	客户发表新主题，包含需提交的主题昵称、邮箱、标题、内容
reply.php	回复主题	客户通过主题详细显示页面提供的回复主题的超链接并链接到该页面，回复该主题，包含需提交的昵称、邮箱、内容
search.php	社区搜索	客户输入关键字，搜索主题标题、主题内容、主题发表人的昵称、回复内容、回复人昵称中包含该关键的主题，以列表形式显示，每页 10 条列表，每条列表显示主题标题、发表人、时间，主题标题提供超链接到主题详细显示页面：topic.php
adminlogin.php	管理员登录	管理员登录页面，提供管理员用户名、密码后登录，登录成功后进入 adminindex.php 页面
adminloginerror.php	管理员登录错误提示	当管理员登录用户名或密码输入错误时，转到该页面，该页面提供返回管理员登录页面的超链接
adminindex.php	社区管理主页	管理员登录成功才能进入该页面，没有登录不能进入该页面，转向管理员登录页。分页显示主题列表，每页 10 条列表，每条列表显示主题标题、发表人昵称、邮箱、时间，主题标题提供超链接到主题详细显示页面：admintopic.php
admintopic.php	管理主题	管理员登录成功才能进入该页面，没有登录不能进入该页面，转向管理员登录页。 管理员通过社区管理主页 adminindex.php 选择某一个主题超链接到该页面，显示选择的主题的标题、内容、发表人昵称、邮箱、发表时间和删除主题的超链接，该超链接调用 admindeletetopic.php 页执行删除该主题的功能。显示其回复列表，每页 10 条列表，每条列表显示内容、昵称、邮箱、发表时间和删除回复的超链接，该超链接调用 admindeletereply.php 页执行删除该条回复的功能
admindeletetopic.php	删除主题	该页面不显示，执行删除管理员选择的主题，执行完返回管理主题页 admintopic.php
admindeletereply.php	删除回复	该页面不显示，执行删除管理员选择的回复，执行完返回管理主题页 admintopic.php
top.html	页面共用顶部	各要显示的论坛页共用的网页顶部
bottom.html	页面共用底部	各要显示的论坛页共用的网页底部

7.4.5　创建论坛页面

1．论坛界面分析

（1）网页的头部与底部都是相同的，单独做成网页，通过外部链接到网页。

（2）主要内容区，使用共同的背景装饰，命名为 container_bbs，包含 3 个部分：con_top、con_main、con_bottom。con_main 区域会随着内容的增加而自动改变高度。

（3）社区主页、社区搜索、社区管理主页，在这 3 个页面的排版基本相同，社区搜索多一个关键字输入、管理主页在昵称处换行显示邮箱。

（4）主题详细显示与管理主题基本一样，后者多一个显示邮箱。

（5）发表新主题、回复主题、管理员登录属于信息提交型。

2. 创建共用顶部文件

（1）在"bbs"文件夹中创建 top.html，将<meta>、<title>、CSS 和 jQuery 的超链接代码复制到该页面中。

（2）将 sub 模板中的 header 区域和 navigator 区域复制到该页面中，将导航超链接修改为如下代码。

```html
<ul>
    <li><a href="../index.html">科源首页</a></li>
    <li><a href="index.php">社区首页</a></li>
    <li><a href="adminindex.php">社区管理</a></li>
    <li><a href="search.php">社区搜索</a></li>
    <li><a href="post.php">发表新主题</a></li>
</ul>
```

（3）删除</body></html>。

3. 创建共用底部文件

（1）在"bbs"文件夹中创建 bottom.html，将网页中的代码全部删除。

（2）再把 sub 模板中的 footer 区域复制到该页面中。

（3）在 footer 区域的最后添加</body></html>。

注意：top.html 与 bottom.html 是两个不完整的网页，但把这两个网页合在一起就完整了。

4. 创建"发表新主题"页面

（1）在"bbs"文件夹中创建 post.php，将网页中的代码全部删除。

（2）在网页中加入超链接外部网页文件的代码。

```php
<?php include("top.html");?>
<?php include("bottom.html");?>
```

（3）在两个外部超链接网页代码之间加入 container_bbs 区域，代码如下。

```html
<div id="container">
  <div id="con_top">
      <h3>欢迎您访问科源社区！</h3>
  </div>
  <div id="con_main">
      <div id="con_main_detail"></div>
  </div>
  <div id="con_bottom">
    <p class="bottom">服务器、网络、无线路由器、网络安全、外包、销售、科源市</p>
  </div>
</div>
```

（4）为 bbs 论坛创建新的 CSS，存储在"style"文件夹中，为 container_bbs 区域添加表现样式，其效果如图 7-33 所示。

图 7-33　科源社区系列网页的效果图

```
#container_bbs{width:960px;margin:0 auto;}
#con_top{width:960px;height:38px;
         background:url(images/bbs_con_top.jpg) no-repeat;}
#con_top h3{color:#FFFFFF;font-size:14px;padding-left:35px;
         padding-top: 14px;}
#con_main{width:960px;float:left;
         background:url(images/bbs_con_repeater.jpg) repeat-y;}
#con_main_detail{padding:20px 40px;}
#con_bottom{clear:both;width:960px;height:20px;
         background:url(images/bbs_con_bottom.jpg);}
.bottom{display:none;}
```

5. 创建社区其他页面

（1）将 post.php 另存为其他网页，包括 index.php、topic.php、reply.php、adminlogin.php、adminloginerror.php，再打开这些页面添加表格，添加其他 CSS 样式。

（2）而 search.php、adminindex.php 由 index.php 将全部 PHP 功能制作完成后再另存修改，admintopic.php 由 topic.php 将全部 PHP 功能制作完成后再另存修改。

7.4.6　创建 MySQL 论坛数据库

1. 数据库规划

根据论坛的功能需求，规划数据库的设计，包括最基本的主题、回复和管理员登录，所以需要建立 3 个数据表存储记录，如表 7-2～表 7-4 所示。数据库名称为 bbs_db。

数据库、数据表、字段等的命名规则如下：首字母必须为英文字母或下画线；名称中只能是字母、数字和下画线的组合，并且之间不能包含空格；名称中不能使用编程语言的保留字。

知识解说：

数据完整性指数据库中存储的数据的一致性和准确性，目的是防止数据库中存在不符合语义规定的数据，并防止因错误信息的输入输出造成无效操作或错误信息。数据完整性包含以下 3 类。

（1）属性完整性。属性（字段）完整性是指对字段指定一组有效的值并决定是否可为空值，也可以使用通过限定列中允许的数据类型、格式或可能值的范围来强制数据完整性。

（2）实体完整性。实体（或表）完整性要求表中的所有行都有一个唯一的标识符，称为主键值。

（3）引用完整性。引用完整性确保主键（在被引用表中）和外键（在引用表中）之间的关系保持完整性约束，用于防止对数据库的意外破坏，是对关系间引用数据的一种限制。

表 7-2 topic（主题表）

字 段 名	字 段 说 明	类 型	长 度	NULL	约 束	备 注
TopicID	主题编号	int	10	×	主键	自动编号，起始1，每次增1
Title	主题标题	varchar	100	×		
Content	主题内容	text		×		
Nickname	昵称	varchar	20	×		
Email	邮箱	varchar	30			
Time	发表时间	timestamp		×		默认为系统的时间，当不插入该值时，自动生成

表 7-3 reply（回复表）

字 段 ID	字 段 名	类 型	长 度	NULL	约 束	备 注
ReplyID	回复编号	int	10	×	主键	自动编号，起始1，每次增1
Reply_TopicID	主题编号	int	10	×	外键	引用自 topic（主题表）
Content	主题内容	text		×		
Nickname	昵称	varchar	20	×		
Email	邮箱	varchar	30			
Time	发表时间	timestamp		×		默认为系统的时间，当不插入该值时，自动生成

表 7-4 admin（管理员表）

字 段 ID	字 段 名	类 型	长 度	NULL	约 束	备 注
ID	编号	int	10	×	主键	自动编号，起始1，每次增1
Username	用户名	varchar	30	×		
Userpassword	密码	varchar	30	×		

2. 数据库创建

（1）在浏览器中输入地址 http://localhost:8080/phpMyAdmin/，输入安装时的用户名"root"和密码"123456"，进入 MySQL 的管理主界面。在主界面中输入数据库名"bbs_db"，选择"UTF-8"字符集和"uft8_general_ci"数据库排序规则，单击"创建"按钮，成功创建数据数据库，如图 7-34 所示。PHP 动态网页也要使用"UFT-8"编码，从数据库取出的数据才能正确显示。

图 7-34 创建 bbs_db 数据库

（2）在数据库信息的下方，输入表名"topic"和字段个数"6"，单击"执行"按钮，根据前面规划的数据表结构，创建数据表，如图 7-35 所示。单击左边的数据库名称可以切换到数据库信息窗口，再依次创建其他表，如图 7-36 和图 7-37 所示。在数据表的窗口中可进一步查看和操作，也能插入、修改、删除、导入、导出数据表的结构和数据等，如图 7-38 所示。

图 7-35　topic 数据表

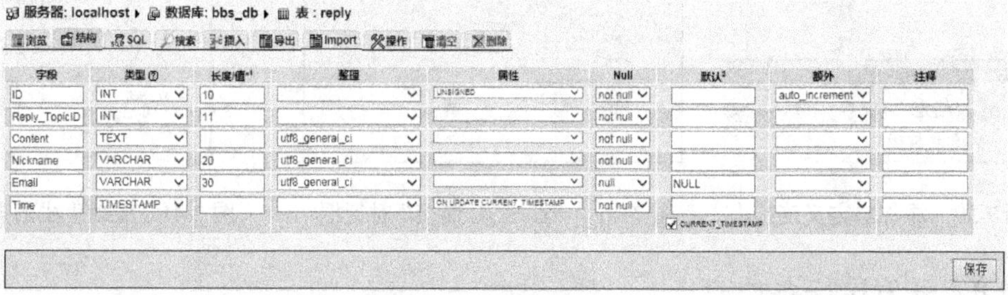

图 7-36　reply 数据表

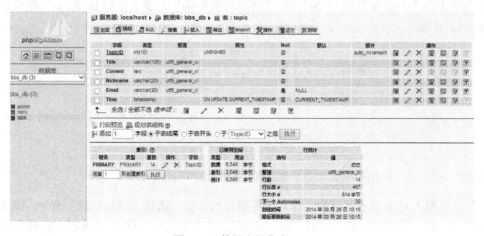

图 7-37　admin 数据表

图 7-38　数据表操作窗口

7.4.7 连接论坛数据库

在 Dreamweaver 中打开 post.php，选择"窗口"→"数据库"命令，打开"数据库"面板，在面板中选择"MySQL 连接"命令，如图 7-39 所示，然后在弹出的"MySQL 连接"对话框中设置连接名称为"bbs_conn"，MySQL 服务器为"localhost"、用户名为"root"密码为"123456"，选择数据库"bbs_db"，如图 7-40 所示，单击"测试"按钮，弹出"成功创建连接脚本"对话框表示数据连接已经建立，连接成功后会在"数据库"面板中显示刚建立的"bbs_conn"的连接，打开该连接显示的数据表和表字段，如图 7-41 所示。该操作自动生成数据库连接文件 bbs_conn.php，存储在站点根目录的"Connections"文件夹中。

图 7-39 添加自定义连接串　　图 7-40 "MySQL 连接"对话框　　图 7-41 成功生成的连接串

7.4.8 开发论坛各功能

1. 创建"发表新主题"页面

（1）打开 post.php，在<div id="con_main_detail">区域中先添加 form 表单，表单和表单项使用规范化命名，将 form 表单的 Name 和 ID 命名为 frmtopic，一个提交只能有一个表单。

再添加表格、文本框、按钮，用 CSS 样式美化。各控件的 Name 和 ID 相同，"昵称"文本框为 txtNickname、最多字符数为 20（maxlength="20"），"邮箱"文本框为 txtEmail、最多字符数 30，"标题"文本框为 txtTitle、最多字符数 100，"内容"多行文本框为 txtContent、行数为 7，"发表主题"为提交按钮 btnSubmit，"清除您的咨询"为重置按钮 btnReset。完成后的效果如图 7-42 所示。

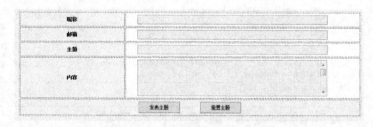

图 7-42 "发表新主题"页面的表单和表格布局

（2）使用插入记录服务器行为。打开服务器行为面板，选择"插入记录"命令，弹出"插入记录"对话框，选择数据连接文件"bbs_conn"，选择插入的数据表"topic"，新增完成后转到"index.php"，已经事先做好了表单页面，并且已经按照规范名称设置好了表单文本框的名称，方便与数据库字段对应，同时设置好了数据类型，如图 7-43 所示，设置完成后单击"确定"按钮，在服务器行为面板中显示"插入记录（表单）"的服务器行为。

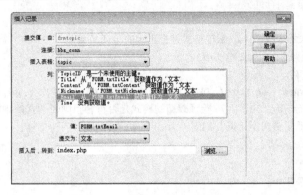

图 7-43 "插入记录"对话框

设置完成后保存该页面，按 F12 键预览，在表单中输入测试数据，发表新主题后使用 phpMyAdmin 打开数据库，即可查看刚才提交的数据是否已经成功写入数据表。

（3）测试网页后，如果发现昵称、主题、内容为空，则会提交报错，邮箱不正确也能提交，在通过客户端添加 jQuery 检查数据可否为空、格式是否正确后，才能向服务器端插入记录。

新建"validate.js"，存储在"JS"文件夹中，在 post.php 中添加文件的超链接，添加代码如下。

```
$(function(){
  $("#frmtopic").submit(function(){//ID 为 frmtopic 的表单提交时执行
    if(checkNickName() && checkTitle() && checkContent() && checkEmail()){
      return true; }//返回 true，表单会向服务器端提交
    else {
      return false; }//返回 false，表单不会向服务器端提交
  });
});
function checkNickName(){ //昵称是否为空的验证函数
  if($('#txtNickname').val().length == 0) {
    alert("*昵称不能为空！");
    return false; }
  else {
    return true; }
}
function checkTitle(){ //标题是否为空的验证函数
  if($('#txtTitle').val().length == 0) {
    alert("*主题不能为空！");
    return false; }
  else {
    return true; }
}
function checkContent(){//内容是否为空的验证函数
  if($("#txtContent").val().length == 0) {
    alert("*内容不能为空！");
```

```
        return false; }
      else{
        return true; }
  }
  function checkEmail(){//邮箱格式是否正确的验证函数
    var mail=$("#txtEmail").val();
    if(mail!=""){
      var reg = new RegExp(/^[\w-]+(\.[\w-]+)*@([\w-]+\.)+[a-zA-Z]+$/);
      if(!reg.test(mail)){  //验证邮箱的格式是否符合正则表达式的规则
        alert("邮箱格式不正确！");
        return false;}
      else{
        return true;}
    }
    else {
      return true;}
  }
```

知识解说：

（1）jQuery 脚本运行在客户端，由浏览器直接解释执行。

（2）服务器行为自动生成的是 PHP 代码，运行在服务器端，由服务器执行后生成网页代码，通过网络返回给浏览器后再显示。

（3）对于网页中输入的数据而言，其可否为空、格式的要求等需通过客户端验证正确后才送到服务器端并添加到数据库中。如果由数据库直接检查数据，则会抛出错误的信息，用户无法阅读；如果直接在服务端程序检查后再返回检查结果，则返回的时间慢，也浪费服务器资源。

2. 创建"社区主页"

（1）打开 index.php，添加表格布局，只添加一个表格，其他列表项表格通过 PHP 代码循环生成，如图 7-44 所示。

图 7-44 社区主页的列表布局

（2）打开"绑定"面板，添加"记录集（查询）"。在"记录集"对话框中设置记录集名称 rs_topics，选择连接 bbs_conn 和数据表 topic，最新的主题显示在最前面，将排序设置为 Time 降序，如图 7-45 所示，确定后记录集成功建立。

（3）在"绑定"面板中打开记录集显示字段名称，如图 7-46 所示，将 Title 记录集字段拖动到主题下方单元格中，将 Nickname 记录集字段拖动到发表人下方单元格中，将 Time 记录集字段拖动到时间下方单元格中。

（4）通过 Dreamweaver 的标签选择器选中表格，在服务器行为面板中选择"显示区域"→"如果记录集不为空则显示区域"命令，弹出"如果记录集不为空则显示"对话框，如图 7-47 所示。

（5）再次选中表格，在服务器行为面板中选择"重复区域"命令，弹出"重复区域"对话框，如图 7-48 所示，每页显示 10 条记录。

图 7-45 "记录集"对话框

图 7-46 "绑定"面板中的记录集

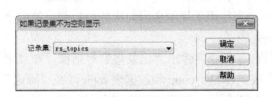

图 7-47 "如果记录集不为空则显示"对话框

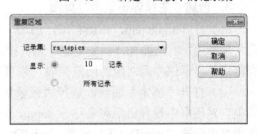

图 7-48 "重复区域"对话框

（6）将光标定位在"如果记录集不为空则显示"区域之外，选择"插入"→"数据集"→"记录集分页"→"记录集导航条"命令，弹出"记录集导航条"对话框，如图 7-49 所示，选中"文本"复选框。自动生成了一个包含"第一页"、"前一页"、"下一页"、"最后一页"的导航表格，给表格添加 CSS 样式右对齐。

图 7-49 "记录集导航条"对话框

如果不足 10 条数据，则预览时不会显示分页导航条。

通过 Dreamweaver 添加动态数据和行为后，效果如图 7-50 所示。

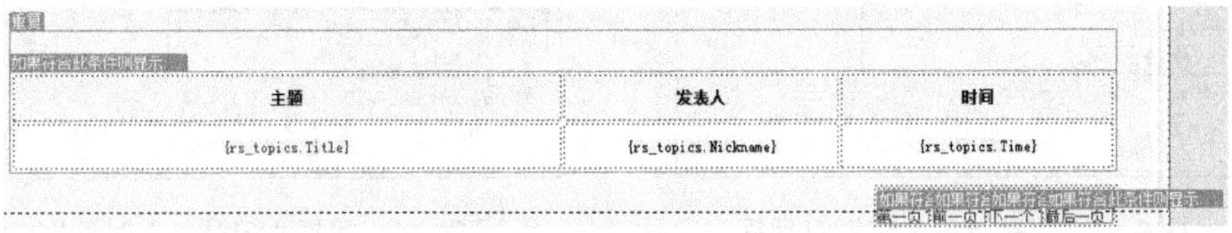

图 7-50 添加动态数据和行为后的效果图

（7）列表中的主题标题超链接到主题详细显示页面。选中页面上的{rs_topics.Title}，在"属性"面板中单击超链接输入框后的"浏览文件"图标，如图 7-51 所示，除了 URL 超链接到 topic.php 外，还要设置 URL 参数，参数名称为 TopicID，单击参数值后的动态数据按钮，弹出"动态数据"对话框，选择 rs_topics 记录集中的 TopicID 字段，如图 7-52 所示。完成后的超链接地址为 topic.php?TopicID=<?php echo $row_rs_topics['TopicID']; ?>。在超链接时该参数值会随着 URL 传到 topic.php，通过 URL 参数 TopicID 即可获取其值。

（8）预览测试网页，检查列表显示、分页、超链接等功能是否正确。

图 7-51　带参数的超链接设置　　　　　图 7-52　"动态数据"对话框

3. 创建"主题详细显示"页面

（1）打开 topic.php，添加布局，添加一个 DIV 和两个表格，第一个 DIV 左边添加 ">>>" 及主题标题，右边添加"回复主题"超链接，第一个表格用于显示主题对应的内容等，第二个表格用于显示该主题对应的回复列表，每页 10 条列表。

（2）打开"绑定"面板，选择"记录集（查询）"命令，弹出"记录集"对话框，在"记录集"对话框中设置记录集名称 rs_topic，选择连接文件 bbs_conn 和数据表 topic，在"筛选"选项组中设置 TopicID=URL 参数 TopicID，如图 7-53 所示，以建立筛选到指定主题的记录。这里只能筛选出一条记录。

（3）再次添加"记录集（查询）"。在"记录集"对话框中设置记录集名称为 rs_reply，选择连接文件 bbs_conn 和数据表 reply，筛选为 Reply_TopicID=URL 参数 TopicID，如图 7-54 所示，以建立筛选到指定主题的回复记录集。

图 7-53　主题"记录集"对话框　　　　图 7-54　回复"记录集"对话框

（4）在"绑定"面板中打开记录集，将记录集字段拖动到对应单元格中，如图 7-55 所示。

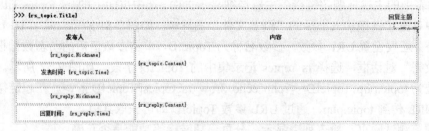

图 7-55　两个记录集的字段应放置的位置

（5）选择 DIV 区域和第一个主题显示表格，在服务器行为面板中选择"显示区域"→"如果记录集不为空则显示区域"命令，选择 rs_topic 记录集。

（6）选择两个回复列表的表格，在服务器行为面板中选择"显示区域"→"如果记录集不为空则显示区域"命令，选择 rs_reply 记录集。

（7）选择第二个回复列表的表格，在服务器行为面板中选择"重复区域"命令，每页显示 10 条记录。

（8）将光标定位在"如果记录集不为则显示"区域之外，选择 "插入"→"数据集"→"记录集分页"→"记录集导航条"命令，选择文本导航条。生成的导航条表格需选择 CSS 样式右对齐。

（9）创建回复主题的超链接。

回复数据表中如果没有指定主题的回复数据，则该区域是不会显示的，需要在数据表中添加回复数据或者完成 reply.php 回复页面后再添加回复，进行回复测试，以 10 条记录分页。

"回复主题"超链接显示在主题标题的右侧，选中此超链接，给它添加一个附带 URL 参数的超链接，如图 7-56 所示。该参数值是关联的该页显示的主题的 TopicID 字段值，用来进入 reply.php 页面，添加回复时写入到数据表 reply 中的 Reply_TopicID 字段里。

图 7-56　"回复主题"超链接的参数

（10）预览测试网页，检查超链接、列表显示、分页功能等是否正确。

4. 创建"回复主题"页面

（1）打开 reply.php，添加 form 表单，将表单的 Name 和 ID 命名为 frmreply，在表单中添加表格、文本框、按钮，用 CSS 样式美化。表单和表单中的项使用规范化命名，"昵称"、"邮箱"、"内容"分别命名为 txtNickname、txtEmail、txtContent，其他布局设置与发表新主题相同。

（2）回复主题除了在页面效果上与 post.php 类似外，在功能上也大同小异，差别在于多了一个隐藏字段 Reply_TopicID。将 topic.php 页面传过来的 URL 参数存储在 URL 变量中。

在"绑定"面板中添加"URL 变量"，如图 7-57 所示，然后在"URL 变量"对话框中定义，这样设置后，URL 参数 TopicID 会存储在 URL 变量中。

 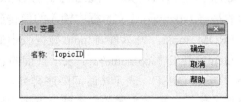

（a）"URL 变量"命令　　　　　　（b）"URL 变量"对话框

图 7-57　添加 URL 变量

在表单中添加隐藏域，命名为 hidReply_TopicID，将动态数据"URL 参数 TopicID"绑定到隐藏域的值，或者从"绑定"面板中直接拖动到隐藏域的值，如图 7-58 所示。

（3）使用插入记录服务器行为。打开服务器行为面板，选择"插入记录"命令，弹出"插入记录"对话框，按图 7-59 进行设置。隐藏域 hidReply_TopicID 的值对应的 Reply_TopicID 字段。

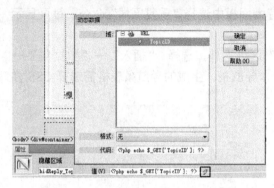 

图 7-58 "隐藏域"值绑定 URL 变量　　　　　图 7-59 "插入记录"对话框

（4）打开 validate.js，添加验证 frmreply 表单的客户端代码，验证昵称、内容不能为空，邮箱格式必须正确，才能提交。

（5）设置完成后保存该页面，按 F12 键预览，在表单中输入测试数据，回复主题后回到 topic.php，查看数据是否提交成功，使用 phpMyAdmin 打开 reply 数据表，查看刚才提交的数据是否已经成功写入数据表。

5．创建"社区搜索"页面

（1）打开 index.php，另存为 seach.php，对其进行修改。

（2）在表格（包含它的重复区域、如果条件不为空则不显示）上方搜索表单，如图 7-60 所示。

图 7-60 搜索表单

切换到代码视图，将 form 表单的代码修改如下。

```
<form action="search.php" method="POST" name="frmsearch">
```

"搜索关键字"文本框的命名为 txtkeyword，"搜索"按钮为提交按钮，命名为 btnSubmit。

（3）打开"绑定"面板，双击"记录集（rs_topics）"进行修改。在"记录集"对话框中添加筛选，Content 字段包含表单变量 txtkeyword，如图 7-61 所示。单击"高级"按钮，弹出高级设置对话框，如图 7-62 所示，其中 colname 是 Dreamweaver 默认用来在 SQL 语句中表示变量的，这里表示的是将 txtkeyword 文本框中输入的值传到查询语句中。

SELECT * FROM topic，表示查询 topic 数据表中的所有字段。

WHERE Content LIKE %colname% ，表示查询的条件，Content 字段包含（like）的变量。

ORDER BY 'Time' DESC，表示按时间降序排列。

筛选条件添加了代码，表示主题的内容或标题或昵称包含了 txtkeyword 文本框中输入的值，或者回复的内容或昵称也包含，or 表示或者。

图7-61 简单"记录集"对话框　　图7-62 高级"记录集"对话框

```
SELECT *
FROM topic
WHERE Content LIKE %colname% or Title LIKE %colname% or Nickname LIKE %colname%
 or TopicID in (select Reply_TopicID from reply
where Content LIKE %colname% or Nickname LIKE %colname%)
ORDER BY `Time` DESC
```

（4）预览测试网页，检查搜索能否正确查询出结果，同时测试其他功能是否正确。

6. 创建"管理员登录"页面

（1）打开 adminlogin.php，添加表单，表单命名为 frmlogin ，"用户名"文本框的名称为 txtUsername，"密码"文本框的名称为 txtUserPWD，效果如图 7-63 所示。

（2）选中表单，打开服务器行为面板，选择"用户身份验证"→"登录用户"命令，弹出"登录用户"对话框，在对话框中设置好各项参数，如图 7-64 所示。

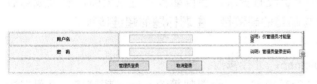

图 7-63　管理员登录页面的表单布局　　图 7-64　"登录用户"对话框

（3）打开 adminloginError.php，输入文字"登录用户名或密码错误，不能登录！返回"，设置"返回"的超链接为 adminlogin.php。

（4）打开数据库，在 admin 数据表中添加用户名和密码，测试网页，输入正确的用户名、密码后转到"adminindex.php"页面，不正确时转到"adminloginError.php"页面。

7. 创建"社区管理"主页

（1）打开 index.php，另存为 adminindex.asp，对其进行修改。

（2）在"发表人"显示值的下方显示邮箱超链接，直接从"绑定"面板的记录集中将邮箱拖动到页面中，如图 7-65 所示。选中页面上的 {rs_topics.Email}，在"属性"面板中单击超链接输入框后的"浏览文件"图标，选择文件来自"数据源"，选择记录集的 E-mail，再在"URL"文本框中添加代码 mailto:，如图 7-66 所示。

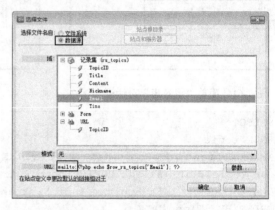

图 7-65 邮箱字段的拖放位置　　　　图 7-66 邮箱超链接的绑定

（3）修改主题标题的超链接 topic.php 为 admintopic.php，URL 参数保持不变。

（4）限制未登录的用户查看该页。打开服务器行为面板，选择"用户身份验证"→"限制对页的访问"命令，在弹出的"限制对页的访问"对话框中设置各项参数，如图 7-67 所示。

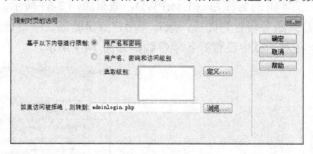

图 7-67 "限制对页的访问"对话框

（5）直接预览"adminindex.php"页，由于没有登录，会自动转到登录页面，登录成功后才会转向该页面。再测试页面的邮箱显示与邮箱的超链接，主题标题的超链接等。

8. 创建"管理主题"页面

（1）打开 topic.php，另存为 admintopic.php，进行修改。

（2）在"发布人"显示值的下方显示邮箱超链接，并设置邮箱的 mailto 超链接。设置方法同"社区管理"主页。

（3）删除"回复主题"超链接。

（4）限制未登录的用户查看该页，设置方法同"社区管理"主页。

（5）在回复表格"回复时间"单元格的下一行，插入文字"删除回复"，设置超链接到 admindeletereply.php，并加上 URL 参数 ReplyID 和 TopicID，用"&"符号连接两个参数，设置完成后的超链接地址为 admindeletereply.php?ID=<?php echo $row_rsReply ['ID']; ?>&TopicID=<?php echo $row_rstopic['TopicID']; ?>。

（6）创建"删除回复"页面。新建 admindeletereply.php，该页面不显示，不用添加任何表单和表格，在服务器行为面板中选择"删除记录"命令，弹出"删除记录"对话框，如图 7-68 所示，选择 bbs_conn 连接，选择要删除记录的数据表 reply，主键列为 ReplyID，主键值为步骤（5）中传到该页面的 URL 参数 ReplyID，删除成功后转到 admintopic.php 页面。主键值带的是双参数，转回时才能将另外一个 URL 参数 TopicID 传回，"管理主题"页面才能正确显示。

图 7-68 "删除回复"页面的"删除记录"对话框

（7）在主题表格的"发表时间"单元格的下一行插入文字"删除主题"，设置超链接到 admindeletetopic.php，并带上 URL 的参数 TopicID，设置完成后的超链接地址为 admindeletetopic.php?TopicID=<?php echo $row_rstopic['TopicID']; ?>。

（8）创建"删除主题"页面。此功能需先删除该主题的所有回复，再删除该主题。新建 admindeletetopic.php，此页面不显示，不用添加任何表单和表格。在服务器行为面板中选择"删除记录"命令，如图 7-69 所示，选择要删除记录的数据表 reply，主键列为 Reply_TopicID，主键值为步骤（7）中传到该页面的 URL 参数 TopicID，删除成功后不转向任何页面，为的是执行下一个删除 topic 数据表中记录的命令，删除成功后再转向 adminindex.php，如图 7-70 所示，再次选择"删除记录"命令，选择要删除记录的数据表为 topic，筛选参数是 URL 的参数 TopicID。

图 7-69 该主题的所有回复的"删除记录"对话框　　　图 7-70 该主题的"删除记录"对话框

7.5 网站测试

7.5.1 本地站点测试

1. 超链接测试和兼容性外观测试

Dreamweaver 站点的测试服务器与 Apache 配置一致，运行网站进行测试即可。安装多个常用浏览器及其不同版本，搭建测试环境。

使用 Dreamweaver 检查断开的超链接、外部超链接和孤立文件、语法错误的标签、浏览器的兼容性等，发现错误立即进行修改。

运行网站，检查每个网页上的超链接是否正确，出现超链接错误应立即更正。同时，在不同的浏览器中检查每个网页的外观，找到错误及其原因，修改后在每个浏览器中再检查一次，直至正确。

2. 程序功能、表单、数据库测试

编写测试用例再执行用例，针对论坛的每一个功能点进行测试，并且检测网站运行数据与数据库中的数据的一致性。测试结果在测试完成后填写，通过、不通过、错误截图及说明。

（1）对数据库基础数据结构的验证工作，即数据库的表名、字段名、数据类型、数据长度、数据精度、主外键约束是否满足设计说明书。

（2）结合业务逻辑在网站中进行验证，验证主要包括输入框等控件类和数据显示的数据类型、长度、精度是否满足业务需要，各种标识性字段是否能够按照设计要求判定。

（3）插入数据是否按照业务要求存放在指定位置，执行数据的修改和删除等操作时，数据是否能够同步更新，是否会出现数据丢失。在正常的业务操作中，是否会出现误删、误修改数据的情况。如果使用了默认值，则应检验默认值存储是否正确，如发表主题和回复主题时使用默认值 timestamp（系统当前时间）是否在插入时正确插入数据表。

（4）是否存在数据的非法访问，包括业务逻辑的权限限制以及数据库用户的权限限制问题，如管理员登录后才能进入管理页面，需要测试其管理权限，测试出现未登录、任意输入登录信息、特殊的登录信息等情况时，能否突破权限。

科源社区论坛测试用例如表 7-5 所示。

表 7-5 科源社区论坛测试用例

检查页面	事件	确认内容	方法	结果
社区主页	初期页面	以列表形式分页显示主题，列表项有：主题（主题标题）、发表人（昵称）、时间	单击导航栏中的"科源社区"按钮，进入科源社区模块的社区首页	
	分页	能根据 Time 排序正确分页检索主题列表，每页 10 条记录	单击"第一页"、"上一页"、"下一页"、"最后一页"按钮，显示不同的列表	
	超链接	每个主题标题都是超链接，都能链接到对应的主题详细显示页面	选择某一主题标题并单击，进入主题详细显示页面，单击每个主题标题并查看结果	
	导航	导航栏显示科源社区的导航，包括科源首页、社区首页、社区管理、社区搜索、发表新主题	单击每个导航能进入对应的页面	
主题详细显示页面	初期页面	先显示选择的主题的标题、回复主题的超链接表格显示主题的发表人（昵称）、发表时间、内容显示其回复列表，每条列表显示回复人（昵称）、回复时间、内容	在社区主页选择某一主题标题并单击进入，在社区主页选择不同的主题标题进入	
	分页	能根据 Time 排序正确分页检索回复列表，每页 10 条记录	单击"第一页"、"上一页"、"下一页"、"最后一页"按钮，显示不同的列表	
	超链接	回复主题的超链接，链接到回复主题页面	单击回复主题链接	

续表

检查页面	事件	确认内容	方法	结果
回复主题	初期页面	显示客户回复主题时可编辑的项：昵称、邮箱、内容，回复主题、重置回复按钮	进入主题详细显示页面要单击"回复主题"按钮	
	提交	昵称、内容不能为空，为空时会提示其内容是必需的	昵称、内容全部为空时单击"回复主题"按钮，昵称、内容分别为空时再单击"回复主题"按钮	
		邮箱格式必须正确，格式不正确时会提示输入正确的邮箱	昵称、内容不为空时，邮箱输入不正确的邮箱格式时，单击"回复主题"按钮	
		输入正确数据，跳转到正确的主题详细显示页面，能看到刚发表的回复	昵称、标题、内容输入正确数据后单击"回复主题"按钮	
	清除	将输入内容清除后重写	输入数据后单击"重置回复"按钮	
发表新主题	初期页面	显示客户发表新主题时可编辑的项：昵称、邮箱、标题、内容，发表主题、重置主题按钮	进入社区模块后，在导航中单击"发表新主题"按钮进入该页面	
发表新主题	提交	昵称、标题、内容不能为空，为空时会提示其内容是必需的	昵称、标题、内容全部为空时单击"发表主题"按钮，昵称、标题、内容分别为空时再单击"发表主题"按钮	
		邮箱格式必须正确，格式不正确时会提示输入正确的邮箱	昵称、标题、内容不为空时，邮箱输入不正确的邮箱格式时，单击"发表主题"按钮	
		输入正确数据，跳转到社区主页，能看到刚发表的主题	昵称、邮箱、标题、内容输入正确数据后单击"发表主题"按钮	
	清除	将输入内容清除后重写	输入数据后单击"重置主题"按钮	
社区搜索	初期页面	显示搜索时可输入关键字的文本框，搜索按钮	进入社区模块后，在导航中单击"社区搜索"按钮进入该页面	
	提交	主题标题或内容或昵称、或回复的内容、或昵称包含输入的关键字，则显示主题列表为空则显示全部主题列表项：主题（主题标题）、发表人（昵称）、时间	在关键字文本框中输入关键字，单击"搜索"按钮更换不同的关键字，单击"搜索"按钮关键字为空时，单击"搜索"按钮	
	分页	能根据 Time 排序正确分页检索主题列表，每页10 条记录	单击"第一页"、"上一页"、"下一页"、"最后一页"按钮，显示不同的列表	
管理员登录页面	初期页面	显示管理员登录可输入的用户名和密码，管理员登录、取消登录按钮	进入社区模块后，导航中单击"社区管理"按钮，管理员未登录时进入该页面	
	管理员登录	若输入空的、错误的、特殊符号的用户名和密码，则不能登录	输入空的、错误的、特殊符号的用户名和密码时单击"管理员登录"按钮	
		输入正确的用户名和密码，登录成功后进入后台咨询管理页面	输入正确的用户名和密码后单击"管理员登录"按钮	

续表

检查页面	事件	确认内容	方法	结果
社区管理主页	权限检查	未登录的用户不能进入该页面，跳转到管理员登录页面	进入社区模块后，在导航中单击"社区管理"按钮	
		管理员登录后能进入该页面	管理员登录后	
	初期页面	以列表形式分页显示主题，列表项：主题（主题标题）、发表人（昵称、邮箱）、时间	进入社区模块后，在导航中单击"社区管理"按钮，管理员登录成功后进入	
	分页	能根据Time排序正确分页检索主题列表，每页10条记录	单击"第一页"、"上一页"、"下一页"、"最后一页"按钮，显示不同的列表	
	链接	每个主题标题都是超链接，都能链接到对应的主题管理页面	选择某一主题标题后单击，进入主题管理页面，单击每个主题标题后查看结果	
主题管理页面	权限检查	未登录的用户不能进入该页面，跳转到管理员登录页面	在浏览器中输入地址 http://localhost:8080/ky-CustomerService/bbs/admintopic.php	
主题管理页面	权限检查	管理员登录后能进入该页面	管理员登录后	
	初期页面	显示选择的主题的标题 表格显示主题的发表人（昵称、邮箱）、发表时间、内容、删除主题超链接。 显示其回复列表，每条列表显示回复人（昵称、邮箱）、回复时间、内容、删除回复超链接	在社区管理主页选择某一主题标题单击后进入，在社区管理主页选择不同的主题标题进入	
	分页	能根据Time排序正确分页检索回复列表，每页10条记录	单击"第一页"、"上一页"、"下一页"、"最后一页"按钮，显示不同的列表	
	删除回复	删除一条回复后，还在该页面中，但这一条回复会被删除，不在回复列表中显示	单击回复列表中的某一条即可删除回复	
	删除主题	删除该条主题的全部回复，删除该条主题，网页转到社区管理主页，该主题已删除，不在主题列表中显示	单击该页的删除主题	

7.5.2 局域网站点测试

（1）将开发用计算机配置为局域网服务器用于测试，开发使用计算机的地址，如192.168.1.5，即测试网站地址。

（2）将默认网站的主目录设置为站点根文件夹，选择"开始"→"AppServ"→"Configuration Server"→"Apache Edit the httpd.Configuration"命令，打开Apache配置，搜索关键词DocumentRoot，其后面的路径即为网站主目录，由"C:\AppServ\www"更改为"C:\AppServ\www\ky-CustomerService"，修改完DocumentRoot后必须修改Directory参数。文件设置完成后保存。这样修改后，局域网内其他计算机的访问网站的测试地址即为http://192.168.1.5:8080，地址后不再添加文件夹名，但因安装时没有使用默认端口，故端口还是需要的。

选择"AppServ"→"Control Server by Service"→"Apache Restart"命令，或者打开"控制面板"→"管理工具"→"服务"窗口中的"Apache 服务"，重新启动后即可运行网站。

（3）搭建好测试环境后，在局域网中使用配置的网站地址，运行网站进行超链接、兼容性外观、功能、表单、数据库测试。

 任务总结

【巩固训练】

根据工作任务 6 巩固训练中的网站界面设计，完成网站的页面制作。具体要求如下。
（1）根据搜索引擎优化的策略，规划和创建网站的超链接和目录结构。
（2）根据搜索引擎优化的策略，规划页面结构，应用 DIV+CSS 的网页布局技术编制优化的页面代码。
（3）创建符合网站需求的 jQuery 特效。
（4）完成网站的社区论坛或其他动态网站功能。
（5）编写测试用例，测试网站，修正错误。

【任务拓展】

拓展 1：总结归纳浏览器兼容性问题的解决方法，改善 DIV+CSS 布局技术。
拓展 2：如何通过网站结构、网页结构、网页代码的优化，提高在搜索引擎中的排名？
拓展 3：在网站设计与制作时应该养成哪些习惯，以方便网站以后的进一步优化？
拓展 4：关键字密度、关键字词频、辅关键字、关键字分布策略如何在网页制作中应用？
拓展 5：理解 jQuery 的语法和规则，为网站添加更多的 jQuery 特效。
拓展 6：理解 PHP 和 MySQL 技术，完善社区论坛。
拓展 7：使用 PHP 向导方法创建在线咨询功能、会员功能、博客功能、相册功能、新闻发布浏览功能等。

【参考网站】

jQuery 教程：http://www.enet.com.cn/eschool/zhuanti/php/。

硅谷动力之 jQuery 视频教程：http://www.enet.com.cn/eschool/video/jQuery/。

PHP 教程：http://www.w3school.com.cn/php/。

PHP 视频教程：http://www.enet.com.cn/eschool/zhuanti/php/。

【任务考核】

（1）是否结合搜索引擎优化策略进行了 DIV+CSS 样式的布局。
（2）网页效果与界面设计效果是否一致。
（3）是否应用了 jQuery 添加了网站特效。
（4）是否使用 PHP+MySQL 技术创建了动态网站功能。
（5）是否编写测试用例，测试动态网站功能是否正确。
（6）是否进行了超链接测试、兼容性外观测试。

工作任务 8 运营客户服务网站

任务导引

（1）申请支持 PHP、MySQL 技术的虚拟主机网站空间。
（2）完成工信部网站备案，绑定域名和空间，使用 FTP 发布网站。
（3）通过策划商业活动与搜索引擎优化工具进行网站的推广。
（4）维护网站空间，保障网站正常运行。

8.1 网站发布

科源公司的客户服务网站必须具有支持 PHP+MySQL 动态网站的能力，要能满足 7×24 的客户服务，应具有较快的网速和较好的稳定性，网站空间需更换，重新申请。为了方便老客户的使用，继续使用原来的域名，但需重新绑定新空间和备案。

8.1.1 虚拟服务器选择技巧

选择虚拟服务器时，应考虑的主要因素包括网站空间的大小，操作系统，对一些特殊功能（如数据库）的支持，网站空间的稳定性和速度，网站空间服务商的专业水平等。

1. 功能要求

虚拟主机有多种不同的配置，如操作系统、支持的脚本语言及数据库配置等，要根据自己网站的配置要求进行选择。

2. 性能要求

1）负载量

它的重要性要远远高于空间容量，虽然虚拟主机业务应用的前提是建立在多个用户共同分享一台独立服务器资源的基础上实现的，如果共享用户过多、服务器属于超量负载，势必会导致服务器稳定性差，出现 CPU 处理能力低下、程序运行困难等状况，用户的网站在被访问时会频繁遇到诸如"找不到相关页面"、"无法连接到数据库"等问题，甚至不能进行访问。

2）连接数、流量和网站空间容量

连接数是指瞬间内能够同时接受申请打开用户网站页面的人数，连接数值的大小直接关系到用户网站的登录水平。如果连接数限制得较少，那么同时访问用户网站的人数就不会太多，用户网站便会出现让访问者等待时间长等不顺畅的情况。

流量是指网站支持每个月多少用户的访问量,是根据用户网站提供的内容和用户访问量来计算的,假设网站的某个页面是 10KB,平均每天有 100 人访问,则一天的流量是 1MB。如果流量数值很小,则网站空间再大也无用处,因为这会使用户网站的浏览速度变得非常慢。所以要根据网站系统程序、以后运营中产品图片的多少、在线人数来预算空间的容量,应留有足够的余量,以免影响网站正常运行。一般来说,虚拟主机空间越大、IIS 及流量配置越大,价格也相应较高,因此需在一定范围内权衡,是否有必要购买更大的空间。

3)网站速度

决定网站速度的其中一个主要因素是机房环境线路,可根据网站访客对象选择适合的主机空间机房线路。若访客的主要群体是欧美用户,则最好选择美国的虚拟主机;若访客的主要群体是亚太地区或海外华侨,若最好选择香港的虚拟主机;若访客的主要群体是国内用户,则最好选择国内的双线虚拟主机。当然,如果客户群体只是当地的北方或南方客户,则应选择单电信或单网通的空间,但优势不及双线空间。双线空间价格昂贵,是单线的两倍以上。

4)网站数据的安全性

网站也会被病毒和木马感染。例如,IE 浏览器层出不穷的漏洞,FTP 账号密码泄密、网站程序存在的脚本缺陷等都会轻易地被黑客入侵。此外,数据的备份功能非常重要,网站程序难以避免出现技术人员误操作、网站被入侵,或者空间服务器不可避免地会发生各种各样的故障,如系统硬件、网络故障、机房断电等导致的数据丢失,这时备份关系到数据的安全。

5)服务器的地域分布

国内空间速度较快,性能稳定,但需要备案。香港空间速度快,性价比高,稳定性一般。国外空间便宜,不需备案,但需要使用英语。

6)服务商的信誉和售后服务

由于域名、主机、邮局等 IDC 产品有其特殊性,它的价值是在长期使用过程中积淀下来的,后续稳定服务又是它的重中之重。一般来说,规模较大的服务商,其在硬件设备、网络资源、安全保障、人力资源、商业信誉等方面有较多投入,能对用户网站的安全、负载均衡、稳定性、速度等做出有效保障,服务也能到位。

8.1.2 申请动态网站空间

(1)通过搜索引擎找到提供网站空间服务的空间提供商,如 http://www.jsj5.com(计算机屋),在该网站上申请会员后进入其虚拟产品目录,寻找支持 PHP、MySQL 技术网站空间。经过比较测试后,确定使用 100MB 的国内虚拟空间,如图 8-1 所示。

(2)使用电子银行进行在线付款,付款完成后开通虚拟主机并进入用户管理中心,选择"主机管理"选项,显示主机产品列表,单击对应主机的"管理"按钮,进入虚拟主机控制面板,记住"服务器 IP"、"FTP 用户名密码"、"数据库用户名密码",注意 FTP 用户名与数据库用户名的不同。

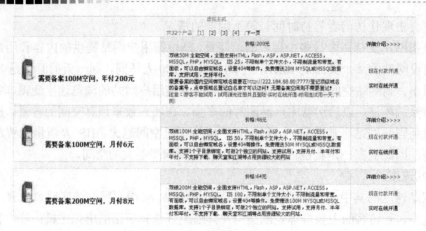

图 8-1 虚拟主机产品

8.1.3 工信部网站重新备案

当网站空间发生变化后，需要重新备案才能正常访问。为方便以后网站备案，可直接在工信部网站进行在线备案，再进行访问。

（1）进入工信部网站（http://www.miibeian.gov.cn）进行备案，首先注册为"备案信息报备用户"，阅读使用声明页面并单击"接受"按钮，进入 ICP 备案流程后单击"接受"按钮，填写网站主办者用户注册信息、手机和邮件地址，单击"注册"按钮后手机和邮件将收到验证码。注册完成后重新输入用户名、密码及网页验证码登录，提示输入手机和邮件验证码，单击"提交"按钮后进入备案管理系统。如果是新用户，则系统会显示"没有录入备案信息"提示，选择左侧"备案信息录入"中的信息录入，进入信息录入页面。

（2）填写 ICP 备案主体的详细信息，如果是个人申请备案，则主体负责人应与主办单位信息一致，即个人的详细信息。然后依次填写网站信息、接入详细信息（虚拟空间提供商信息），单击"提交"按钮后会显示网站接入服务提供者信息，当"接入数"由 0 变为 1 时，表明备案信息填报完成，等待审核。

（3）工信部在 20 个工作日内会完成审批，一旦网站备案成功就会收到确认邮件。

经验分享：

网站备案可以自主通过官方备案网站在线备案，或者通过当地电信部门进行备案，大部分网站备案都通过官方备案网站进行备案。

通过官方备案网站备案的基本流程如下。

（1）明确法律责任。

（2）注册网站主办者的个人信息。

（3）完成手机验证。

（4）填写完整的 ICP 注册信息并确认。

（5）等待管理部门审批。

8.1.4 绑定域名与空间

（1）空间提供商要求绑定域名到虚拟空间上，域名必须备案成功后才可进行。在收到工信部确认备案审批邮件后，登录到虚拟空间网站上完成域名的绑定，登录到域名注册网站完成域名解析。

（2）进入虚拟主机空间申请网站，登录到用户管理中心，选择"主机管理"选项，显示虚拟主机产品的列表信息，单击对应主机的"管理"按钮进入虚拟主机控制面板。选择控制面板左侧的"绑定域名"选项，进入绑定域名列表，申请虚拟空间时，空间服务提供商已经为产品提供了一个免费三级域名。在绑定域名页面中，输入已经申请的域名 94ky.com，单击"增加"按钮后进入"网站备案"的审核页面。通过域名可查询备案信息及备案编号，备案审核成功后单击"保存"按钮，绑定成功。

（3）进入域名申请网站，登录到用户管理中心，单击"域名管理"按钮，在域名详细信息列表中选择对对应域名进行管理，进入域名详细管理页面，选择"DNS 解析管理"选项，单击"增加 IP"按钮，增加域名解析记录，填写主机名和空间对应的 IP 地址，如 222.184.88.117，如图 8-2 所示，单击"添加"按钮完成域名解析。

图 8-2　添加域名解析记录

8.1.5　数据库配置

1. 数据库导出

在开发用的计算机上使用 MySQL 的 Web 管理工具 phpMyAdmin，打开"bbs_db"数据库，将主题表和回复表的测试数据删除，可添加一些与网站服务相关的典型的主题和回复。回到 phpMyAdmin 的主界面，如图 8-3 所示，单击下方的"导出"链接，进入导出视图界面，如图 8-4 所示，视图的左上面是选择要导出的数据库 bbs_db，左下面是单选按钮组，选择导出的类型，选中"SQL"单选按钮，右边是导出的相关选项，在下边选择是否保存为文件和文件的格式。单击"执行"链接，生成数据库创建的 SQL 代码，并保存为文件，可不压缩。

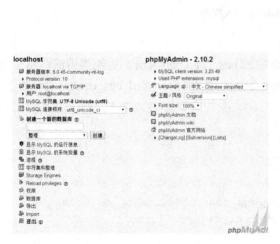

图 8-3　phpMyAdmin 主界面　　　　图 8-4　phpMyAdmin 数据库导出视图

知识解说：

（1）默认情况下，在数据还原过程中发现原始数据表、字段或记录存在时，会产生错误信息而中断操作。可在备份时选中"结构"选项组中的"Add IF NOT EXISTS"复选框与"数据"选项组中的"忽略插入"单选按钮，它们的作用是在 SQL 文件导入时，若发现数据库内已有同样的数据表或记录，则可以忽略，而不中断操作。

（2）选中"Add IF NOT EXISTS"，会在上述 SQL 语句中增加 If Not Exists，而选中"忽略插入"单选按钮，会在每个 Insert 后面加入 Ignore，这两个语句的效果如下。

① 数据表不存在时才处理建立数据表的 SQL 语句。

② 该条记录不存在（检查主键）时才新增记录。

（3）取消选中"另存为文件"复选框，单击"执行"按钮，在弹出的页面中会有建立数据表、字段、新增记录的 SQL 语句。

2. 数据库导入

网站空间提供了 Web 管理工具 phpMyAdmin 连接 MySQL 数据库并进行管理，在浏览器中输入地址 "http://222.184.88.117/phpMyAdmin"，输入空间提供的数据库用户名和密码，进入管理主界面，单击其中的"Import"或"导入"链接，进入导入视图界面，如图 8-5 所示，在"File to import"（加载文件）选项组中，单击"浏览"按钮选择上一步导出的数据库文件，单击下方的"执行"按钮，等待其导入完成。

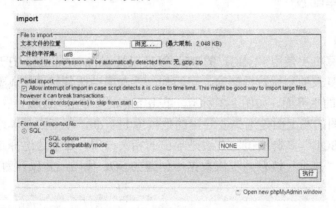

图 8-5　phpMyAdmin 导入视图

3. 更改数据库超链接文件

打开网站根目录下的"Connections"文件夹中的 bbs_conn.php 文件，更改申请的网站空间的数据库的用户名和密码，分别是变量$username_bbs_conn 和$password_bbs_conn，代码如下。

```php
<?php
$hostname_bbs_conn = "localhost";
$database_bbs_conn = "bbs_db";
$username_bbs_conn = "user28247";
$password_bbs_conn = "IKlKpO0sorjP";
$bbs_conn = mysql_pconnect($hostname_bbs_conn, $username_bbs_conn,
        $password_bbs_conn) or trigger_error(mysql_error(),E_USER_ERROR);
?>
```

8.1.6 使用 FTP 上传网站

数据库配置完成后,使用 FileZilla 上传网站所有文件,包括上一步更改的数据库的超链接文件。

(1)配置 FTP 连接属性。启动 FileZilla,进入其主界面,如图 8-6 所示。在"主机"文本框中输入主机地址,即 FTP 上传地址,如 222.184.88.117。在"用户名"、"密码"文本框中分别输入用户名和密码,如 FTP 上传账号为 28247、FTP 上传密码为 NlwuzqYXOjdg,单击"快速连接"按钮,即可连接远程主机。

(2)连接成功后在状态栏中显示连接状态。在要上传的文件夹上右击,在弹出的快捷菜单选择"上传"命令,上传成功后如图 8-7 所示,可在"远程站点"区域显示远程文件夹及文件。

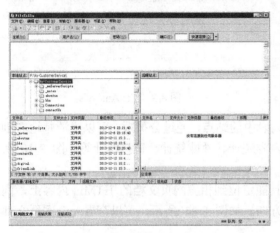
图 8-6　FileZilla 主界面

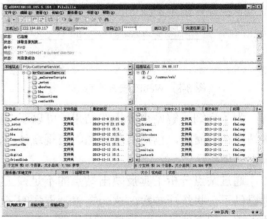
图 8-7　上传成功

8.2　网站推广

8.2.1　搜索引擎优化工具应用

IIS 搜索引擎优化工具包(IIS Search Engine Optimization Toolkit)是微软推出的第一个搜索引擎优化工具,它方便用户对网站进行 SEO 分析,识别和修补网站上的问题。

1. 安装 IIS 搜索引擎优化工具包

访问 IIS SEO 工具包主页(http://www.iis.net/download/SEOToolkit),单击其上的"install now"(现在就安装)链接,通过 WebPI(Microsoft Web Platform Installer,微软 Web 平台安装程序)来安装这个工具包,如图 8-8 所示。通过 WebPI 安装平台可有选择地安装 IIS SEO 工具包中的各种工具。

安装完毕后,可在 IIS 7 管理工具中找到新的"Search Engine Optimization(搜索引擎优化)",内含若干个 SEO 工具。

2. 使用 Search Engine Optimization 分析网站

启动 IIS 管理工具(inetmgr),单击该工具左侧树形视图中的根节点,然后在右边的"管理"中选择"Search Engine Optimization"选项,单击"Site Analysis"中的"Create a New

Analysis"链接,即可对所有远程服务器上的站点运行分析(如果选中某个网站后再打开这个工具,则直接对指定的网站进行分析),如图 8-9 所示。工具中会列出已分析过的站点,也可使用此工具对新的站点进行分析。

图 8-8　WebPI 安装平台

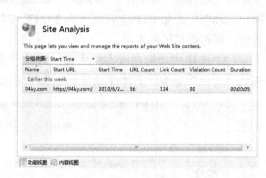

图 8-9　Site Analysis

为了详细了解站点分析的结果,可以双击列表中的站点,通过分类项,可以更清楚地看到网站存在的问题,包括汇总信息、违规统计、内容统计、性能统计、链接统计等。图 8-10 所示为违规统计。

通过站点分析工具反映出站点的不足,工具能定位到相应网页文档的 HTML 内容上,同时提供了一些统计参数,这为完善站点指明了方向。如图 8-11 所示,可以查看一个网页文件的内容、词频统计、超链接、违规等。

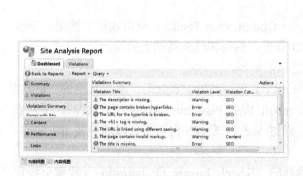

图 8-10　违规统计

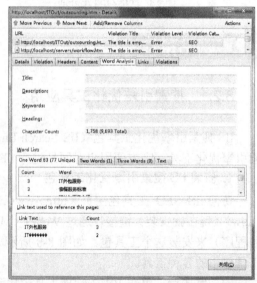

图 8-11　查看网页文件

通过图 8-10 中的信息,可以确定网页文件需要补充 title(页面标题)、description(页面描述)、keywords(关键字)、heading(正文标题)等内容,同时有词频统计,这为填写前几个要素提供了明确的参考依据。

title：IT 外包服务，如业务介绍、资费标准等。

description：介绍了 IT 外包服务的有关知识，界定了业务范围和资费标准，特别是公司推荐的套餐服务。

keywords：IT 外包服务、资费标准、套餐内容。

heading：<h1 align="center">IT 外包服务</h1>。

知识解说：

在进行搜索引擎优化时，可以借助一些第三方提供的优化工具满足某些比较特殊的需求，如检查网站超链接数量、网站被搜索引擎收录网页数量、网站的 PR 值等。它只能在一定范围内反映出某些指标的状况。应用搜索引擎优化工具的目的是检验一个网站对搜索引擎的友好程度及其可能获得的搜索排名效果。常用工具有以下 6 个。

（1）关键词工具：关键词研究工具、关键词密度、竞争对手分析。

（2）超链接工具：超链接广度、C 级 IP 地址检查、蜘蛛模拟器。

（3）可用性工具：浏览器分辨率测试、HTML 及 CSS 验证、Firefox 扩展、页面速度测试。

（4）搜索引擎优化检测工具：Google 超链接广泛度检测器、搜索引擎抓取内容模拟器、搜索引擎抓取页面数量统计器、超链接广泛度检测器、Google 排名监测工具、相似页面检测器。

（5）其他搜索引擎工具：Page Rank 预测、流量排名、搜索引擎饱和度。

（6）微软的 IIS 搜索引擎优化工具包。

最好的搜索引擎优化诊断工具正是搜索引擎本身，用搜索引擎检验网站的搜索引擎优化状况是最直接、最有效的方式，因为搜索检索结果可以带给人们大量有价值的信息，分析搜索引擎检索结果是研究网站搜索引擎优化状况的有效方法之一。

8.2.2 软文推广

通过市场策划在媒体上发表包含情感和产品关键词的文章，来打动客户，使客户知道科源产品，信任科源，这属于情感攻击，情感营销，让客户对产品产生认同感。

知识解说：

软文是指企业通过策划，在媒体上刊登的可以提升企业品牌形象、知名度或可以促进企业销售的宣传性、阐释性文章，包括特定的新闻报道、深度文章、付费短文广告、案例分析等内容，以有针对性的心理攻击迅速实现产品销售的文字或图片的文章。软文通常由企业的市场策划或广告公司的文案负责撰写。与硬广告相比，软文更具有可读性且易被客户接受，推广效果好。

撰写软文尽量原创设计，这样更易被搜索引擎收录；软文标题尽量使用网站关键词（1 或 2 个），内容上保持关键词密度，比例最好保持为 3%～8%；文案具有趣味性并且以行动为导向，文字必须能吸引来访者浏览。

经验分享：

下面这则软文是美国赫赫有名的广告大师大卫·奥格威最为人称道的得意之作。

穿"哈特威"衬衫的男人。

一套好的西装会被一件大量生产的廉价衬衫毁坏整体效果，这实在是一件愚蠢的事。因此在这个阶层的人群中，"哈特威"衬衫就开始流行了。首先，"哈特威"衬衫耐穿性极长。其次，因为"哈特威"剪裁——低斜度及"为顾客定制的"衣领，看起来更年轻、更高贵。整件衬衣不惜工本的剪裁，因而更为"舒适"。下摆很长，可深入裤腰。纽扣是用珍珠母做成的——非常大，也非常有男子气概。甚至缝纫上也存在着一种南北战争前的高雅。最重要的是"哈特威"使用从世界各地进口的最有名的布匹来缝制衬衫——从英国进口的棉毛混纺的斜纹布，从苏格兰奥斯特拉德进口的毛织波纹绸，从英属西印度群岛进口的海岛棉，从印度进口的手织绸，从英格兰曼彻斯特进口的宽幅细毛布，从巴黎进口的亚麻细布，穿戴这么完美的衬衫，会使您得到内心的满足。

"哈特威"衬衫是缅因州的小城渥特威的一个小公司中手艺人缝制的。他们祖祖辈辈已经在那里工作了整整114年。

如果想在最近的店家买到"哈特威"衬衫，请写明信片到"G.F.哈特威"缅因州·渥特威城，即复。

8.2.3 社区论坛

利用论坛发布产品使用信息、行业发展信息和解决方法，可维系客户关系，并树立公司的形象；做版块主持人，对公众关心的专题进行更广泛深入的讨论，吸引更多的用户访问并参与讨论，并实时监控网站论坛，以保留客户的信息，及时处理客户意见和建议。

8.2.4 许可 E-mail 营销

许可 E-mail 营销主要有顾客关系 E-mail、企业新闻邮件、提醒服务/定制提醒邮件、伙伴联合营销、传播营销邮件等 5 种操作方式。通过许可 E-mail 营销可以减少广告对用户的滋扰、增加潜在客户定位的准确度、增强与客户的关系、提高品牌忠诚度，真正做到为顾客服务。

知识解说：

许可 E-mail 营销即基于用户许可，通过电子邮件传递信息，是一种有价值的网络推广手段。对于 E-mail 营销来说，传递的所有信息都围绕着企业品牌影响力进行详细讲述，从而使用户了解企业品牌信息。

8.2.5 线下宣传

对客户服务网站的线下宣传做会议营销，通过会议来实现宣传目的，具体做法如下。

（1）组织 IT 外包服务介绍会，邀请周边相关企业参加，并在介绍会中摆放新产品、展示产品价格策略的宣传资料。

（2）向所有参加介绍会的客户发放印有公司网址的礼品，如 USB 闪存盘、鼠标、耳机、相片查看器、水杯、相框等。

（3）活动期间推出抽奖活动，得奖者可赠送新产品，如果客户在此期间订购产品将会给予一定优惠。

（4）在会议过程中收集参会者信息，通过电子邮箱定期向客户发送网站中新推出的产品目录、最新的优惠活动，在产品目录中印有网址等联系方式。

8.3 网站维护

8.3.1 网站内容的更新维护

（1）监控友情超链接。每周查看一次友情超链接的网站是否掉链。
（2）网站整体收录率查看。根据 SEO 数据风向标，查看网站整体收录率是否正常。
（3）坚持每日更新网站新闻类原创软文，以保持搜索引擎的较高的搜索率。
（4）每天查看社区论坛，收集分析客户反馈意见，提出相应的优化建议，提升服务能力；收集整理客户资料，安排、协调各种活动资源和活动材料；及时删除垃圾邮件。

8.3.2 数据库备份

（1）使用 Web 管理工具 phpMyAdminphp 连接服务器上的 MySQL 数据库并进行备份，后续操作与前面的导出功能相同。
（2）在保存导出的备份数据库文件时，应当在文件名中反映出备份的日期，以便将来恢复时能快速确定备份文件。

 任务总结

【巩固训练】
根据工作任务 7 巩固训练中小组团队制作完成的网站，申请空间，发布网站，运营推广网站。具体要求如下：
（1）根据团队成立的公司名称、经营产品、公司规模等选择域名和空间。
（2）配置数据库，发布网站。
（3）策划线上线下的运营推广活动，形成运营活动文案。
（4）结合运营活动方案和网站运行中发现的错误，对网站进行维护。

【任务拓展】
拓展 1：搜索引擎优化工具如何使用？各有什么特点？是否有更有特点的工具？
拓展 2：搜索经典软文推广案例，分析其优点。
拓展 3：比较竞价排名与自然搜索的方式与结果，分析企业网站如何选用这两种方式。
拓展 4：如何通过优化使搜索引擎收录网站中更多的网页而不只是首页？

【参考网站】
点击成金：http://www.seochat.org。
SEO 研究协会网：http://www.seoxiehui.cn/。

【任务考核】
（1）PHP+MySQL 的网站能否正确发布。
（2）是否使用了搜索引擎优化工具？是否制定了进一步的优化方案。
（3）运营活动是否有创新。

学习情境 3

科源公司移动商务网站

引言

科源公司通过良好的客户服务和有效的网络推广在科源市知名度显著提高。一些企业慕名而来，企业客户数量明显增加，企业客户在公司收入中的比例进一步提高。企业客户的主体业务除网络设备及办公耗材以外，更多的集中于 IT 外包服务业务。IT 外包服务业务在科源市占有极大的市场份额，同时，企业客户对 IT 外包服务的客户服务质量有了更高要求：问题响应要及时，自助服务要便捷。为了满足 IT 外包服务业务不断扩展的需要，公司吸纳了面向更多业务领域的优秀员工。

公司目前主要业务呈现出快速增长的良好局面，特别是为了提高 IT 外包服务质量，巩固这一业务领域优势，提出了"7×24 小时服务"的承诺。发展战略调整为面向中小企业，以"卓越品质 专业服务"为企业追求，提出"做最专业的网络及办公设备供应商"、"打造科源知名 IT 服务品牌"的企业发展愿景。

工作任务 9　策划移动商务网站

任务导引

（1）明确移动互联类网站的营销目标。
（2）确定移动互联网站的目标受众。
（3）准确进行网站定位。
（4）确定 HTML 5 技术的解决方案。
（5）确定整合营销模式的网站推广方法。
（6）制订网站的建设计划。

9.1　移动商务网站目标

截至 2013 年 12 月，中国互联网有效受众规模达 6.18 亿，手机网民规模达 5 亿，中国网站总数为 320 万。同时，全国企业使用互联网的比例为 83.2%，开展在线销售、在线采购的比例分别为 23.5%和 26.8%，利用互联网开展营销推广活动的比例为 20.9%。随着智能手机的普及，依托移动互联网的移动商务已展现出良好的市场前景。作为一家本地知名的 IT 企业，应该如何应对移动商务呢？

9.1.1　网络营销目标

移动互联网的技术相对成熟和日渐普及，对于一个 IT 企业而言，建立移动商务网站的基础条件已经具备，但通过网站又能实现哪些营销目标呢？

经调查发现，科源市的 IT 类企业目前几乎都未提供专门的移动版网站。科源公司作为一家领军 IT 服务外包的高科技企业，通过率先建成移动版企业网站，来聚集企业网站人气，从而提升公司的企业形象，强化企业品牌。为了配合移动版企业网站建设，公司决定同时将网站改版为移动商务网站，为企业提供更高服务质量的 IT 外包服务，以实现企业网站的整合网络营销目标。整合网络营销的目标不仅包含常见的网络营销目标，还包含体现移动互联网优势的以下网络营销目标。

（1）开展精准营销。对于移动营销而言，一部手机只代表一名受众，移动设备的"唯一性"是精准营销的前提。透过用户行为分析和数据挖掘，企业网站与消费者可以达到一对一的沟通效果。

（2）实施 APP 营销。APP 营销通过特制手机、社区、SNS 等平台上运行的应用程序来开展营销活动。APP 要能实现营销的目的，设计上既要符合企业品牌的定位和诉求，也要考虑到受众的使用黏性。

知识解说：

整合营销传播是 20 世纪 90 年代以来在西方风行的营销理念和方法。它与传统营销"以产品为中心"相比，更强调"以客户为中心"；它强调营销即是传播，即和客户多渠道沟通，和客户建立起品牌关系。与传统营销 4P 相比，整合营销传播理论的核心是 4C，即相应于"产品"，要求关注客户的需求和欲望（Consumer Wants and Needs），提供能满足客户需求和欲望的产品；相应于"价格"，要求关注客户为了满足自己的需求和欲望可能的支付成本（Cost）；相应于"渠道"，要求考虑客户购买的便利性（Convenience）；相应于"促销"，要求注重和客户的沟通（Communication）。因此，整合营销是管理与提供给顾客或者潜在顾客的产品或服务有关的所有来源的信息的流程，以驱动顾客购买企业的产品或服务并保持顾客对企业产品、服务的忠诚度。

9.1.2 定位受众人群

对于移动版企业网站，其目标用户主要是在校学生和企业中的年青员工。这个群体的特点非常明显：18～40 岁，文化程度高，因手机流量及上网费用等因素，手机上网时间虽较多，但持续时间不长；上网目的是及时了解所关注产品的基本情况，通常要求网页直接展示关键信息，不喜欢大流量的媒体呈现，如果确定了对某产品的购买意向，则会通过 PC 系统详细了解产品信息；对于 IT 外包服务，则重点关注项目范围、基本流程和常见问题，同样通过 PC 系统详细了解相关信息。

对于改版的企业网站，其主要用户是高校机关和周边企业的业务部门员工。这个群体的特点是年龄多为 35～55 岁，文化程度较高，性格稳重，上网目标明确，喜欢直奔主题；消费理智，购买能力强（单位购买），重产品质量和售后服务；购买产品时要求对产品有较多的了解，特别要求产品部分的内容必须详尽、实用；对于 IT 外包服务业务有较高要求，相关的信息要完备、易检索，流程要简短、要明晰。

9.1.3 网站定位

科源公司面向科源市的中小企业、周边高校机关及各师生服务。PC 版网站一方面用于通过宣传、介绍公司商品，维系老客户，吸引新用户，保持网站人气；另一方面用于优化各种 IT 服务外包业务信息，为企业客户提供更周全的服务，有效提升公司的业绩。移动版网站旨在为客户提供"无时空"限制的网络服务，以创新塑造公司形象。

1．主题定位

（1）PC 版同客户服务网站。

（2）移动版网站首期以公司介绍、新闻报道和产品信息为主题；二期要加强互动交流及客户服务。

2．功能定位

（1）PC 版同客户服务网站。

（2）移动版网站首期主要功能是宣传公司及活动，发布产品信息，介绍维护知识；二期要实现服务中心的在线支持，客户社区互助交流，通过定制的信息推送服务维系顾客关系，APP 下载服务。

3. 网站栏目设置

（1）PC 版的栏目设置同客户服务网站。

（2）移动版为 PC 版的简化栏目。首期栏目包括企业介绍、新闻动态、技术与产品。二期栏目需增加服务中心、科源社区、IT 外包服务、招贤纳士。但所有栏目内容中都要进行精减。

4. 网站风格定位

移动版企业网站通常依附于相应的 PC 版企业网站，因此两个网站具有相同的风格和特点，但移动版网站由于受设备硬件性能限制，决定了它和 PC 版之间也有明显差异。

根据受众群的分析，网站风格需要更富有活力、个性更鲜明，采用了鲜艳、热情、极易吸引人们的眼球的红色为主色，再配以职业、中庸的灰色，活泼的红色使原有的热力稍加收敛、含蓄。PC 版采用直方框构图，再使用渐变色使页面体现立体感，不显得呆板，简洁明快，导航层次分明、结构清晰易用，专业中透出活力。移动版页面也采用直方块构图，分栏目纵向布局，链接间距大，用户交互简捷，图片缩略、内容精细、概要，力图给用户带来一个更流畅的体验。

知识解说：

移动 Web 在 PC Web 的基础上添加了新的 MIME 类型、标记语言、文档格式和最佳实践，为小尺寸屏幕提供优化的 Web 内容，并可解决移动设备上的资源限制、浏览器可用性差等问题。移动 Web 与 PC Web 的差异如表 9-1 所示。

表 9-1 移动 Web 和 PC Web 的比较

	移动 Web	PC Web
平均会话长度	2～3min	10～15min
屏幕分辨率	320×480	1024×768
浏览器	版本多，稳定性差	版本兼容性高，稳定性好
技术标准	WML、CHTML、XHTML Basic、XHTML-MP、XHTML、HTML，脚本语言支持度较差	XHTML、HTML，支持 JavaScript 和 AJAX
客户界定能力	可准确定位用户身份和地理位置	可定位用户地理位置

9.2 网站技术方案

科源公司网站的改版目标是快速实现移动版网站上线，适应 IT 行业发展需要，以创新实现企业品牌推广的目标。

为了让 PC 版的老客户能持续使用网站，顺利过渡改版，也基于用户所用计算机系统配置的实际情况，PC 版网站决定使用 1024×768 的分辨率，使用微软的 IE 6.0+浏览器，通过编码支持 HTML 5 为新语义标准进行设计，后台仍采用 PHP+MySQL 技术实现，网站空间采用自建服务器方式，即基于 Windows 2003+IIS。

知识解说：

HTML 5 带来了很多的新特性，除了语义化标签外，其他新特性需要高版本的浏览器来支持。

（1）语义化标签。解决了 Flash 等插件模式带来的大问题，提高了搜索引擎的友好性。

（2）对音频与视频播放的支持。引入<audio>及<video>标签，对于流媒体播放提供了原声的支持,并且可以通过设置不同的解码方式来支持各种格式的媒体文件。

(3) canvas 标签与绘图。引入<canvas>标签(一个基于 JavaScript 的绘图 API),表现二维矢量数据的图形。

(4) 地理感知。通过接口获得访问者的地理位置,这在搜索引擎,广告等领域都有着很大的应用前景。

(5) 硬件加速。拥有更加强大的图像功能,不仅大大加强了矢量图和位图,还内建了对 3D 技术的支持。利用 WebGL 等技术进行硬件 3D 加速渲染,借助系统显卡在浏览器中流畅地展示 3D 场景和模型。

(6) 本地存储。允许通过基于 JavaScript 的统一 API 在本地创建数据库,执行 SQL 语句,创建事务。这对支持离线存储浏览器的移动设备的应用程序开发提供了机会。

(7) 文件 API。仍可使用 <input type="file" /> 实现文件的上传,而其对应的 API 为开发者提供了操控上传数据与上传进度的机制。

对移动版而言,为了提高开发效率,不采用 Native APP(本地 APP、原生应用),而采用 Web APP(网页应用),兼容 iOS、Android、WinPhone,使用的是三大操作系统的浏览器访问,使用网页兼容系统中的浏览器即可。以 HTML 5+CSS 3+jQuery 为基准进行移动 Web 的前端开发,后台仍采用 PHP+MySQL 技术实现。注意:去掉 Flash,避免使用 GIF 格式的图片,尽量少用图片,尽可能用简短文字来展现内容,增强 jQuery 效果,通过各种技术提高搜索引擎优化效果,提高兼容性,增强用户体验。

知识解说:

APP(Application,应用程序)通常指 iPhone,安卓等手机应用,现在的 APP 多指智能手机上的第三方应用程序。

Native APP 是一种基于智能手机本地操作系统(如 iOS、Android、WinPhone)并使用原生程式编写运行的第三方应用程序。

Web APP 就是运行于网络和标准浏览器上,基于网页技术开发实现特定功能的应用程序。

Hybrid APP 是介于 Web APP、Native APP 两者之间的 APP,兼具 Native APP 良好用户交互体验的优势和 Web APP 跨平台开发的优势,同时使用网页语言与程序语言开发,通过应用商店区分移动操作系统分发,用户需要安装使用的移动应用。

3 种 APP 的比较如表 9-2 所示。

表 9-2 Web APP、Hybrid APP、Native APP 的对比

	Web APP(网页应用)	Hybrid APP(混合应用)	Native APP(原生应用)
开发成本	低	中	高
维护更新	简单	简单	复杂
体验	一般	优	优
Store 或 Market 认可	不认可	认可	认可
安装	不需要	需要	需要
跨平台	优	优	差

使用 Web APP 的优势如下。

(1) 能够轻松实现跨平台性,移动应用开发者不再需要考虑复杂的底层适配和跨平台开发

语言的问题。

（2）基于当下开始普及流行的 HTML 5，Web APP 可以实现很多原本 Native APP 才能实现的功能。

（3）移动应用的迭代周期平均不到 1 个月，用户需要频繁地重新下载与升级。而 Web APP 则无须用户下载，并且和传统网站一样可以动态升级。

HTML 5/Hybrid 正在成为越来越多的移动开发者的选择，但绝不是未来唯一的选择。HTML 5、混合及原生技术都有各自的优势，不能单纯地认为 HTML 5 更好或者原生更好，而应该根据自己的需求、定位和预算，选择最佳的解决方案。

9.3 网站推广策略

因搜索引擎对移动版网站的处理策略有别于 PC 版，关键字除了遵循 PC 版的要求外，还应注意如下几点。

（1）严格规范标签格式，确保网络蜘蛛能够正常解读网站的结构，特别是<HEAD>中的<meta>。

① <meta name="keywords" content="手机科源网……科源无线" />，按这样的模式设置页面关键字。

② <meta name="description" content="手机科源网是科源网的手机门户网站，手机科源网移动版 – keyuan94.com" />，按这样的模式设置页面描述。

（2）结合手机常用搜索引擎的自动提示关键字序列来确定网站关键字。因为手机上输入不太方便，用户经常会选择与自己已输入内容有关联的已有关键字，如输入"联想"，搜索引擎中就会出现"联想计算机"、"联想手机"等。也不可将关键字设置得过长，建议不超过 6 个汉字。

此外，除了通过网站自身优化和付费推广外，手机也是进行网站推广的重要途径。通过手机的日常使用功能，也能发现实施网站推广的方法，如短信、微信、微博、APP 营销、手机 QQ、手机彩铃、手机群组等，特别是移动版网站，根据手机与人的一对一关系，能实现更有效的精准营销。

9.4 素材收集与加工

根据网站栏目的设置进行素材收集和分类整理，特别是对移动版网站的资料处理。

1. 素材收集

根据相关栏目进行内容收集，重点收集可用于移动版的资料。

2. 素材加工

由于移动版网站的特殊性，首先对 PC 版的资料进行内容上的精选，然后从数据传输量和信息精细度上对收集到的素材进行针对性处理。

（1）图片加工：参照智能手机的屏幕尺寸和纵横比进行图片裁剪，准备其缩略图。

（2）文字信息：缩写、精简相应的文字资料。

（3）网站标识修改：大小调整，去 Flash 化。

9.5 进度安排

因网站的功能扩展，技术难度加大，科源公司在原网站建设团队的基础上增加了网站制作人员。公司总经理张铁担任网站项目经理，技术总监郑好担任网站建设的技术负责人，陈美负责网站设计，并协同进行页面优化，朴建、李晓、张铁分块负责网站制作（李晓负责网站数据库，朴建负责 PC Web，张铁负责移动 Web），李晓负责网站运营维护，王萍负责资料收集、整理。项目组成员在明确各自分工的基础上，强调相互协同，任务分工如表 9-3 所示。

表 9-3　任务分工

任　务	内　容	时　间	责任人	备　注
网站规划	负责组织市场调查与分析、网站栏目设置、确定技术方案、制定开发进度表	7 个工作日	张铁	
资料准备	公司情况介绍、主要产品资料、维护经验介绍、IT 外包服务业务、用户调查表、驱动程序及工具软件	5 个工作日	王萍	
网站设计	CIS 设计、主页设计、二级页面样例设计（包括 PC Web、移动 Web）	12 个工作日	陈美	郑好为总的技术负责人
网站制作及测试	数据库规划、页面制作、网站测试	30 个工作日	朴建	
服务器准备	安装 Windows 2008，IIS 8.0	2 个工作日	李晓	
网站发布	网站发布及兼容性测试	4 个工作日	李晓	
网站运维	网站推广、页面更新	网站发布之后	李晓	直到网站弃用

为了保证网站建设工作按计划完成，科源公司制定了建设日程表，如表 9-4 所示。

表 9-4　建设日程表

序号	任务名称	开始时间	完成	持续时间
1	网站规划	2013/2/25	2013/3/3	7天
2	资料准备	2013/3/1	2013/3/5	5天
3	网站设计	2013/3/4	2013/3/15	12天
4	网站制作及测试	2013/3/10	2013/4/8	30天
5	服务器准备	2013/4/4	2013/4/5	2天
6	网站发布	2013/4/9	2013/4/12	4天

为了加快建设进程，计划整个建设工期为 47 个工作日（节假日不休）。

 任务总结

【巩固训练】

延用工作任务 5 巩固训练中成立的团队及公司。公司逐渐壮大，面对激烈的市场竞争，需对其网站进行改版设计，委托团队对其进行移动版网站策划。具体要求如下。

进一步分析公司的规模、目标客户、生产经营的产品、业务流程、市场前景等，确定移动版网站的定位、功能、特色、企业竞争和客户关系等策略，形成策划文档。

【任务拓展】
拓展1：如何为企业制定并运用网络营销策略？
拓展2：分类归纳我国手机网民的基本特点。
拓展3：移动网站如何应对不同系统内核的移动设备？
【参考网站】
移动电子商务信息中心：http://www.cmmic.org.cn。
移动互联网研究中心：http://www.cmipc.org。
艾瑞网：http://www.iresearch.cn。
【任务考核】
（1）移动版网站定位是否准确。
（2）移动版的网站推广上是否有创新。
（3）移动版网站是否具有兼容性、流畅性、操作便捷性。

工作任务 10　设计移动商务网站

 **任务导引**

（1）区分 PC 端网站和移动设备端网站在界面设计时的区别，并运用于实际网站设计。
（2）根据移动商务网站的界面设计要求，自行进行网站 PC 端界面的制作。
（3）根据设备端网页的设计原则，进行设备端的界面设计。
（4）熟练使用 Photoshop 绘制移动设备端的网站界面图。
（5）实现各页面的准确切片。

10.1　面向移动设备的网站设计

移动设备直接访问与 PC 相同的 Web 网站，突出的矛盾是信息架构不适用于小屏幕设备，垂直页面的冗长和横向的移动受到移动设备表现形式的限制。

10.1.1　移动设备端设计原则

提升小屏幕浏览的体验，在设计中应包含如下设计原则。

1. 界面简洁

手机屏幕的显示能力有限，因此在设计界面时应减少控件的数目，使程序的主功能显而易见，引导用户操作。页面内容控制在两屏以内。文字描述应简练，但也要充分利用手机屏幕上仅有的显示空间。搜索框用于内容搜索，单击之后会显示虚拟键盘，搜索栏中应包含占位符文本、书签按钮。

2. 信息布局，更好地利用首屏有限资源

首屏的首页是用户总览全站内容的最重要途径，同时可以建立直观印象，树立品牌形象，是全站交互设计的重中之重。首屏默认最上方是网站的标识及导航。

3. 采用合理的导航，有明确的方位感知

在移动设备页面中，视域狭窄，信息维度少。信息内容显示都是摘要性的，需要看详细时要单击"更多"等按钮，需要提供明确的导航供用户选择感兴趣的模块。用户使用手机时，会受到很多因素的干扰，需要综合栏目导航、菜单式导航、线性导航等多层次综合应用，头尾是导航的重要区域。

4. 尽可能减少浏览时的按键

垂直的长页面越往下，信息曝光率越小，操作难度越大。因此，要将信息的重要性分级，并审视每个页面首要的操作任务；将重要操作或信息放置在靠近顶部的位置。

5. 避免输入

在手机上输入信息将减慢用户操作的速度，过多的文本输入会浪费用户的时间和精力，可以使用列表选项、增加控件的可记忆性等来避免输入。

6. 考虑多种版本的移动设备

移动设备较多，其屏幕大小也有所不同。移动网站应满足不同 WAP 设备的要求。可建立不同解析度的移动网站，由用户移动设备入口网页自行选择，也可以使用手机专用代码判断手机的分辨率，以决定浏览页面的宽度。

10.1.2 移动设备端导航

移动设备屏幕较小，在移动设备上只能通过导航展示其内容，因此在设计移动设备导航条时必须遵循的原则如下。

1. 有意义的导航条

导航条必须用清晰的架构和仅提供必需的信息来帮助用户进行搜索。

2. 导航条的显示方式

在手机上显示导航条的最好方式是纵向显示，并只在首页显示顶级目录。当用户已经选择展开一个顶级目录时，可以在二级导航中显示二级的分类目录。

3. 导航内容大小

确保导航中超链接和按钮的大小，不能太小或太靠近。当表单项比较多时，最好在页面的末尾使用"返回"或"回到首页"超链接返回页面顶部。

4. 尽量不要使用图片导航

使用图片导航有可能使用户混淆，因为图片通常不是可单击的超链接，除非它们是产品的缩略图或按钮。此外，图片增加了页面加载时间，图片做的标签也很难阅读。

10.2 移动商务网站的界面设计

网站外观设计的指导思想是体现网站服务产品的专业和品质，并彰显周边高新区、大学校园年轻人的活力。所以本次设计了 PC 端和移动设备端两个平台，以实现两类移动终端均可访问公司网站。需要制作两个系列的网页界面，风格基本统一，而根据各自界面的不同，设计制作时会有不同的着重点和表现方式。

10.2.1 移动商务网站的 CIS 设计

1. 网站标识和标语

PC 网站的标识沿用公司建立时的形象标识和公司理念，配合网站整体的形象修改其字体和颜色效果。广告方面应加强公司的产品和服务品质，以公司产品的宣传广告作为网站的宣传标语，以动画形式轮流播放多个广告。

移动设备网站标识沿用科源公司的标识，修改颜色，因为手机界面范围有限，故只使用标识，省略公司名称，并在右侧放置公司的宣传标语，如图 10-1 所示。

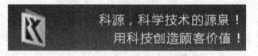

图 10-1　移动设备网站使用的网站标识

2．标准色彩设计

PC 网站和手机网站均采用相同的色彩系：活泼的红色搭配低沉的灰色，热情活泼又收敛含蓄，再使用渐变色块使页面体现立体感和动感。

移动网站使用相同色系：页眉和页脚都使用红色，开头和结尾相呼应。

3．标准字体设计

PC 网站中文字采用宋体、小五号（12 像素），网站标识、栏目标题采用黑体、16～20 像素，标识和宣传标语需要较稳重，使用微软雅黑字体。

移动网站主要采用宋体和黑体字，大小为 12～16 像素。

10.2.2　客户服务网站的网页版面设计

1．PC 端网站网页版面设计

1）网站页面规划及页面尺寸

本网站主要设计了 3 类页面：首页、各模块的次级页面、社区论坛页面。它们分别用于展示首页、各次级导航模块页面内容和社区论坛的相关内容。3 类页面尺寸分别如表 10-1 所示。

社区论坛页面又分为 3 类：表单提交型页面、主题列表型页面和主题回复详细页面。

表 10-1　各类页面尺寸

页　　面	内容实际尺寸	设计页面效果尺寸
首页	1000×911	1345×911
各模块的次级页面	1000×高度（随内容缩放）	1345×高度（不定）
社区论坛页面	与上同	与上同

网页布局的宽度为 1000 像素，高度在屏幕的 1～2 屏，兼容 1024×768 及以上的分辨率。

2）网站布局设计

网站信息量较大，需要在页面中展示品类繁多的产品或服务的类型，故首页采用"同"字布局；次级页面采用"匚"形结构，导航清晰充分地展示产品和服务的信息，二级导航栏目处可将三级栏目折叠或者展开。设计草图如图 10-2 所示。

2．移动端网站网页版面设计

移动端设定目前市面较为多见的普通屏幕大小 320px×480px，设计时一般采用 160dpi 的分辨率。页面的高度可以根据内容变化，但宽度保持一致。

手绘设计一和设计二两个首页界面，如图 10-3 所示，本着简洁易用的原则，选择设计二作为首页设计的模型，直接列出企业的主打销售产品列表，使用折叠方式隐藏二级和三级，对某类产品感兴趣时可单击打开，入口要明确。

二级页面列出首页所选产品系列的信息，图文并列，简单清晰；纵向排列 3 个左右的产品信息，使单页不会太长而难以明确方位，要清晰易懂。

三级页面用于显示具体产品的详细信息，界面上方显示产品名称，下方用选项卡的呈现形式，分别列出详细信息（产品描述、规格参数、典型应用等），将过多的信息隐藏起来，需要阅读时再打开，要重点突出。

二级和三级页面的设计草图如图 10-4 所示，所有的页面使用统一的页眉、搜索栏和页脚导航设计，方便用户导航，提高可用性、易用性。

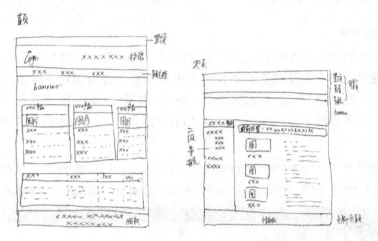

图 10-2　PC 端网站的首页和次级页面设计草图

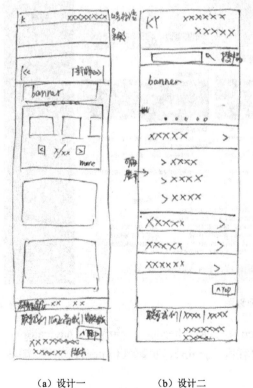

（a）设计一　　　　（b）设计二

图 10-3　手机端网页的首页的设计草图

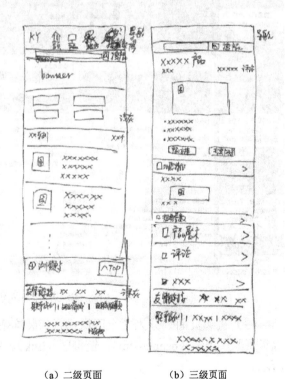

（a）二级页面　　　　（b）三级页面

图 10-4　二级和三级页面的设计草图

10.3 移动商务网站的图像和多媒体素材制作

这里简要介绍 PC 端和移动端两类网站界面制作的过程。

10.3.1 PC 端网站界面制作

1. 网站构图分析

（1）首页和次级页面有相似的地方，尽量做到"代码重用"和"图像重用"，尽可能增加灵活性与适应性。首页和次级页面图像采用先整体制作再用切片分别导出图像的方式。

（2）首页划分为 7 个区域：顶部装饰条（top）、页眉（header）、导航栏（navigator）、广告条（banner）、内容链接 1 区（container1）、内容链接 2 区（container2）、页脚（footer），如图 10-5 所示。

图 10-5 首页布局规划图

（3）次级页面划分为 7 个区域：顶部装饰条（top）、页眉（header）、导航栏（navigator）、次级页面广告条（banner-sub）、链接区（link）、主内容区（main）、页脚（footer），如图 10-6 所示。

（4）可重用区域：顶部装饰条（top）、页面（header）、导航栏（navigator）、页脚（footer）。

图 10-6 次级页面布局规划图

2. 首页界面图像制作

（1）新建文件，画布宽为 1345px、高为 1000px，背景色为#454545，保存到"源"文件夹中，名称为"首页.psd"。根据需要绘制并锁定参考线。

（2）制作 top 区域图像。绘制体现立体感的两个灰色渐变矩形，尺寸分别为 1000px×34px 和 1000px×5px，分别从上到下线性渐变填充#F5F5F5→#EDEDED→#D3D3D3 和#BABABA→#E5E5E5→#F7F7F7→F7F7F7。

（3）制作 header 区域。绘制 1000px×75px 的灰色渐变矩形，从上到下线性渐变填充#FFFFFF→#EEEEEE→#DFDFDF。将学习情境 1 源文件的网站标识复制到本文件中；将网站标识中"书"的倾斜矩形渐变改为#D00202→#BE0201，中文文字修改为微软雅黑、粗体、20px、字间距 6px，栅格化后从上到下线性渐变填充#9A9A9A→#9A9A9A→#000000→#000000；英文文字修改为微软雅黑、13px、字间距 9px、黑色；将英文名复制一次并向下移动，垂直翻转，栅格化后线性渐变填充#BFBFBF→#E9E9E9。将公司理念修改为微软雅黑、26px、粗体，前半句文字颜色为#BE0201，后半句文字颜色为黑色。

（4）制作 navigator 区域。绘制 1000px×34px 的红色渐变矩形，填充色为#BD0000→#E00202。再绘制一个 1000px×2px 的白色矩形。在红色渐变矩形的左方绘制 155px×24px 的黑色圆角矩形，将其作为强调效果区域，圆角半径较小。导航链接分隔效果，使用直线工具绘制两条紧挨着的竖线，左边颜色为#A70C0C，右边颜色为#FF6767，复制 5 次，水平均分宽度。

（5）制作 banner 区域。绘制一个 1000px×240px 的矩形占位。在"素材"文件夹中打开为广告准备的 3 幅图像，在"源"文件夹中分别保存为 banner1.png、banner2.png 和 banner3.png。使用裁剪工具选择合适的区域并将其裁剪为 1000px×240px，分别输入广告文字，设置为微软雅黑、粗体、白色、38px 和 22px，行距和字距需做调整，排版至美观，导出到"images"文件夹中，分别命名为 banner 1.jpg、banner 2.jpg 和 banner 3.jpg。

经验分享：

banner 的动态效果制作时使用了 Flash 与 JavaScript 结合动态图像切换的方式，这里只需要准备好 3 幅图片的效果图，界面效果可选用其中任意一幅，将其放置于 banner 上即可。

（6）制作 container1 区域。背景为白色，3 个栏目使用灰色边的矩形，其上下各留 15px、左右各留 5px 的空白距离，以使网页美观，3 栏矩形分别宽为 322px、高为 285px，3 栏矩形的中间间隔宽为 12px。

① 先绘制 1000px×315px 的白色矩形，再绘制 3 个 322px×285px 的灰色（#CCCCCC）矩形框（1px）。

② 栏目标题区图像。在左边栏目矩形的顶部绘制一个 320px×23px 的灰色渐变矩形，线性渐变填充#FDFDFD→#FFFFFF→#F8F8F8→#F4F4F4→#E5E5E5。在刚绘制矩形的最左边绘制一个 3px×23px 的红色渐变矩形，起点缀突出作用，线性渐变填充#E10202→#FF3300→#FF3300→#E10202，将这两个矩形复制到另外两个栏目中。

③ 栏目装饰图像。打开"素材"文件夹中准备的 3 幅网络产品装饰图像，分别选择合适的区域裁剪或选择 320px×100px 大小的矩形区域。在图像的右下角绘制白色宽为 170px、高为 5px 的矩形。选用合适的工具将矩形的左上角切掉，变为斜角矩形，使其更具装饰效果，如图 10-7 所示。将这 3 幅栏目装饰图像复制到"default.psd"中，拖放至栏目标题区域的下方。

④ "更多"图像的效果如图 10-8 所示。在栏目右下方绘制宽为 46px、高为 20px 的圆角矩形，添加 1px、颜色为#E6E6E6 的描边，从上到下线性渐变填充#F6F6F6→#FFFFFF→#F2F2F2→#EEEEEE。输入文字"更多"，设置文字大小为 12px，颜色为#828282，为其制作一个白色的重影字衬于下方。绘制宽为 4px、高为 7px、颜色为#828282 的三角形，同样添加白色重影效果。

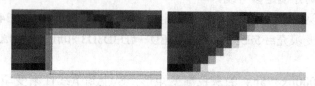

图 10-7　将白色矩形左上角切掉　　　　图 10-8　"更多"图像的正常和放大效果

（7）制作 container2 区域。左右各留 5px 的空白距离，分为 4 个栏目，栏目之间紧挨无间隔，栏目的宽度从左到右分别为 290px、200px、300px、200px。绘制 1000px×160px 的白色矩形。将 container1 区域的栏目标题图像复制 4 次，调整其宽度和位置。

（8）制作 footer 区域。这是一个 1000px×50px 的渐变灰色（#C3C3C3→#D8D8D8）矩形。

（9）导出切片。为减小图片存储容量，在网页中采用背景图像的可平铺特性，尽量制作宽度或高度很小的切片。共绘制 12 个切片，如图 10-9 所示。导出 JPG 格式的文件，导出到"images"文件夹中。

top 区域采用表格背景图像水平平铺方式，切片 5px×39px，导出文件 top.jpg。

header 区域采用在单元格中插入整个图像的方式，切片 1000px×75px，与 header 区域宽、高相同，导出文件 header.jpg。

navigator 区域绘制 3 个切片：最左边强调区域作为单元格背景，切片 200px×36px，导出文件 nav_left.jpg；红色渐变矩形作为表格水平平铺背景图像，在任意位置绘制切片 5px×36px，导出文件 nav_bg.jpg，导航链接分隔效果作为单元格插入图像，切片 4px×36px，导出文件 nav_mid.jpg。

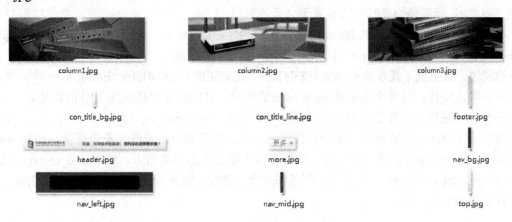

图 10-9 首页的切片

banner 区域无须导出切片。

container1 和 container2 区域共绘制 6 个切片，两个区域的栏目标题区图像共用。栏目标题区红色渐变矩形图像为直接插入单元格，切片 3px×23px，与绘制的图像的宽、高相同，导出文件 con_title_line.jpg。栏目标题区灰色渐变矩形作为单元格水平平铺背景图像，切片 5px×23px，导出文件 con_title_bg.jpg。3 个栏目装饰图像作为单元格背景图像，切片 320px×100px，分别导出文件 column1.jpg、column2.jpg、column3.jpg。"更多"图像切片 46px×高 20px，导出文件 more.jpg。container 1 区域的 3 个栏目的灰色边及灰色边矩形不用导出图像，采用表格边框颜色实现。

footer 区域采用表格背景图像水平平铺方式，切片 5px×50px，导出文件 footer.jpg。

（10）继续其他部分的制作，添加文字等内容。

（11）裁剪画布，保存文件，导出页面效果。

3. 次级页面界面图像制作

（1）新建文件，画布尺寸为 1345px×800px、颜色为#454545，保存到"源"文件夹中，名称为 sub.psd。

（2）将"default.psd"中的 top、header、navigator、footer 层复制到"sub.psd"对应的层，调整 footer 矩形的位置。

（3）制作 banner-sub 区域。绘制一个 1000px×120px 的矩形占位。在"素材"文件夹中打开为次级页面广告区准备的两幅图像，分别修改为宽 1000px、高 120px，输入广告文字并插入多幅擦除了背景的产品图像，广告文字采用微软雅黑、粗体，字体颜色、大小、间距及与图像的相对位置等效果根据排版美观要求进行设置，完成后分别以 banner-sub1.jpg、banner-sub2.jpg 为名称保存到"images"文件夹中。

（4）制作 link 区域。一级标题背景，渐变矩形（#BD0101→#E10202）220px×50px；二、三级链接区背景，纯色矩形（#ECECEC）220px×400px；二级标题背景图像，渐变矩形（#FFFFFF→#E2E2E2）220px×25px；使用适合的工具绘制">"和">>"符号（线条颜色#CC0000）6px×12px；组合二级标题背景图像，复制几次放置于合适的位置。

绘制第二种二级标题背景图像，在该级没有三级链接标题时使用，效果如图 10-10 所示。圆角矩形宽为 182px、高为 30px，描边颜色为#BFBFBF，内部从上到下线性渐变填充 #FFFFFF→

#E0E0E0，给矩形添加投影效果，投影颜色为#8A8A8A。在刚绘制的矩形内绘制宽为180px、高为28px的矩形框，1px、白色的描边。将">"标题装饰复制一次放置于合适的位置。

图10-10 第二种二级标题的效果

（5）制作main区域。绘制780px×450px的白色矩形；再绘制location背景图像，750px×27px的圆角矩形框，1像素#E4E4E4颜色的描边，从上到下线性渐变填充#FFFFFF→#EEEEEE→#E4E4E4→#E4E4E4。

（6）导出切片。只导出link和main区域的切片，共绘制4个格式为JPG的切片。

一级标题采用单格背景图像水平平铺方式，切片one_level.jpg（5px×50px）。二、三级链接区背景采用单元格背景颜色，不导出图像。二级标题将整个图像作为背景图像，切片two_level.jpg（220px×25px）。第二种二级标题也将整个图像作为背景图像，切片two_menu.jpg.location（184px×35px）；main区域将整个图像作为背景图像，切片location.jpg（780px×27px）。所有切片如图10-11所示。

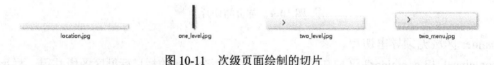

图10-11 次级页面绘制的切片

（7）完善文字等其他内容的制作，裁去下方多余的画布，保存文件，导出效果。

10.3.2 移动端的网站界面制作

1. 网站构图分析

移动端页面构图与PC端的页面构图的原则相同，但更加简单，网站构图时尽量减少图片数量、减小图片大小，尽量使用代码实现网站的特殊效果，提高加载速度。

首页的折叠、展开、滑动效果如图10-12所示。首页的横展及滑动效果如图10-13所示。二级页面的初始、滑动效果如图10-14所示。三级页面的初始、滑动效果如图10-15所示。

(a) 折叠　　　　　　(b) 展开　　　　　　(c) 滑动

图10-12 首页在手机上竖屏的效果

(a) 横屏　　　　　　　　　　　　　　(b) 滑动

图 10-13　首页在手机上横屏的效果

 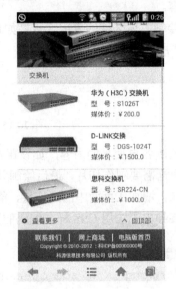

(a) 初始　　　　　　　　　　　　　　(b) 滑动

图 10-14　二级页面在手机上的效果

 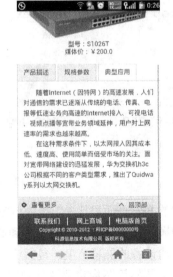

(a) 初始　　　　　　　　　　　　　　(b) 滑动

图 10-15　三级页面在手机上的效果

2. 界面图像制作

移动端网站的界面制作与 PC 端网站的界面制作方法相同，只是创建文件时，选用 middle 类的分辨率 160dpi，以适应更精细的界面浏览需要。简要叙述制作步骤如下。

（1）新建文件，画布宽为 320px，高可设置为标准屏高（460px）的 2 倍左右，背景色为浅灰色，保存到"源"文件夹中，名称为"首页.psd"。根据需要绘制并锁定参考线。

（2）制作页面框架。绘制页眉区域、主体区域和页脚区域的背景，分别为渐变红色（#A40C0C→#DC1919）、浅灰色和页眉渐变的翻转。

（3）通用的内容制作。制作页眉的标识；搜索栏区域；广告条区域；页脚的文字、以及分割线等内容。

（4）绘制主体区域的复用元素，如首页的分类横底纹、各种小图标、"回顶部"按钮等，如图 10-14 所示。

图 10-16 主体区域的复用元素

（5）绘制各自页脚的内容，如设置背景、添加文字、分隔条制作等。

（6）根据需要制作切片，最后绘制并导出的切片如图 10-15 所示，切片导出为透明的 PNG 格式的图像，增加在页面中的适应性，能与渐变背景融合。渐变背景的图像、渐变按钮等无须导出，主要导出无法用 CSS 样式编码的图标。

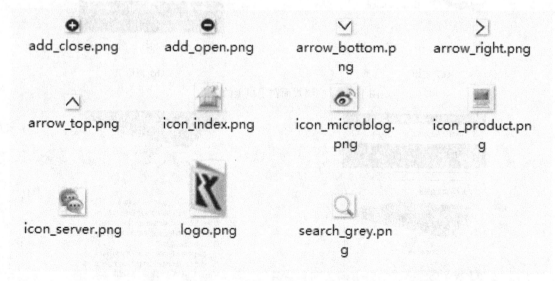

图 10-17 绘制并导出的切片

移动端的网站页面虽比 PC 端更小巧，但移动端的种类很多，不同设备的宽度不相同，屏幕能旋转为横向，从最小尺寸的手机到最大尺寸的 PAD 的横向，宽度差异很大，网页需要自适应不同移动设备的屏幕宽度，包括广告条的图像。其他区域可以通过背景横向平铺适应，而高度不变，小图标等图像也要变化，广告条图像同样要能自动缩放，高：宽=0.24，并且要求在任意设备上不失真，首页中的广告和二级页面中广告图像应最大为 240px 高、1000px 宽，与 PC 端广告条一致，直接复用。

 任务总结

【巩固训练】
根据工作任务 9 巩固训练中完成的网站规划、需求分析，进行网站界面设计。具体要求如下。
（1）比较 PC 端网站和移动端网站的整体风格有何异同。应该如何设计？
（2）完成界面手绘设计。
（3）能使用 Photoshop 进行网页界面的制作。
（4）能使用 Photoshop 为制作的网页切片。

【任务拓展】
拓展 1：案例中未展示完整的其他网站界面的绘制。
拓展 2：使用 Photoshop 的其他功能。
拓展 3：使用矢量图绘制工具软件绘制矢量图标。

【参考网站】
http://www.uisheji.com/mui/app。
http://appui.mobi/。
http://www.mobileui.cn/。

【任务考核】
（1）PC 端和移动端网站的设计是否风格一致，是否能彰显企业特点。
（2）Photoshop 的使用是否更加成熟，能否使用除本书介绍之外的功能和技巧。
（3）网站中使用的小图标是否绘制得精美，能否找出绘制矢量图的方法。
（4）对网站界面设计能否总结一些实用的规律。
（5）对图形图像的几类文件能否正确选择和使用。
（6）能否区分制作 PC 端网站和移动端网站切片的不同，制作的切片能否符合制作网页的需要。

工作任务 11　制作移动商务网站

任务导引

（1）应用 HTML 5 的新特性，加强搜索引擎优化。
（2）了解主流浏览器对 HTML 5 的支持情况，提高 HTML 5 网页的兼容性。
（3）比较 CSS 不同版本，对 CSS 3 做出兼容性选择。
（4）配置移动端开发的环境。
（5）灵活应用 HTML 5 和 CSS 制作 PC 端和移动端网页。
（6）应用设备端检测代码使网站转向到不同的页面。
（7）分别对 PC 端和移动端网页进行超链接、兼容性外观的测试。

11.1　网站页面制作准备

进一步了解 HTML 5、CSS 3 及它们的兼容性问题的解决方法，配置 PC 端和移动端的开发环境，包括组建无线局域网、配置 Apache 站点、安装 IETester、模拟移动端浏览器等，最后按照搜索引擎优化的要求，设计站点结构，使用 Dreamweaver 配置好站点，做好制作网页的准备。

11.1.1　HTML 5 语义标记

<div>一直以来是 Web 设计的必备标记，它是一个直观、多用途的容器，可以通过它为页面中任何区块应用样式。但<div>的问题在于，它本身不反映与页面相关的任何信息。当搜索机器人、屏幕阅读器、设计工具、浏览器遇到<div>标记时，只知道它是一个独立的区块，不知道区块的意图。要通过 HTML 5 改进这种情况，则要新增标记把<div>替换成更具有描述性的语义标记。这些语义标记的行为与<div>标记类似，它们仅为一组标记，除此之外在格式上没有其他作用，还是通过对标记应用样式来美化页面。但是使用了语义标记会使网页更容易修改和维护、更无障碍性、更易于搜索引擎优化。

1. 新增的页面级语义标记

新增的与页面结构相关的语义标记如表 11-1 所示。

表 11-1　新增的与页面结构相关的语义标记

标　记	说　明
\<header>	表示增强型的标题、页眉等，包括网站标题、公司标识、广告
\<hgroup>	表示增强型的标题组，可包含两个或两个以上的标题，如\<h1>～\<h6>，其主要目的是把标题和副标题联系在一起
\<nav>	表示一级链接的导航，搜索引擎会搜索它所包含的关键字，一个页面中可以包含多个导航
\<aside>	表示页面上一些与主题联系不大而相对独立的辅助信息区域，常见形式是侧边栏，可包含产品列表、文章列表、企业联系方式、友情链接
\<article>	表示正文内容的独立区块，一篇任何形式的文章，如新闻、论坛帖子或博文
\<figure>和\<figcaption>	表示正文中的一幅插图，\<figcaption>标注图题（插图的标题），\<figure>内嵌\<figcaption>和插入图像的\<img>，反映图像与图题之间是关联的
\<section>	表示文档中的一个区块，或者一组文档部分，或者文章的章节等，它是一个通用容器，当其他语义标记不适用时再选择
\<footer>	表示页面的页脚、文章的页脚，可包括网站版权声明、备案信息、联系方式、制作者等

2. 新增的文本级语义标记

新增的与文本相关的语义标记如表 11-2 所示。

表 11-2　新增的与文本相关的语义标记

标　记	说　明
\<time>	标注日期和时间信息
\<output>	标注 JavaScript 的返回值
\<mark>	标注突出显示文本
\<wbr>	用于使浏览器为长单词增加可选择的破折号
\<ruby>\<rp>\<rt>	一种排版注释系统，位于横排基础文字上方的简短文字，主要针对东亚语言做出简单的读音注释

3. 修改的文本级语义标记

有些在语义上略微发生改变的标记（如\<b>、\<i>）一直是最为流行的标记，不能完全避免不使用它，因此 HTML 5 重新定义\<b>只表示粗体、\<i>只表示斜体，而\<strong>、\<i>表示强调。

4. HTML 5 的其他新增标记

HTML 5 还定义了很多有较好功能的新标记，如\<audio>（声音）、\<video>（视频）、智能表单等。详细情况查阅 HTML 5 的帮助文档和相关的 API。

11.1.2　使浏览器支持 HTML 5

HTML 5 是 W3C 组织定义的标准，但到底能使用哪些 HTML 5 的功能，最终由浏览器开发商决定，如果设备不支持某个功能，则无论标准怎么定义，最终还是没有用。PC 端的浏览器类别和版本太多，而移动端的浏览器都支持 HTML 5。

1. 查询浏览器使用情况

登录网站 http://gs.statcounter.com，选择 Stat 为 Browser Version（浏览器版本，非移动类），Region 为 China（中国），Period 为 Last 12 Month（最近 12 个月），选中"Bar（条形图）"单

选按钮，则可查询到中国近一年来用户使用浏览器及版本的情况，如图 11-1 所示。中国在近 1 年来使用量最多的是 IE 8，其次是 Chrome21。

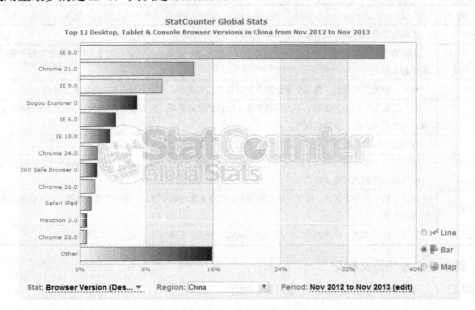

图 11-1　中国近 12 个月来浏览器版本使用情况（查询时间 2013 年 12 月 20 日）

2. 查询浏览器对 HTML 5 的支持情况

登录网站 http://caniuse.com，其中间有一个"Search"文本框，输入要查询的标记名，如 header，查询结果如图 11-2 所示。在中国浏览器使用量最多的 IE 8、Chrome21 都不支持 HTML 5。

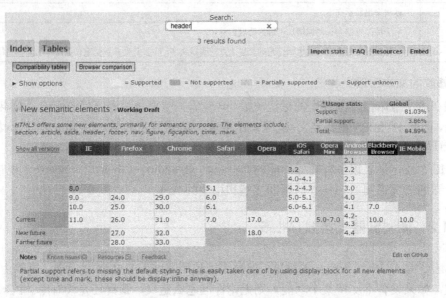

图 11-2　浏览器对 HTML 5 的 header 标记的支持情况

3. 对不支持 HTML 5 的浏览器的处理

大多数不支持 HTML 5 的浏览器把不识别的标记当做行元素来处理，而 HTML 5 的页面结构型标记需要处理为块元素，需要在样式表中添加一条如下的样式规则，大多数浏览器就能支持此标记了。

```
header,hgroup,article, figure,figcaption,section,footer,nav,aside
{display:block;}
```

但这里的大多数浏览器不包括 IE 8 及更早版本的浏览器，换句话说，它们会拒绝给无法识别的标记应用样式。需要采用其他方案，如通过 JavaScript 创建新元素，让 IE 识别外来元素。如下脚本代码就可以让 IE 识别并为<header>标记应用样式。

```
<script>document.createElement("header")</script>
```

实际上，这样的代码已经被编写好了，地址为 http://html5shim.googlecode.com/svn/trunk/html5.js。只要引用它的地址，或下载即可使用。如果下载该代码，添加对该 JS 文件的链接时需加上条件执行，当小于 IE 9 版本时才会执行加载，避免了不必要地加载 JavaScript 文件。

```
<!-[if lt IE 9]>
<script language="JavaScript" src="script/html5.js" type="text/javascript">
</script>
<![endif]->
```

11.1.3 CSS 3 技术的使用选择

Web 界面的开发离不开 CSS，而 CSS 3 是新的 CSS 模块的总称，它提供了一系列强大的功能，如许多新的选择器、RGBA 和透明度、多栏布局、多背景图、文字阴影、@font-face 属性、圆角(边框半径)、边框图片、盒阴影、盒子大小、媒体查询、语音等。CSS 3 是 Web 样式设计的展望，现在没有一款浏览器支持全部模块。CSS 3 与 HTML5 一样，都存在兼容性问题。登录网站 http://caniuse.com，既可以查询浏览器版本对 HTML 5 的支持情况，又可以查询浏览器对 CSS 3 的支持情况，输入 CSS 3 的属性名即可。

1. CSS 3 的 3 种选择

（1）选择能用的：如果某个样式功能得到了所有浏览器的支持，则可以使用，否则不使用。

（2）通过 CSS 功能作为增强：允许网站在不同的浏览器中显示存在差异，使用能用的，使基本效果是一样的，然后利用 CSS 3 添加不同的装饰效果。先列出兼容性最后的属性，再列出新属性，以覆盖之前的属性，而不识别的浏览器会忽略这些新样式。这些增强功能，也要让多数新版浏览器支持，不要让网站在不同的浏览器之间体验差别过大，以免使部分用户觉得受到了不同的待遇。

（3）通过检查兼容性，判断使用替代样式：有些样式是组合样式，兼容性上有冲突，无法达到增强的效果。可以通过 Modernizr 工具（http://modernizr.com/网站下载）判断浏览器对样式的支持情况，然后通过脚本代码针对不同的浏览器使用不同的样式。也可以用 JavaScrip 代替 CSS 效果。

2. 确认浏览器的支持情况

浏览器在国内外有很多品牌、版本、类型，查询 CSS 3 的支持工具时针对的是典型浏览器，如何在众多浏览器中进行判断区分？方法是按浏览器使用的引擎（内核）分类。

KHTML 引擎：KDE 的开源引擎，浏览器是 Konqueror 浏览器（用于 Linux 系统）。

WebKit 引擎：基于开源的 KHTML 引擎修改开发而成，目前用于苹果系统的 Safari 浏器、Google 的 Chrome 浏览器、新版的 Opera 的 PC 端浏览器，以及国内的傲游 3+、猎豹、百度等浏览器。

Gecko 引擎：Mozilla 项目的开源引擎，主要用于 Mozilla Firefox。

Presto 引擎：Opera 拥有所有版权的商用浏览器引擎，主要用于 Opera 老版的 PC 端浏览器和 Opera 各类手机浏览器，以及 Nokia 770 浏览器等。

Trident 引擎：IE 浏览器的引擎。除了 Netscape Browser、GreenBrowser、Maxthon2 外，还有 360 安全浏览器、世界之窗、QQ 浏览器、搜狗浏览器等。

还有一类被称为双核（IE 和 Chrome/WebKit 内核）的浏览器，双核指一般网页用 Chrome 内核打开，网银等指定的网页用 IE 内核打开，用户也可自行切换内核选择兼容性更佳的模式，并不是一个网页同时用两个内核处理。这样的浏览器有 360 高速浏览器、搜狗高速浏览器等。

11.1.4 配置 PC 端和移动端的开发环境

1. 组建无线局域网

在局域网中安装无线路由器，开发和测试网站的计算机的 IP 地址，如 http://192.168.1.100/，调试网络，通过有线和无线都能访问该计算机的站点。

2. 配置 Apache 站点

（1）在 D 盘新建文件夹 "ky-MobileCommerce"，在其中新建 "index.html" 文件和 "images" 文件夹。

（2）安装 AppServ，安装时配置 Apache 的 Server Name 为开发和测试网站的计算机的 IP 地址 192.168.1.100，端口号使用默认的 80 端口（即网站访问地址），通过无线路由，其他 PC 端和移动端都能通过网站地址 http://192.168.1.100/访问网站。

（3）将默认网站的主目录设置为站点根文件夹，选择"开始"→"AppServ"→"Configuration Server"→"Apache Edit the httpd. Configuration"命令，打开 Apache 配置，修改 DocumentRoot 和 Directory 参数为 "D:/ ky-MobileCommerce"。

（4）分别通过 PC 端和移动端，访问站点 IP 地址，检查局域网中站点是否配置成功。

3. 安装 IETester

由于 IE 各版本兼容性差异过大，在开发时不可能安装 IE 的各个版本进行调试，需要使用更方便的 IETester 工具，从 http://ietester.cn/上下载，安装后的界面效果如图 11-3 所示。

图 11-3　IETester 工具

4. 安装 PC 端 Firefox 浏览器模拟移动设备端的组件

（1）打开 Firefox 浏览器，选择"工具"→"附加组件"→"浏览所有附加组件"命令，在搜索框中搜索"Configuration Mania"组件，下载后安装。

（2）重新启动浏览器，安装完成后，在"工具"菜单中能选择"Configuration Mania"组件，然后选择需要模拟的移动设备，如 Mobile Android，Firefox 会改变模式浏览网页，具体设置如图 11-4 所示。

图 11-4　Firefox 浏览器安装 Configuration Mania 模拟移动端

5. 网站结构、页面、代码设计

移动端网站是独立于 PC 端的一个模块，创建一个"Mobile"文件夹存储于 PC 端站点根目录中，在"Mobile"文件夹中有独立的"style"文件夹，用于存储移动端的 CSS 样式和装饰图像；"Script"文件夹，用于存储脚本代码；网站各模块的文件夹，用于存储移动端显示的各模块的相关网页和图像等资源。

6. 建立 Dreamweaver 站点

（1）打开 Dreamweaver，通过站点管理器，将文件夹"ky-MobileCommerce"设置为站点，再选择"服务器"选项卡，添加"本地/网络"测试服务器，将 Web URL 修改为"http://192.168.1.100/"，服务器模型选择"PHP+MySQL"站点技术。按 F12 键测试是否配置成功。

（2）在站点中创建文件夹和网页，将工作任务 10 整理和处理的图像资源复制到相关文件夹中，将 PC 端和移动端的装饰图像分别复制到根目录 style/images 的 mobile/style/images 中，内容图像也分别复制到各自的模块中。

（3）按工作任务 9 中搜索引擎优化的要求分别设置 PC 端和移动端的基本网页信息。

11.2　PC 端网站页面制作

11.2.1　PC 端网页布局分析

（1）将首页划分为 4 个区域，分别用语义标记<header>、<section>、<aside>、<footer>表示。<header>中包含 3 个<section>和 1 个<nav>，分别定义顶部说明、公司标识、导航条、广告条；<section#con1>分为 3 个<section>，表示 3 栏内容；<aside>分为 4 个<section>，表示 4

栏内容；如图 11-5 所示。

（2）将次级页面划分为 3 个区域，分别用语义标记<header>、<section>、<footer>表示。<header>中包含 3 个<section>和 1 个<nav>，分别定义顶部说明、公司标识、导航条；次级广告条；<section#con>分为两部分，即<aside>和<article>，表示侧边栏和正文内容；如图 11-6 所示。

图 11-5　PC 端首页布局分析

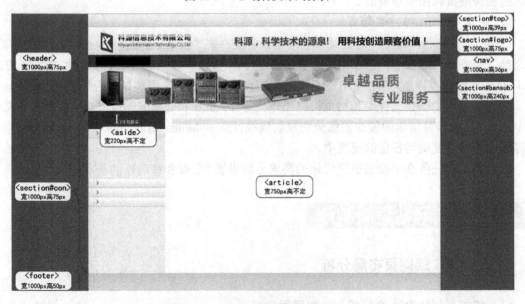

图 11-6　PC 端次级页面布局分析

11.2.2 兼容性的选择

1. 导航栏的设置

导航栏添加两色渐变背景效果，导航栏左边强调效果区域的圆角效果。

```
<nav>
  <div>专业 IT 服务提供商</div>
  <ul></ul>
</nav>
```

不使用 CSS 3 的样式：

```
nav{margin:0 auto;width:1000px;height:36px;
    background:url(images/nav_bg.jpg) repeat-x; }
nav div{width:200px;line-height:36px;text-align:center;float:left;
        color:#FFFFFF;background:url(images/nav_left.jpg) no-repeat; }
```

使用 CSS 3 的样式：

```
nav{margin:0 auto;width:1000px;height:34px;
    border-bottom:solid 2px #fff;
    background:-webkit-gradient(linear, 50% 0, 50% 100%, from(#BD0100),
          to(#E00201));
    background:-moz-linear-gradient(top,#BD0100,#E00201);
    background:-o-linear-gradient(top,#BD0100,#E00201);
    background:-ms-linear-gradient(top,#BD0100,#E00201);
    filter:progid:DXImageTransform.Microsoft.gradient(gradientType=0,
         startcolorstr=#BD0100,endcolorstr=#E00201);
    -ms-filter:progid:DXImageTransform.Microsoft.gradient(gradientType=0
           startcolorstr= #BD0100,endcolorstr=#E00201);}
nav div{width:155px;line-height:24px;text-align:center;float:left;
       color:#FFFFFF;margin:5px 0 0 23px; background:#000000;
       border-radius:5px;}
```

CSS 3 的圆角边框 border-radius 属性不区分浏览器的内核，可直接使用，但支持 CSS 3 的高版本浏览器才能支持该属性，如 IE 9+、Chrome 27+、Firefox 30+等。设置一个值时，若 4 个角的圆弧相等，则可按左上（top-left）、右上（top-right）、右下（bottom-right）、左下（bottom-left）的顺序设置值，可省略后面的属性，若省略该值，则等于对角的值。

CSS 3 渐变背景分为 linear-gradient（线性渐变）和 radial-gradient（径向渐变）。而该区域是线性渐变效果，内核不同，其写法是不同的。

（1）WebKit 内核的写法如下。

```
-webkit-gradient(linear, 50% 0, 50% 100%, from(#BD0100), to(#E00201));
```

第一个参数：渐变的类型，linear 表示线性渐变，radial 表示径向渐变。
第二个参数：分别对应起始位置 X、Y 方向的渐变。
第三个参数：分别对应终止位置 X、Y 方向的渐变。
第四个参数：设置起始位置的颜色。
第五个参数：设置终止位置的颜色。

支持的浏览器有 Chrome 27+、Chrome for Android 37+、Safari 5.1+、iOS Safari 7.1+、Opera 23+等。

（2）Mozilla 内核的写法如下。

```
-moz-linear-gradient(top,#BD0100,#E00201)
-moz-linear-gradient(top,#BD0100 0%,#E00201 100%)
```

第一个参数：线性渐变的类型从上到下。
第二个参数：起始的颜色和位置，0%可以省略。
第三个参数：终止的颜色和位置，100%可以省略。
支持的浏览器有 Firefox 30+、Firefox for Android 32+等。

（3）Opera 内核的写法如下。

```
-o-linear-gradient(top,#BD0100,#E00201);
```

其参数用法与 Mozilla 内核相同。支持 OperaMobile 22+等浏览器。

（4）Trident（IE10+）内核的写法如下。

```
-ms-linear-gradient(top,#BD0100,#E00201);
```

其参数用法与 Mozilla 内核相同。

（5）IE 7 内核的写法如下。

```
filter:progid:DXImageTransform.Microsoft.gradient(,gradientType=0,startcolorstr=#BD0100,endcolorstr=#E00201);
```

第一个参数：0 表示线性渐变，1 表示径向渐变。
第二个参数：起始颜色。
第三个参数：终止颜色。

（6）IE 8、IE 9 内核的写法如下。

```
-ms-filter:progid:DXImageTransform.Microsoft.gradient(startcolorstr=#BD0100,endcolorstr=#E00201,gradientType=0);
```

其参数用法与 IE 7 相同。

2．顶部说明区域的效果

顶部说明区域添加五色渐变背景效果。

```
<section id="top"></section>
```

不使用 CSS 3 的样式：

```
#top{height:39px;background:url(images/top.jpg) repeat-x;}
```

使用 CSS 3 的样式：

```
#top{height:39px;
    background:-webkit-gradient(linear, 50% 0, 50% 100%, from(#F5F5F5),
        color-stop(20%,#EDEDED),color-stop(89%,#D3D3D3),
        color-stop(90%,#BABABA),color-stop(95%,#E5E5D5),
        to(#FFFFFF));
    background:-moz-linear-gradient(top,#F5F5F5 0,#EDEDED 20%,#D3D3D3 89%,
```

```
                    #BABABA 90%,#E5E5D5 95%,#FFFFFF 100%);
       background:-o-linear-gradient(top, #F5F5F5 0,#EDEDED 20%,#D3D3D3 89%,
                    #BABABA 90%,#E5E5D5 95%,#FFFFFF 100%);
       background:-ms-linear-gradient(top,#F5F5F5 0,#EDEDED 20%,#D3D3D3 89%,
                    #BABABA 90%,#E5E5D5 95%,#FFFFFF 100%);
       filter: progid:DXImageTransform.Microsoft.gradient(
              startcolorstr=#F5F5F5,endcolorstr=#D3D3D3,gradientType=0);
       -ms-filter:progid:DXImageTransform.Microsoft.gradient(
              startcolorstr=#F5F5F5,endcolorstr=#D3D3D3,gradientType=0);}
```

IE 7、IE 8、IE 9 只支持双色渐变，不支持多种色彩的渐变。

综合以上示例，使用背景图像的方式，代码简单，只需一行，兼容性好，但存储容量大；而使用 CSS 3 代码需多行、不兼容 IE 6/7/8/9，但 CSS 3 灵活、存储容量小、更适合未来的发展。

经验分享：

那么到底应不应该兼容 IE 6/7/8 呢？

这个问题争论了很久，其实必须根据实际情况而制定。

1）成本控制

互联网项目如果不是旧的网站升级，也不是大门户的新闻网站，则成本控制和尽快上线测试才是最重要的。而如果新网站一味要求全面兼容，则会导致成本加剧。

2）用户选择

网易和腾讯在其新闻应用上兼容了几乎所有的手机平台，如 iOS、安卓、塞班等，因为新闻应用的核心在于新闻，而新闻的用户基数巨大，需要兼顾各类用户。而腾讯的几十个应用，除了新闻、QQ、浏览器外，其他基本只在 iOS 和安卓中兼容，在塞班和黑莓及其他系统中基本不兼容，放弃少数使用低版本和特殊浏览器的用户也是一种成本控制。

3）项目侧重点

项目重点在哪里？是为了看新闻，还是为了宣传线下产品？什么情况下有必要兼容低版本浏览器呢？首先这种类型的网站不需要太好的用户体验，不需要太多的交互操作，只是看，而兼容的成本比较低，并且核心在新闻或产品。但如果项目中有大量的交互、大量的操作，如全球最大的社交网已经不兼容 IE 6/7，最大的微博也不兼容 IE 6/7。

4）用户体验

如果项目有大量的 JavaScript 和 AJAX 操作，那么兼容 IE 6/7 的成本确实很高，用户体验也会很差。用户体验好的模式，能增加用户黏度，增加付费潜在用户。牢牢把握住忠诚用户，做到他们心目中的第一，切不可为了那些可用、可不用的用户去降低体验、增加成本。

而该移动商务网站从用户群、项目侧重点等来看，需要兼容 IE 6/7/8，所以 PC 端使用 HTML 5 增强搜索性，但不使用 CSS 3，才能支持对 IE 6/7/8 的兼容；移动端使用 HTML 5 和 CSS 3，对 iOS、安卓、WinPhone 等都支持。

11.2.3 首页制作

1. 新建 CSS 文件

打开 Dreamweaver，在站点根目录下的"style"文件夹中新建"style.css"文件，打开站点根目录下的 index.html 网页，添加对该 CSS 文件的超链接，添加通用标识符的 CSS 属性。

```
*{margin:0;padding:0;font-size:12px;color:#000000;font-family:"宋体";
 list-style:none;font-weight:normal;}
a:link,a:active{color:#000000;text-decoration:none;}
a:visited{color:#666666;text-decoration:none;}
a:hover{color:#CC0000;text-decoration:underline;}
body{background-color:#454545;}
```

2. 添加 HTML 5 兼容性解决代码

见 11.1.2 小节中对不支持 HTML 5 的浏览器的处理。

3. 制作<header>区域

该区域包含 4 个区域，第一个<section id="top">为顶部说明区，第二个<section id="logo">为公司标识区域，<nav>为网站的主导航条，<section id="banner">为广告条区。<nav>导航条中仍然需要使用<ul><li>实现并列多项超链接。广告条使用 jQuery 的图片滚动切换特效，并显示切换图片编号。其结构和内容代码如下。

```
<header>
  <section id="top">
    <div id="provide">公司提供的产品和服务涵盖以下市场：中小型企业、
             小型办公室和个人消费者！欢迎来电咨询洽谈！</div>
    <div id="tel">品牌热线：<strong>088-88888888  400-888-8888</strong></div>
  </section>
  <section id="logo">
    <div><a href="#" title="科源信息技术有限公司！">科源信息技术有限公司！</a></div>
  </section>
  <nav>
    <div>专业IT服务提供商</div>
    <ul id="topnav">
      <li><a href="#">首页</a></li>
      <li><a href="#">网络与安全产品</a></li>
      <li><a href="#">办公与会议产品</a></li>
      <li><a href="#">IT外包服务</a></li>
      <li><a href="#">新闻中心</a></li>
      <li><a href="#">服务中心</a></li>
      <li class="nav_right"><a href="#">关于科源</a></li>
    </ul>
  </nav>
  <section id="banner">
    <ul class="slider">
      <li><a href="#"><img src="style/images/banner1.jpg" alt="科源"
                    border="0"></a></li>
      <li><a href="#"><img src="style/images/banner2.jpg" alt="科源"
                    border="0"></a></li>
      <li><a href="#"><img src="style/images/banner3.jpg" alt="科源"
                    border="0"></a></li>
    </ul>
```

```
      <ul class="num">
        <li>1</li>
        <li>2</li>
        <li>3</li>
      </ul>
    </section>
  </header>
```

添加 CSS 样式的代码如下。使用"#id"或"标记 #id"形式的选择器将样式与标记 ID 进行绑定,或使用"#id 子标记"形式的选择器将样式与某个标记的子标记进行绑定,这样的绑定才能使样式优先于前面设置的通用样式。

```
header{width:1000px;margin:0 auto;}
#top{height:39px;background:url(images/top.jpg) repeat-x;}
#top #provide{text-indent:1em;width:700px;line-height:34px;float:left;}
#top #tel{width:250px;line-height:34px;float:right;}
#top #tel strong{color:#CC0000;font-weight:bold;}
#logo{height:75px;background:url(images/header.jpg) no-repeat;}
#logo div a{display:block;width:300px;height:75px;text-indent:-500px;
            white-space:nowrap;overflow:hidden;}
nav{background:url(images/nav_bg.jpg) repeat-x;height:36px;}
nav div{width:200px;line-height:36px;text-align:center;float:left;
        color:#FFFFFF;background:url(images/nav_left.jpg) no-repeat;}
nav ul li{float:left;width:114px;line-height:36px; text-align:center;
          background:url(images/nav_mid.jpg) no-repeat top right; }
nav ul li.nav_right{background:none;}
nav ul#topnav a{color:#FFFFFF;text-decoration:none;}
nav ul#topnav a:hover{text-decoration:underline;}
#banner{height:240px;overflow:hidden;position:relative;clear:both;}
#banner ul.slider{position:absolute;}
#banner .slider li{display:inline;}
#banner ul.slider img{display:block;width:1000px;height:240px;}
#banner ul.num{position:absolute;right:5px;bottom:5px;}
#banner ul.num li{float:left;width:15px;line-height:15px;cursor:pointer;
                  font-weight:bold;text-align:center; margin:3px;
                  border:solid 1px #CC0000;background-color:#FFFFFF;}
#banner ul.num li.on{background-color:#CC0000;color:#FFFFFF;}
```

添加广告条区图片滚动切换特效,新建 ad.js,存储到"script"文件夹中,在首页中添加对 jQuery 库文件和 ad.js 文件的超链接,代码如下。

```
$(function(){
    var len=$(".num li").length;//图像和图号的个数
    var i=0;//变量,用于存放当前的图号值,即第几幅图
    var adTimer;/变量,用于存储setInterval()返回的值,用做clearInterval()方法的
参数*/
    //鼠标指针放在图号上时,切换为对应图号的图像;鼠标指针离开时,切换到第1幅图像
    $(".num li").mouseover(function(){
```

```
            i=$(".num>li").index(this);
            showImg(i);
        }).eq(1).mouseover();
        //鼠标指针放在广告条区时停止动画；鼠标指针离开时开始动画，并以 3000ms 为间隔，切换
不同的图像
        $("#banner").hover(function(){
            clearInterval(adTimer);  //清除对 setInterval()方法的调用
        },function(){//setInterval()方法会按时间周期不停地调用函数
            adTimer=setInterval(function(){
                showImg(i);
                i++;

                if(i==len){i=0;}
            },3000);
        }).trigger("mouseleave");
        //动画图像切换方法，通过控制 top 来显示不同的图像
        function showImg(i){
            var adHeight=$("#banner").height();
            $("#banner>.slider").stop(true,false)
                                .animate({"top":-adHeight*i+"px"},1000);
            $("#banner>.num li").removeClass("on").eq(i).addClass("on");
        }
    });
```

4. 制作<section#con1>区域

该区域包含 3 个栏目，分别用<section id="con1_col1">、<section id="con1_col2">、<section id="con1_col3">表示，其中，导航的一级标题使用<h1>、二级标题使用<h2>、三级使用<ul><li>列表表示，"更多"图像使用<h4>表示，一级标题下方的装饰图像使用<div>表示。结构和内容代码如下。

```
<section id="con1">
  <section id="con1_col1">
    <h1><a href="#">网络与安全产品</a></h1>
    <div><a href="#">网络设备、网络安全</a></div>
    <h2><a href="#">【网络产品】</a></h2>
    <ul>
      <li><a href="#">交换机</a></li>
      <li><a href="#">路由器</a></li>
      <li><a href="#">无线系列</a></li>
      <li><a href="#">共享上网一体机</a></li>
    </ul>
    <h2><a href="#">【安全产品】</a></h2>
    <ul>
      <li><a href="#">VPN</a></li>
      <li><a href="#">防火墙</a></li>
      <li><a href="#">入侵检测与防御</a></li>
      <li><a href="#">安全沙盒</a></li>
    </ul>
```

```html
      <h2><a href="#">【服务器产品】</a></h2>
      <ul>
        <li><a href="#">DELL</a></li>
        <li><a href="#">SUN </a></li>
        <li><a href="#">IBM</a></li>
        <li><a href="#">惠普</a></li>
      </ul>
      <h4><a href="#"><img src="style/images/more.jpg" alt="更多" border="0">
          </a></h4>
    </section>
    <section id="con1_col2">
      <h1><a href="#">办公与会议产品</a></h1>
      //……（省略，与第1栏的结构一样）
    </section>
    <section id="con1_col3">
      <h1><a href="#">IT 外包服务</a></h1>
      //……（省略，与第1栏的结构一样）
    </section>
</section>
```

添加 CSS 样式的代码如下。

```css
section#con1{background-color:#fff;margin:0 auto;width:1000px;
             height:285px;padding:15px 0px;}
#con1_col1{margin-left:5px;}
#con1_col2{margin:0 12px;}
section#con1 section{float:left;width:320px;height:285px;
                     border:solid 1px #CCCCCC;
                     background:url(images/con_title_bg.jpg) repeat-x;}
section#con1 section h1{line-height:23px;padding-left:15px;
                     background:url(images/con_title_line.jpg) no-repeat;}
section#con1 section h1 a{font-weight:bold;}
section#con1 section div a{display:block;width:320px;height:100px;
                     text-indent:320px; margin-bottom:10px;
                     white-space:nowrap;overflow:hidden; }
#con1_col1 div{background:url(images/column1.jpg) no-repeat;}
#con1_col2 div{background:url(images/column2.jpg) no-repeat;}
#con1_col3 div{background:url(images/column3.jpg) no-repeat;}
section#con1 section h2{line-height:20px;clear:both;}
section#con1 section h2 a{color:#CC0000;font-weight:bold;}
section#con1 section h2 a:hover{color:#FF0000;text-decoration:none;}
section#con1 section h4{line-height:20px;clear:both;padding-left:260px;}
section#con1 section ul{line-height:20px;padding-left:30px;}
section#con1 section ul li{text-indent:10px;float:left;}
```

5. 制作<aside>区域

该区域包含 4 个栏目，分别用<section id="con2_col1">、<section id="con2_col2">、 id="con2_col3">、<section id="con2_col4">表示，每个栏目使用<dl><dt><dd>结构表示，<dl>为定义列表，<dt>为定义列表的标题，<dd>为定义列表中的列表项。结构和内容代码如下。

```html
<aside id="con2">
  <section id="con2_col1" class="con2_col">
    <dl>
      <dt><a href="#">业内动态</a></dt>
      <dd><a href="#">激发网络力量，开启无限商机</a></dd>
      //……（省略<dd>列表项）
    </dl>
  </section>
  <section id="con2_col2" class="con2_col">
    <dl>

      <dt><a href="#">服务帮助</a></dt>
      <dd><a href="#">在线服务咨询</a></dd>
      //……（省略<dd>列表项）
    </dl>
  </section>
  <section id="con2_col3" class="con2_col">
    <dl>
      <dt><a href="#">服务流程</a></dt>
      <dd><a href="#">1.认识科源：公司理念，经营模式、未来发展</a></dd>
      //……（省略<dd>列表项）
    </dl>
  </section>
  <section id="con2_col4" class="con2_col">
    <dl>
      <dt><a href="#">友情链接</a></dt>
      <dd><a href="#">思科中国</a></dd>
      //……（省略<dd>列表项）
    </dl>
  </section>
</aside>
```

添加 CSS 样式的代码如下。

```css
aside#con2{width:1000px;height:160px;margin:0 auto;
        background-color:#FFFFFF;}
aside section{border-top:solid 1px #ccc;float:left;
        background:url(images/con_title_bg.jpg) repeat-x;}
#con2_col1{width:290px;margin-left:5px;}
#con2_col2{width:200px;}
#con2_col3{width:300px;}
#con2_col4{width:200px;}
aside section dt{line-height:23px;padding-left:15px;font-weight:bold;
        background:url(images/con_title_line.jpg) no-repeat;}
aside section dd{line-height:20px;}
```

6. 制作<footer>区域

该区域只包含一个<div>，用于表示版权信息、备案信息和联系方式等。结构和内容代码如下。

```
<footer>
  <div>Copyright &copy; 2013-2015 科源信息技术有限公司……</div>
</footer>
```

添加 CSS 样式的代码如下。

```
footer{clear:both;width:1000px;height:50px;line-height:20px;
       margin:0 auto;text-align:center;
       background:url(images/footer.jpg) repeat-x;}
footer div{padding-top:8px;}
```

11.2.4 次级页面制作

多个次级页面复用首页相同的效果和 CSS，次级页面布局结构的主要的不同之处在于要将<section id="con1">和<aside>替换为<section id="con_sub">，而它包含<aside>和<article>；且要<header>中的广告条改为次级广告条，使用 GIF 格式的动画。

1. 创建模板

（1）新建模板文件 itout.dwt，将首页中的<header>和<footer>区域代码复制到模板文件中。
（2）删除<header>中的<section id="banner">，添加<section id="banner_sub">。

```
<section id="banner_sub">
  <a href="#"><img src="style/images/banner-sub1.jpg" alt="IT 外包服务"
                   border="0"/></a>
</section>
```

其 CSS 样式的代码如下。font-size:0 用于清除 display:inline-block 元素换行符间隙。

```
#banner_sub{height:120px;font-size:0;}
```

（3）删除<section id="con1">和<aside>，添加<section id="con_sub">，其中添加<div id="float">是为了使内容的高度自动延展，并有背景颜色。再添加<aside>和<article>，作为侧边栏和正文内容。为<aside>侧边栏添加折叠菜单，折叠效果见学习情境 2 中的工作任务 7，将工作任务 7 的 tree.js 文件复制到"script"文件夹中，再链接到网页中。其代码如下。

```
<section id="con_sub">
  <div id="float">
    <aside>
      <h1><strong>I</strong>T 外包服务</h1>
      <ul class="PanelTree">
        <li class="PanelTab">
          <a href="#">认识 IT 外包服务</a>
          <ul class="PanelContent">
            <li><a href="outsourcing.htm">IT 外包服务介绍</a></li>
```

```
                    //……（省略<li>列表项）
                </ul>
            </li>
            //……（省略<li>列表项）
        </ul>
    </aside>
    <article>
        <h3>当前位置：IT 外包服务 &gt;&gt; </h3>
        <div id="detail"></div>
    </article>
    </div>
</section>
```

其 CSS 样式的代码如下，包括次页主要内容区的样式和折叠菜单的样式。

```
section#con_sub{width:1000px;margin:0 auto;}
section#con_sub aside{float:left;width:220px;background:#ECECEC;}
section#con_sub article{float:left;width:780px;background:#fff;}
section#con_sub h1{line-height:50px;text-align:center;color:#FFF;
        height:50px;background:url(images/one_level.jpg) repeat-x;}
section#con_sub h1 strong{color:#FFF;font-size:32px;}
section#con_sub article h3{height:50px;line-height:50px;padding-left:30px;
        background:url(images/location.jpg) no-repeat center center;}
#float{float:left; background:#fff;}
#detail{padding:0 15px;}
.PanelTab{line-height:25px;border-bottom:solid 1px #CCC;padding-left:50px;
        background:url(images/two_level.jpg) no-repeat; }
.PanelContent{line-height:20px;display:none;}
.PanelTab_O{line-height:25px; border-bottom:solid 1px #CCC;
        padding-left:50px;
        background:url(images/two_level_open.jpg) no-repeat; }
```

（4）插入可编辑区域。在<h3>的文字后面插入可编辑区域"标题"，在<div id="detail"></div>内插入可编辑区域"正文"。

2．使用模板创建次级页面

通过模板页批量创建页面，在可编辑区域中插入相应的标题和正文，在各浏览器和 IETester 工具中调试网页，如果布局有问题，则修改模板页，根据模板页生成的网页自动更新。

11.3 移动端网站页面制作

11.3.1 移动端网页布局分析

（1）首页划分为 4 个区域：<header>、<nav>、<aside>、<footer>。<header>包含 3 个<section>，分别为公司标识、搜索栏、广告条；<nav>导航区包含一个三级嵌套的<ul>列表；<aside>包含一个返回顶部的<div>；<footer>包含一个<ul>超链接列表和版权说明的<div>；如图 11-7 所示。

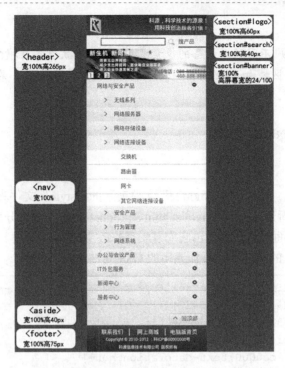

图 11-7　移动端首页布局分析

（2）次级列表页面划分为 4 个区域：<header>、<nav>、<aside>、<footer>。<header>中包含 3 个<section>，分别为公司标识、搜索栏、次级广告条，公司标识中的文字换成图标超链接，次级导航条与首页中导航条的高度不同；<nav>导航区包含一个定义列表；<aside>包含两个<div>，一个用于查看更多，一个用于返回顶部；<footer>与首页布局相同，如图 11-8 所示。

（3）次级产品页面划分为 4 个区域：<header>、<article>、<aside>、<footer>。<header>中包含两个<section>，分别为公司标识、搜索栏；<article>内容区包含两个<section>，一个是产品基本信息，一个是产品详细信息；<aside>和<footer>与次级列表页面相同；如图 11-9 所示。

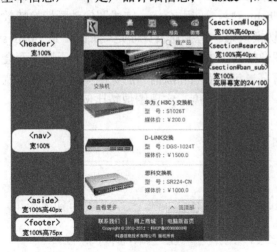

图 11-8　移动端次级列表页面布局分析　　图 11-9　移动端次级产品页面布局分析

知识解说：

为了使浏览器自适应不同移动设备的像素宽度，即同一款设备在横向和纵向时也有不同的像素宽度，所以各主要区域如<header>、<nav>、<aside>、<footer>，在制作时宽度都设置为100%才能使网页自适应。

11.3.2 制作<header>区域

1．新建三级文件

打开 Dreamweaver，在站点的"mobile"文件夹下的"style"文件夹中新建 style.css 文件，在"mobile"文件夹中新建 index.html、list.html、product.html 网页，分别用于表示首页、次级列表页面、次级产品页面，其他页面由它们复制后修改生成。

添加对该 CSS 文件的超链接，添加通用的 CSS 属性，代码如下。

```
*{margin:0;padding:0;font-size:16px;color:#333333;list-style:none;}
body{background-color:#454545;}
a:link{color:#333333;text-decoration:none}
a:visited{color:#333333;text-decoration:none}
a:active{color:#cc0000;text-decoration:none}
a:hover{color:#cc0000;text-decoration:underline;}
```

2．三级页面的<header>区域的制作分析

第 1 个<section id="logo">为公司标识区域，背景不使用背景图像，而使用 CSS 3 的背景渐变属性。它包含两个<div>，第 1 个用于显示标识，第 2 个用于显示标题，而在次级页面中也分为两个部分，第 1 个仍然显示标识，第 2 个则显示超链接图标组，在制作首页时要为其他页面的制作考虑，尽量复用结构和样式代码，只需在<ul><li>列表中替换其中的文字，只添加<ul>和<li>选择符的样式，不需要修改<div>和<header>。

第 2 个<section id="search">为搜索栏，包含一个表单，用于搜索网站中的产品等，但需要与 PHP+MySQL 等动态网站效果配合。三级页面都相同。

第 3 个是广告条，首页中是<section id="banner">，采用 jQuery 完成图像动画切换特效，因设备的显示方式决定了动画为从左到右的切换效果。次级列表页面是<section id="ban_sub">，采用一幅静态广告图像。jQuery 动画和图像的显示也需要自适应屏幕宽度，否则界面会很难看。在设计时，图像已经考虑了不同设备屏幕（包括横向和纵向）的宽度问题，高度：宽度=0.24，在制作中通过 CSS 3 和 jQuery 技术，判断屏幕宽度，实现图像按比例纵横缩放。

3．首页<header>区域的制作

首页的<header>区域的结构和内容代码如下。

```
<header id="index">
  <section id="logo" name="logo">
    <div id="logo1"><a href="index.html">欢迎光临科源信息技术有限公司！</a>
    </div>
    <div id="logo2">科源，科学技术的源泉！<br/>用科技创造顾客价值！</div>
  </section>
  <section id="search">
```

```
      <form id="frmsearch">
        <input type="search" class="txtinput"/>
        <input type="button" class=" btnsearch"/>搜产品
      </form>
    </section>
    <section id="banner">
      <ul class="slider">
        <li><img src="images/banner1.jpg"/></li>
        <li><img src="images/banner2.jpg"/></li>
        <li><img src="images/banner3.jpg"/></li>
      </ul>
      <ul class="num" >
        <li>1</li>
        <li>2</li>
        <li>3</li>
      </ul>
    </section>
</header>
```

首页<header>区域的 CSS 样式设置如下。

```
header{width:100%;}
#logo{height:60px;
      background: -webkit-gradient(linear, 50% 0, 50% 100%, from(#a50d0c),
              to(#db1919));
      background:-moz-linear-gradient(top,#a50d0c,#db1919);
      background:-o-linear-gradient(top,#a50d0c,#db1919);
      background:-ms-linear-gradient(top,#a50d0c,#db1919);}
#logo1 a{display:block;width:50px;height:60px;text-indent:-500px;
      white-space:nowrap;overflow:hidden;}
#logo1{float:left; background:url(images/logo.png) no-repeat 10px 5px;
      width: 50px;height:60px;}
#logo2{float:right;width:270px;text-align:right;color:#fff;
      line-height:20px;padding-top:10px;}
#search{clear:both;padding:8px;background:#f8f8f8;text-align:center;}
.txtinput{border:2px solid #cc0000;background:#fff;height:22px;}
.btnsearch{width:22px;height:22px;border:0;margin:0 8px;
        background:url(images/search_grey.png) no-repeat;}
#banner{position:relative;overflow:hidden;width:100%;}
.slider,.num{position:absolute;}
.slider{width:300%;transition:left 1s ease-in-out;}
.slider li{height:auto;float:left;width: 33%;}
.slider img{width:100%}
.num{left:3px;bottom:3px;}
.num li{display:inline-block;color:#cc0000;text-align:center; width:16px;
      line-height:16px;cursor: pointer;
      border:1px solid #cc0000;background-color:#fff;}
.num li.on{color:#fff;background-color: #CC0000;}
```

（1）<section id="logo">区域，使用 CSS 3 的渐变背景，内核不同，其写法也不同。

（2）<div id="logo1">左浮动，宽度为 50px；<div id="logo1">右浮动，宽度为 270px。这部分的宽度设计是为了兼容部分分辨率比较小的手机，如 320*480，如果是分辨率比较大的设备，则会靠屏幕的左右两边，中间空起，不会影响显示，但如果比这个分辨率还小，则右边的 logo2 会显示在下一行。

（3）搜索栏的表单项旁边有文字，行高属性无效，需通过 padding 或 margin 值设置其位置，PC 端的表单也会存在类似的问题，需注意。按钮通过 class 设置背景图像，即可改变默认的显示效果，使按钮变得更漂亮。而搜索文本框采用了 HTML 5 中的智能表单的 search 输入框，移动设备会自动调用不同的输入模式。

（4）<section id="banner">区域的 CSS 样式需要与 jQuery 切换图片效果配合。

使用了 CSS 3 的属性过渡效果：

```
transition:left 1s ease-in-out;
```

第一个参数：动画的样式，使用CSS的属性值，这里使用了left，表示左边位置的变化过渡。
第二个参数：动画时间，1s，还可以为ms。
第三个参数：速度效果的速度曲线，ease-in-out 规定以慢速开始和结束的过渡效果，还有其他参数值，可参阅API或相关帮助。

这里还使用了 inline-block，属于 CSS 2.1 中新增的，表示将对象作为内联对象，但是将对象的内容作为块对象，这里的<li>对象能在一行内横向显示，可不再使用浮动。但该样式特殊的是，如果并列的元素间有换行或空格，则会被当做一个块元素显示，显示相当于一个空格符或者间隙。如果按下面的代码编写，则不会有空格符样的间隙，如果这样编写代码，并列的元素间又需要间隙，就需要加 margin:3px 样式。

```
<li>1</li><li>2</li><li>3</li>
```

jQuery 切换图像，复制 PC 端的 ad.js 到 "mobile/script" 文件夹中进行修改，同时超链接 jQuery 库和新的 ad.js 文件。在$(function(){……});中修改 showImg(i)方法为左右切换，并加入适应宽度的代码的方法。

```
//动画图像切换方法，通过控制left 来显示不同的图像
function showImg(i) {
    var adWidth = $(".slider li").width();
    $(".slider").stop(true, false).css("left",-adWidth*i+"px");
    $(".num li").removeClass("on").eq(i).addClass("on");
}
//网页加载时调用方法，使图像适应屏幕的宽度，改变高度，保持图像的纵横比
changeWidth();
//当屏幕纵向、横向切换时调用方法，使图像适应屏幕的宽度，并改变高度，保持图像的纵横比
$(window).resize(function () {
    changeWidth();
});
//获取浏览器窗口的宽度，改变首页、次级列表页面广告条区和图像的宽及高
function changeWidth() {
    $(".slider").width($(window).width()*3);//首页，动画区的宽
```

```
        $(".slider li").width($(window).width());//首页,一幅图像的宽
        $("#banner").height($(window).width()*0.24);//首页,动画区的高
        //次级列表页面的静态广告图像的高
        $("#ban_sub").height($(window).width() * 0.24);
        //当有些设备分辨率太高时,给下方的<aside>区域添加空白,以免页面看起来太短
        //网页加载时和纵向、横向切换时,添加的空白区的值不相同,需要重新计算并设置
        $(window).height() > $("body").height() ? $("aside").css("padding-top",
                         $(window).height() - $("body").height() + "px")
             : $("aside").css("padding-top", "0px");
    }
```

4. 次级列表页面和次级产品页面的<header>区域的制作

次级列表页面<header>区域中将 banner 区修改为<section id="ban_sub"></section>,删除两个<ul>,添加图像和超链接。添加 CSS 样式#ban_sub img{width: 100%;},高度的自适应在 ad.js 中已实现,超链接 ad.js 和 jQuery 库文件。次级产品页面直接将广告条删除。

将次级列表页面和次级产品页面在<section id="logo">中的<div id="logo2">的文字换为<ul><li>列表。结构和内容代码如下。

```
<ul>
  <li><a href="index.html"><img src="style/images/icon_index.png"/><br/>
      首页</a></li>
  <li><a href="#"><img src="style/images/icon_product.png"/><br/>
      产品</a></li>
  <li><a href="#"><img src="style/images/icon_server.png"/><br/>
      服务</a></li>
  <li><a href="#"><img src="style/images/icon_microblog.png"/><br/>
      微博</a></li>
</ul>
```

<div id="logo2">中的<ul><li>列表的 CSS 样式如下。这里使用了 inline-block 样式,4 个并列元素的宽度和是 240px,再加上换行型块元素的间隙,其和值不大于上一级元素的 270px 的宽,不会影响显示。

```
#logo2 li{width:60px;display:inline-block;text-align:center;}
#logo2 li a{color:#fff;font-size:14px;}
```

11.3.3 制作<nav>区域

1. 三级页面的<nav>区域的制作分析

首页和次级列表页面有导航区<nav>,次级产品页面中是<article>正文区,将在 11.3.4 小节制作。

首页<nav>包含一个三级嵌套的列表,纵向排列。PC 端的导航分成两个部分:主导航条是横向的;次级导航条是纵向的。PC 端次级导航只有二级,而移动端的屏幕变小后,导航也会发生变化,会将三级导航合在一起。

次级列表页面是第三级类别产品的列表,通过它超链接到次级产品页面,它包含第三级类

别的标题的若干产品，符合定义列表<dl><dt><dd>的语义结构，未采用<ul><li>。

2. 首页<nav>区域的制作

首页<nav>区域的结构和内容代码如下。

```html
<nav id="nav">
    <ul id="PanelTree">
        <li class="Panel"><a href="javascript:void(0)">网络与安全产品</a>
          <ul class="PanelCon">
            <li class="PanelTab"><a href="javascript:void(0)">无线系列</a>
              <ul class="PanelContent">
                <li><a href="#">无线路由器</a></li>
                <li> <a href="#">无线网卡</a></li>
                <li> <a href="#">无线安全</a></li>
              </ul>
            </li>
            <li class="PanelTab"><a href="javascript:void(0)">网络服务器</a>
              <ul class="PanelContent">
                <li><a href="#">服务器整机</a></li>
                <li> <a href="#">服务器内存</a></li>
                <li> <a href="#">服务器电源</a></li>
                <li> <a href="#">服务器其他配件</a></li>
              </ul>
            </li>
            //……（省略二级<li>）
          </ul>
        </li>
        //……（省略一级<li>）
    </ul>
</nav>
```

首页<nav>区域 CSS 样式的代码如下。一、二级导航的背景不用图像，使用渐变 CSS 3 样式。一级、二级、三级的显示效果不同，折叠与展开时，一级和二级选项上的图标方向也会发生变化，使用 CSS 样式不同的背景图像进行切换，如果使用了特殊库，如 http://www.bootcss.com/，则可以使用字体图标。

```css
nav{width:100%;}
li.Panel,li.Panel_Open,li.PanelTab,li.PanelTab_Open{line-height:40px;
    background: -webkit-gradient(linear, 50% 0, 50% 100%, from(#f2f2f2),
                to(#e2e2e2));
    background:-moz-linear-gradient(top,#f2f2f2,#e2e2e2);
    background:-o-linear-gradient(top,#f2f2f2,#e2e2e2);
    background:-ms-linear-gradient(top,#f2f2f2,#e2e2e2);}
li.Panel,li.Panel_Open{text-indent:30px;}
li.PanelTab,li.PanelTab_Open{text-indent:80px;}
ul.PanelContent li{text-indent:100px;line-height:40px;
                background-color:#fff; border-top:1px solid #f3f3f3;
                border-bottom:1px solid #c5c5c5;}
```

```css
ul.PanelCon,ul.PanelContent {display: none;}
li.Panel a{width:100%;display:block; height:40px;
         background:url(images/add_close.png) 90% 10px no-repeat;}
li.Panel_Open a{width:100%;display:block; height:40px;
         background:url(images/add_open.png) 90% 10px no-repeat;}
li.PanelTab a{width:100%;display:block; height:40px;
         background:url(images/arrow_right.png) no-repeat 50px 12px;}
li.PanelTab_Open a{ width:100%;display:block; height:40px;
         background:url(images/arrow_bottom.png) no-repeat 45px 12px;}
ul.PanelContent li a{width:100%;display:block; height:40px;
         background:none;}
```

在"script"文件夹中添加文件 tree.js,方法与 PC 端类似,需要添加二级导航的鼠标单击事件方法,并且在方法中注意第一级导航需持续显示。

```javascript
$(function(){
    $(".Panel > a").click(function(){
        $ul=$(this).next("ul.PanelCon");
        if($ul.is(":visible")){
            $ul.slideUp().parent().attr("class","Panel");
        }
        else if($ul.is(":hidden")){
            $ul.slideDown().parent().attr("class","Panel_Open");
        }
    });
    $(".PanelTab > a").click(function(){
        $ul=$(this).next("ul.PanelContent");
        if($ul.is(":visible")){
            $ul.slideUp().parent().attr("class","PanelTab");
        }
        else if($ul.is(":hidden")){
            $ul.slideDown().parent().attr("class","PanelTab_Open");
            $(this).parent().parent().show();
        }
    });
});
```

3. 次级列表页面<nav>区域的制作

次级列表页面<nav id="nav_sub">区域的结构和内容代码如下。

```html
<nav id="nav_sub">
  <dl>
    <dt>交换机</dt>
    <dd>
```

```html
            <div><a href="h3c.html"><img src="images/h3c_small.jpg"/></a></div>
            <div><a href="h3c.html">华为（H3C）交换机</a><br/>
                型    号：S1026T<br/>媒体价：￥200.0</div>
        </dd>
        <dd>
            <div><a href="#"><img src="images/dlink_small.jpg"/></a></div>
            <div><a href="#">D-LINK 交换</a><br/>
                型    号：DGS-1024T<br/> 媒体价：￥1500.0</div>
        </dd>
        <dd>
            <div><img src="images/cisco_small.jpg"/></div>
            <div><a href="#">思科交换机</a><br/>
                型    号：SR224-CN<br/> 媒体价：￥1000.0</div>
        </dd>
    </dl>
</nav>
```

次级列表页面<nav id="nav_sub">区域 CSS 样式的代码如下。

```css
#nav_sub{background:#fff;width:100%;}
#nav_sub dt{line-height:40px; padding- left:30px;
        background: -webkit-gradient(linear, 50% 0,50% 100%,from(#f2f2f2),
            to(#e2e2e2));
        background:-moz-linear-gradient(top,#f3f1f2,#e4e2e3);
        background:-o-linear-gradient(top,#f3f1f2,#e4e2e3);
        background:-ms-linear-gradient(top,#f3f1f2,#e4e2e3); }
#nav_sub dd{height:100px;border-bottom:2px groove #eee;}
#nav_sub dd div{float:left;width:50%;margin-top:10px;line-height:25px;}
#nav_sub dd div a{color:#cc0000;font-weight:bold;}
#nav_sub dd div img{margin-top:10px;}
```

11.3.4 制作<article>区域

<article>内容区中包含两个<section>，<section id="product">用于说明产品基本信息，<section id="tab">用于说明产品详细信息。

产品基本信息页面中<section id="product">包含一个<h4>标题，一个图像<div>，一个文字说明<div>，样式也比较简单。

产品详细信息页面中<section id="tab">使用了选项卡形式，制作方法与工作任务 7 中无线路由器页面的选项卡（见 7.3.5 小节）相同，jQuery 代码复用，只需修改内容和宽、高、背景颜色、边框颜色等与屏幕宽度适应，去掉鼠标悬停效果，即去掉 jQuery 中的 hover 事件函数。

11.3.5 制作<aside>区域

<aside>区域包含一个返回顶部的<div id="return">，在右边显示。在次级的两个页面中该区域包含两个<div>，一个是返回顶部的<div id="more">，在左边显示；另一个是显示更多的

`<div id="return">`,显示在左边。

首页的<aside>结构和内容代码如下。

```
<aside>
   <div id="return"><a href="#logo">回顶部</a></div>
</aside>
```

次级列表页面和次级产品页面的<aside>结构和内容代码如下。

```
<aside>
   <div id="more"><a href="list.html">查看更多</a></div>
   <div id="return"><a href="#logo">回顶部</a></div>
</aside>
```

<aside>区域的 CSS 样式的代码如下。

```
aside{width:100%;height:40px;background:#e8e8e8;clear:both;}
#return{float:right;width:95px;height:27px;margin:5px 20px 5px 0;
        border:1px solid #aaaaaa;
        background: -webkit-gradient(linear, 50% 0, 50% 100%, from(#f2f2f2),
                to(#dedede));
        background:-moz-linear-gradient(top,#f2f2f2,#dedede);
        background:-o-linear-gradient(top,#f2f2f2,#dedede);
        background:-ms-linear-gradient(top,#f2f2f2,#dedede);}
#return a{display:block; padding-left:35px;line-height:27px;
        background:url(images/arrow_top.png) no-repeat 10px 6px; }
#more{float:left;width:120px;height:27px;margin:6px 20px 7px 0;}
#more a{display:block; padding-left:35px;line-height:27px;
        background:url(images/add_Close.png) no-repeat 10px 6px;}
```

11.3.6 制作<footer>区域

<footer>区域包含一个<ul>链接列表和版权说明。三级页面的该区域相同。其结构和内容代码如下。

```
<footer>
  <ul>
   <li><a href="#">联系我们</a></li>
   <li><a href="#">网上商城</a></li>
   <li><a href="../index.html ">电脑版首页</a></li>
  </ul>
  <div>Copyright &copy; 2010-2012 :科 ICP 备 00000000 号<br/>
       科源信息技术有限公司  版权所有
  </div>
</footer>
```

添加 CSS 样式的代码如下。

```
footer{width:100%;height:75px;text-align:center;clear:both;
       background: -webkit-gradient(linear, 50% 0, 50% 100%, from(#db1919),
                   to(#a50d0c));
       background:-moz-linear-gradient(top,#db1919,#a50d0c);
       background:-o-linear-gradient(top,#db1919,#a50d0c);
       background:-ms-linear-gradient(top,#db1919,#a50d0c);}
footer ul li{display:inline-block;width:100px;line-height:31px;
             color:#FFFFFF;font-size:14px;
             background:url(images/separator.jpg) no-repeat right;}
footer ul li:last-child{background:none;}
footer div{font-size:12px;line-height:22px;color:#FFFFFF;}
footer a:link,footer a:visited,footer a:hover{color:#FFF;}
```

11.3.7 移动端检测

当用户输入同一个网站地址（本地是局域网的 IP 地址，远程是域名地址）时，移动端和 PC 端打开的网页是不同的，分别是站点根目录下的 index.html、站点"mobile"文件夹下的 index.html，当输入网站地址时，访问的是站点根目录下的 index.html，需要在该文件中加一个判断，如果是 PC 端，则仍然访问这个页面；如果是移动端，则转向"mobile"文件夹中的 index.html。判断方法有很多，可以判断浏览器类型，也可以判断操作系统平台，还可以判断移动设备的品牌等。转向可以修改为移动设备端的二级域名。

下面代码中的 exp 变量包含了移动端的浏览器、操作系统、品牌等标识符。使用 navigator.userAgent 能取出所有设备浏览器的相关信息，再将这些信息转换为英文小写字符，如编码用的联想计算机（PC 端）是 mozilla/5.0 (windows nt 6.1; rv:33.0) gecko/20100101 firefox/33.0，调试用的三星 PAD（移动端）是 mozilla/5.0 (linux; u; android 4.1.2; zh-cn; gt-n5100 build/jzo54k) applewebkit/534.30 (khtml,like gecko) version/4.0 safari/534.30，判断这些信息中是否包含 exp 中列的任一标识符，如果有则返回 true，再转向移动端的首页，否则留在 PC 端首页。

注意：可使用 document.write(navigator.userAgent)将信息显示在网页中。代码 exp 变量中只列出了典型的，而不是全部移动设备的标识符，上网搜索可以找到很多，复制到代码中即可。

移动端的页面<footer>区域有一个转向"电脑版首页"的超链接，但转向根目录下的 index.html 后，它会再次判断是移动端，又转回"mobile"文件夹中的 index.html。解决的方法如下：在超链接地址中加一个#mobile 的链接锚点（hash），如<a href="../index.html#mobile">电脑版首页</a>，在 JavaScript 代码中添加条件，当转向根目录下的 index.html 时，如果超链接地址上的 hash 值等于"#mobile"，则停留在该页，否则转向"mobile"文件夹中的 index.html。

在 PC 端根目录下的"script"文件夹中创建 mobile.js，将 mobile.js 超链接到 PC 端网页的首页中，具体代码如下：

```
var childHash=window.location.hash;
if(childHash!="#mobile"){
    var exp=symbian|smartphone|midp|wap|vodafone|o2|pocket|kindle|mobile|
        windows ce|opera mobiipod|iphone|android|opera mini|blackberry|
        palm|hiptopwindows ce|opera mobi|windows ce; iemobile|nolkia/;
    var isMobile = navigator.userAgent.toLowerCase().match(exp) != null;
    if(isMobile){
```

```
            window.location.href="mobile/index.html";
        }
    }
```

11.4 网站测试

按照 11.1.2 小节中图 11-1 查询的中国用户使用浏览器的情况，安装各版本的浏览器进行逐一测试，并对测试结果进行记录，如表 11-3 所示，如对图文排版错误、内容加载不全、图片无法滚动、显示问题严重、脚本点击异常等具体情况进行记录，并进行修正，积累形成经验库，以后遇到同样的问题可在经验库中查询，避免再出现类似的排版问题。

表 11-3　PC 端网页测试

	IE 8	Chrome 21	IE 9	Sogou	IE 6	IE 10	Chrome 24	360 Safe	……
首页									
……									

登录网站 http://gs.statcounter.com，查询中国最近 12 个月移动端的浏览器的使用情况，如图 11-10 所示。根据使用情况在不同的移动端上安装不同版本的浏览器，再逐一进行测试，包括安卓、iOS、WinPhone 系统的手机、PAD 等设备，并对测试结果进行记录，如表 11-4 所示，积累形成经验库，以备以后查询。

表 11-4　移动设备端网页测试

	UC	Android	iPhone	Opera	QQ	Nokia	Chrome	IEMobile	……
首页									
……									

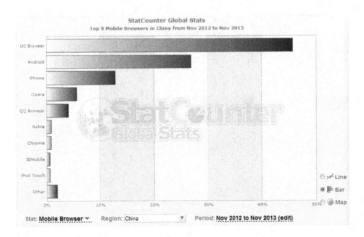

图 11-10　中国近 12 个月移动端浏览器版本使用情况（查询时间 2013 年 12 月 20 日）

任务总结

【巩固训练】

根据工作任务 10 巩固训练中的网站界面,完成网站的页面制作。具体要求如下。

(1)分别根据 PC 端和移动端搜索引擎优化的策略,规划网站的结构和网页的编码。

(2)能配置 PC 端网站网页和移动端网站网页开发的环境。

(3)应用 HTML 5 分别制作 PC 端网站网页和移动端网站网页。

(4)进行设备端检测转向不同的页面。

(5)搭建测试环境,针对不同的设备、不同的浏览器类型、不同的浏览器版本进行网页测试,修正错误。

【任务拓展】

拓展 1:查阅 HTML 5 的其他标记及其使用方法。

拓展 2:查询 CSS 3 的属性及其使用方法。

拓展 3:HTML 5、CSS 3 兼容性问题的解决方法。

【参考网站】

http://www.css3-html5.com/。

http://www.html5cn.org/。

http://www.aa25.cn/。

http://www.html5china.com/。

【任务考核】

(1)能否搭建 PC 端和移动端网页的开发环境。

(2)能否应用 HTML 5 制作 PC 端和移动端网页。

(3)网页效果与界面设计效果是否一致。

(4)是否进行了兼容性测试,在不同设备、不同浏览器及版本中都能正确显示。

工作任务 12　运营移动商务网站

任务导引

（1）搭建 Web 服务器，申请互联网接入。
（2）配置，发布网站。
（3）监控网站流量。
（4）使用 APP 网络营销、移动网站营销等方式推广网站。
（5）维护自建服务器，保障网站运行。

12.1　发布网站

12.1.1　自建 Web 服务器

因公司业务领域发生变化，基于增强公司网站管控能力，更好地满足各方面信息化建设的需要，科源公司决定购置服务器，设立专门的技术人员管理与维护服务器。

1. 服务器建设

按网站的开发技术要求，公司确定 Web 服务器的硬件如下：IBM 专用服务器、磁盘阵列、光纤接口、UPS 电源、硬件防火墙等。软件配置如下：Windows 2003 IIS 6+PHP 5+MySQL 5.0+Zend 环境。设立专门的技术人员值守服务器，保证 24h 不间断运行。

知识解说：

Web 服务器是在网络中为实现信息发布、资料查询、数据处理等诸多应用搭建基本平台的服务器。企业自建 Web 服务器需要企业自己购买硬件设备、安装相关软件并自行维护服务器。

1. 服务器的选购策略

1）权衡性价比

Web 服务器必须是专业服务器的配置，否则当连接过多时，会影响服务器响应效率，严重时甚至会导致服务器瘫痪，所以选择服务器应在性能和价格间找到平衡。Web 应用的不确定性决定了服务器要具有强大的性能，最好选择性能强大的服务器品牌。网站基本上都承载着多媒体信息，Web 服务器应在"多网卡优化"和"高速硬盘 I/O"两方面表现突出。

2）注重"支持并发用户能力"和"事件及时响应能力"

任何客户端都喜欢自己的请求发出后尽早得到响应，选择服务器时应关注服务器的事件及时响应能力。对于电子商务公司来说，服务器看重的是"支持并发用户能力"和"事情及时响应能力"。考虑到企业并发用户数的范围、峰值等业务，还应关注服务器的硬件配置、网络出口带宽等因素。

3）兼顾应用支持与安全性

公司选择服务器的时候还需要考虑应用支持与安全性。需要考虑的因素包括对各种网络语言的支持、网络通信协议的支持。Web 应用种类繁多，还可能出现一些特殊应用，如身份认证、流媒体传输、SSL 连接、脚本语言支持等。

Web 服务器在安全性方面同样要求很高，加强对 Web 服务器数据的保护、防止黑客攻击是需要仔细考虑的。最好选择有内置集成的存储保护系统，甚至可以选择联机热备份内存。

4）强大的管理能力是业务发展的保障

易于管理的 Web 服务器往往具有功能强大的管理软件、清晰易懂的图形用户界面、操作简单的应用程序、详细完善的向导系统、帮助文档等。体现 X86 服务器的优劣往往通过其厂商的管理软件水平来体现。

5）良好的技术支持是有利后盾

一旦 Web 服务器出现问题，如果不能及时得到厂商的有力支持，就会严重影响公司业务的正常运行，给企业造成不可估量的损失。因此在厂商售后技术支持方面需要特别重视。

2. 服务器的安装策略

1）安全思想先行

互联网是一个开放的体系，在安装和配置一个 Internet 服务器之前，首先要从思想上对安全工作有一个全局认识，至少应该考虑以下 3 个方面的内容。

（1）编制计划。保护 Internet 服务器安全需要详尽的计划，要仔细确定系统的功能和目标，最终成为安装的路标、排除故障的向导、服务器安装及网络边界情况的基础文档。如果需要安装计划编制方面的基础性方针资料，则可以参考 RFC 手册的 2196 项 "站点安全手册"，其地址为 http://www.faqs.org/rfcs/rfc2196.html。

（2）设计策略。除了确定服务器将执行哪些功能外，还需要确定谁能访问服务器、在服务器上存储什么数据以及在出现各种情况时应该采取哪些措施。这就是策略的制定。实际上，策略定义了一个组织的服务器与接受它的服务和数据的 Internet 公众之间的交互作用细节。真正安全的站点必须具有适当的策略。关于策略设计，请同样参考 RFC 手册的 2196 项 "站点安全手册"。

（3）访问控制。这是指对服务器的访问权，主要包括 3 类：一是物理访问控制，指实际接触和操作服务器控制台的能力；二是系统访问控制，确定哪些组或个人账号对系统拥有何种权限，如备份和恢复数据、向 Web 服务器发布文档、管理账户或组；三是网络访问控制，网络访问控制规定了内部网与 Internet 相互作用的权限。

不仅要考虑外部的入侵行为，还要设想内部有敌人攻击。为此，一般将服务器放于 DMZ（Demilitarized Zone）区域内。DMZ 是一个孤立的网络，可以把不信任的系统放在那里。

2）Windows 2003 操作系统的安全配置

操作系统安装完毕后，建议执行如下安全配置。

（1）限制使用迅雷软件进行恶意下载。

（2）在组策略中设置禁止写入系统临时文件，杜绝非法文件写入临时文件。

（3）禁止来自外网的非法 ping 攻击。

（4）禁止普通用户随意上网访问。

3）IIS 系统的安全配置信息

（1）关闭 NetBIOS 协议，对于一个 Internet 网站而言，配置网络协议时一定要关闭这个存在安全漏洞的协议。

（2）配置 TCP/IP 协议，除了确定网卡 IP 地址以及默认网关地址外，还需要单击"高级"按钮，选择"WINS"选项卡，设置"禁止 TCP/IP 上的 NetBIOS"，以阻止网卡向 Internet 发送和接收 NetBIOS 信息。

2. 申请互联网接入

科源公司从维持企业信誉的长远考虑，强调确保客户数据安全、准确传输。为此确定了 DDN 专线的互联网接入方式，并申请了多个 Internet 合法 IP 地址及域名，为今后进一步扩展 FTP、E-mail 等应用系统做好准备。

知识解说：

企业自建 Web 服务器不仅需要企业自己购买服务器、安装相关软件，还需要完成互联网的接入等工作。

1. 互联网接入方式

（1）电话线拨号接入（PSTN）。家庭用户接入互联网时普遍使用了窄带接入方式，即通过电话线，利用当地运营商提供的接入号码，拨号接入互联网，速率一般不超过 56kb/s。其特点是使用方便，只需有效的电话线及自带调制解调器即可完成接入。其缺点是速率低，无法实现一些高速率要求的网络服务，费用也较高（接入费用由电话通信费和网络使用费组成）。

（2）ISDN。它采用数字传输和数字交换技术，将电话、传真、数据、图像等多种业务综合在一个统一的数字网络中进行传输和处理。用户利用一条 ISDN 用户线路，可以在上网的同时拨打电话、收发传真，就像有两条电话线一样。它主要适合普通家庭用户使用。其缺点是速率仍然较低，无法实现一些高速率要求的网络服务；费用同样较高（接入费用由电话通信费和网络使用费组成）。

（3）ADSL 接入。在通过本地环路提供数字服务的技术中，最有效的类型之一是数字用户线（Digital Subscriber Line，DSL）技术，是目前运用最广泛的铜线接入方式。ADSL 可直接利用现有的电话线路，通过 ADSL 调制解调器后进行数字信息传输。其特点是速率稳定、带宽独享、语音数据不干扰等。它适用于家庭、个人等用户的大多数网络应用需求，满足一些宽带业务，如 IPTV、视频点播（VoD）、远程教学、可视电话、多媒体检索、LAN 互连、Internet 接入等。

（4）HFC。这是一种基于有线电视网络铜线资源的接入方式。它具有专线上网的连接特点，允许用户通过有线电视网高速接入互联网，适用于拥有有线电视网的家庭、个人或中小团体。其特点是速率较高，接入方式方便（通过有线电缆传输数据，不需要布线），可实现各类视频服务、高速下载等。其缺点是基于有线电视网络的架构是属于网络资源分享型的，当用户激增时，速率就会下降且不稳定，扩展性不够。

（5）光纤宽带接入。通过光纤接入到小区节点或楼道，再由网线连接到各个共享点上光纤。光纤（一般不超过 100m）提供一定区域的高速互连接入。其特点是速率高，抗干扰能力强，适用于家庭、个人或各类企事业团体，可以实现各类高速率的互联网应用（视频服务、高速数据传输、远程交互等），缺点是一次性布线成本较高。

（6）无源光网络（PON）。PON 技术是一种点对多点的光纤传输和接入技术，局端到用户端最大距离为 20km，接入系统总的传输容量为上行和下行各 155Mb/s、622Mb/s、1Gb/s，由各用户共享，每个用户使用的带宽可以 64kb/s 划分。其特点是接入速率高，可以实现各类高速率的互联网应用（视频服务、高速数据传输、远程交互等），缺点是一次性投入较大。

（7）无线网络。这是一种有线接入的延伸技术，使用无线射频(RF)技术越空收发数据，减少电线连接，因此无线网络系统既可达到建设计算机网络系统的目的，又可让设备自由安排和搬动。在公共开放的场所或者企业内部，无线网络一般会作为已存在有线网络的一个补充方式，装有无线网卡的计算机通过无线手段可方便地接入互联网。

目前，我国 3G 移动通信有 3 种技术标准，中国移动、中国电信和中国联通各使用自己的标准及专门的上网卡，网卡之间互不兼容。

（8）电力网接入。电力线通信技术是指利用电力线传输数据和媒体信号的一种通信方式，也称电力线载波。电力通信网的内部应用，包括电网监控与调度、远程抄表等。面向家庭上网的电力网接入，属于低压配电网通信。

2. 接入方式选择

选择何种接入方式取决于企业所处的环境以及企业对互联网接入的要求。但是在衡量各种选择利弊的时候，企业除了需要考虑现在价格高低、速度快慢等因素之外，还应该考虑未来。

3. 备案网站

域名已被现有客户熟知，网站改版时保留原有域名。因网站空间的变化，仍到工信部网站完成网站备案工作。

12.1.2 安装配置服务器

1. 安装 Windows 2003+IIS 6

安装完 Windows 2003 之后，安装内置组件 IIS 6.0，即可支持 Web 应用系统。对 IIS 进行必要的连接、安全、身份验证等配置，并与防火墙和路由器等配置紧密结合。

2. 安装 MySQL 5.0

安装 MySQL 5.0，注意以下安装要点。

（1）采用定制配置方式。

（2）设置 MySQL 运行模式为 Server Machine。

（3）设置 MySQL 服务器的默认字符集为 UTF-8。

（4）将 MySQL 服务器安装为一个服务。

安装 MySQL 之后，通过"MySQL –u root –p"命令测试其可用性。

准备 LibMySQL 动态链接库，将 MySQL 目录下的"bin\libMySQL.dll"文件复制到 C:\Windows\System32 中。

3. 安装 PHP 5

在"PHP"文件夹中将 php.ini-dist 重命名为 php.ini。打开 php.ini 文件，完成如下修改。

（1）找到 extension_dir = "./"，extension_dir 是存放扩展库(模块)的目录，即 PHP 用来寻找动态扩展模块的目录，将其改为 extension_dir = ".\ext"。

（2）找到 Windows Extensions，需要打开以下模块支持（去掉模块配置每行前面的";"）。

```
extension=php_mbstring.dll
extension=php_gd2.dll
extension=php_MySQL.dll
```

(3) 找到 disable_functions =，该指令接收一个用逗号分隔的函数名列表，以禁用特定的函数。将其修改如下。

```
disable_functions = phpinfo,passthru,exec,system,chroot,scandir,chgrp,
chown,shell_exec,proc_open,proc_get_status,ini_alter,ini_alter,
ini_restore,dl,pfsockopen,openlog,syslog,readlink,symlink,popepassthru,
stream_socket_server
```

(4) 找到 register_globals = Off ，将其修改为 register_globals = On。

保存 php.ini 文件，并将其复制到 C:\Windows 中。

4. 创建 PHP 站点

(1) 建立一个 IIS 站点，设置好对应的域名和端口，允许执行"读取"和"运行脚本"的权限。

(2) 设置站点属性，在站点属性对话框中，选择"主目录"选项卡，单击"配置"按钮，在弹出的"应用程序配置"对话框中，单击"添加"按钮，加入 PHP 的 ISAPI 支持，选择可执行文件为 PHP 目录下的 php5isapi.dll，扩展名为.php，限制动作为 GET、POST，如图 12-1 所示。单击"确定"按钮，并在"应用程序配置"对话框中查看扩展是否加载成功。

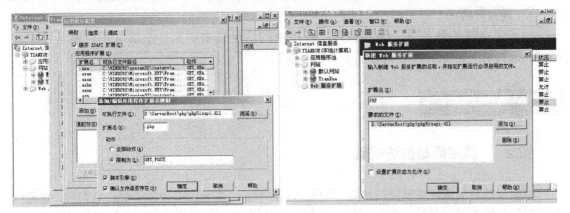

图 12-1 添加应用程序扩展映射　　　　图 12-2 添加 WEB 服务扩展

(3) 添加 Web 服务扩展，在"新建 Web 服务扩展"对话框中，"扩展名"为"PHP"，文件选择 PHP 中的 php5isapi.dll ，并设置该 PHP 扩展默认为允许，如图 12-2 所示。

(4) 测试 PHP 支持是否正常，重启 IIS 服务。在 wwwroot 目录中，新建一个 phpinfo.php 文件，内容如下。

```
<?php
phpinfo();
?>
```

打开 IE 浏览器，在地址栏中输入 http://127.0.0.1/phpinfo.php。 如果能够正常显示 PHP 支持信息，则表明配置整合是成功的。

4. 安装 Zend Optimizer

Zend Optimizer 用优化代码的方法来提高 PHP 的执行速度。安装时注意以下几点。

（1）在安装过程中提示 php.ini 的位置时，注意观察是否为 C:\Windows，如果不是，则必须手动指定为 C:\Windows。

（2）在安装过程中提示 IIS 网站根目录的位置，指定为 wwwroot 的实际地址。

Zend Optimizer 安装完成后会自动重启 IIS 服务，重启完成后需要再次打开 IE 浏览器，查看 phpinfo.php 的支持信息，观察是否包含了 Zend Optimizer 支持信息，如果没有，则说明 Zend Optimizer 没有安装成功。

（3）修改 php.ini 文件，将 phpinfo 函数加入到 disable_functions 中。

12.1.3 发布网站

1. 发布前的准备

（1）导入开发环境中的数据库，并清除测试数据。

（2）修改网站的配置参数，即修改网站中的 Connections/bbs_conn.php，即将

```
$username_bbs_conn = "root";
$password_bbs_conn = "123456";
```

这两行中的"root"和"123456"分别改为服务器上 MySQL 对应的用户名及密码。

2. 部署网站

由于是自建的服务器，因此将开发环境中网站目录中的文件全部复制到服务器上的 wwwroot 目录中即可完成发布。

12.2 网站推广

12.2.1 监控网站的访问量

监控网站访问量可以掌握网站运营和被访问的情况，甚至可以作为了解新老客户、挖掘潜在客户及分析访问者来源、喜好、访问习惯等最有效的依据和参考凭证，从而调整网页内容及策略部署。

1. 企业网站的访问量

企业网站访问量指企业网站的流量，用来描述访问网站的用户数量以及用户所浏览的网页数量等指标；也指网站服务器所传送的数据量（字节数/千字节数）的多少。

2. 企业网站访问量的监控指标

网站所需监控的数据分为以下 4 类。

（1）网站流量指标：通常用于网站效果评价。其主要指标包括独立访问者数量、重复访问者数量、页面浏览数、每个访问者的页面浏览数、具体文件或页面的统计指标（如页面显示次数、文件下载次数等）。

（2）用户行为指标：主要反映用户找到网站的方式、网站停留时间、访问页面等。其主要

统计指标包括用户来源网站（或称为引导网站）、用户在网站的停留时间、用户所使用的搜索引擎及其关键词、不同时段的用户访问量等。

（3）用户浏览网站的方式：其主要指标有用户上网设备类型、用户浏览器的名称和版本、访问者计算机分辨率、用户所使用的操作系统名称和版本、用户所在地理区域分布状况等。

（4）可以适当地将竞争者网站的相关情况列入监控分析的范围之内。

3．企业网站访问量的监控分析

为了更好地执行访问量的监控工作必须确定明确的监控目标。评估不同时期的访问量是监控工作的重要一环。具体包括现时的访问量、近一月访问统计的数据、近一小时访问统计的数据、进入页面统计、浏览器使用统计、操作系统使用统计、最近访问者来路统计、综合排名等。

不同的数据可以反应不同的情况。

（1）通过月、周、日的访问量数据，可以清晰地看到访问量较大的具体时段，网站维护应避开这些时段。

（2）从最主要的进入页面统计数据可以知道访问者重点查看的页面，这些页面是优化维护的重点，也可以将它们的 meta 标签应用于可以增强访问者印象并能直接增加销售的网页；相反，不常访问的页面需要改进设计或删除。

（3）每个访问者的平均停留时间，可以得出网页是否能满足访问者的需求。

（4）通过从最近访问者来路统计的信息能够了解访问者的类型（新客户或老客户），从而检验网站宣传策略的效果。

4．流量查询网站

监控网站的访问量对于企业自身来说具有极大的实际意义，网站的访问量不是企业自己说了算的，要通过相关工具获取客观的访问量数据。目前查询网站访问量最具权威、最有公信力的是 Alexa 工具条，提供 Alexa 查询的网站有很多，如 http://www.123cha.com/、http://alexa.chinaz.com/、http://alexa.chinabreed.com/、http://cn.alexa.com。

登录以上网站，在对应的输入框中输入想要查询网站的网址，可以查出网站流量综合排名、到访量排名、每百万人中访问该站的人数、每百万被访问该站的网页数、页面访问量排名、平均每个访问者浏览的页面数等数据，还能查询综合排名走势、访问人数走势、页面浏览量走势、地区访问比例等，也能评估不同时期，如近一周、近一月、近三个月、近六个月访问统计的数据等。在以上网站还能查询搜索引擎收录数量、搜索引擎反向链接、域名信息、IP 地址及域名定位、关键词排名、网页关键词密度、PR 值等情况。

12.2.2 应用外部链接

在计算链接权重时，重点在外部链接，内部链接的影响较小。增加外部链接的方法有很多种。

（1）搜索引擎和分类目录登录。在对应网站上进行登录即可，常用的搜索引擎有 www.google.com、www.baidu.com，常用的分类目录网站有 www.hao123.com、www.265.com。

（2）交换链接。传统并有效的方法是请求与其他站点交换链接（也称互惠链接）。一般直接与网站主人联系，也可以通过电子邮件或其他方式请求友情链接。

（3）链接诱饵。通过内容或资源吸引外部导入链接，常用方法有软文、广告、共享软件（在线版、安装版）。

12.2.3　精准网络营销

精准网络营销是在精准定位的基础上，依托网络建立个性化的顾客沟通服务体系，实现企业可度量的低成本扩张。

1. APP 营销

在手机客户端拟提供科源网上商城 APP 下载，可以为客户提供量身定制的解决方案。从客户的实际情况出发为客户提供经济、适合的解决方案。APP 客户端的客户可以在线申请开办客户培训班以帮助客户掌握产品的操作、维护等方面的内容。

知识解说：

APP 营销是指通过手机等移动平台运行的应用程序来开展营销活动。APP 营销具有低成本、高持续性、促销售、信息全面、随时服务、跨时空性等特点。

2. 移动网站营销

（1）手机短信推广。定期将活动信息以彩信的形式发送到客户手机。

（2）手机邮件推广。客户注册邮箱会不定期收到宣传信息和推广服务说明。每推出一款新的服务，就给每个客户发送一份宣传邮件，和客户保持联系。不定期发送相关数码产品发展动向的最新报告引导客户登录网站，以增加客户黏度。

（3）微博、微信营销推广。使用微博将公司的最新产品进行简单介绍。通过微信以二维码的形式发送优惠信息。

12.2.4　"病毒"营销

通过给用户提供更好的资源和服务，促使顾客通过口头传递、短信互传、E-mail 发送等方式，更快速和高效地完成网站推广。

知识解说：

病毒营销就是通过用户的口碑宣传网络，信息像病毒一样传播和扩散，利用快速复制的方式传向数以千计、数以百万计的受众。也就是说，通过提供有价值的产品或服务，"让大家告诉大家"，通过别人为自己宣传，实现"营销杠杆"的作用。"病毒"营销已经成为网络营销中最为独特的手段，被越来越多的商家和网站成功利用。

12.2.5　应用线下商业推广

（1）赞助行业的主题活动。加入到省市及全国的行业协会或行业商务网站中，参与并组织大型主题商务活动，推行新的行业信息化解决方案，提高在行业中的知名度。

（2）和传统商业企业合作。科源可以参与传统商业企业的促销活动，在其产品包装、赠品、宣传单上都印上科源的标识或二维码便于用户识别和关注，或者将科源的一些产品（有限次数的软件使用、免费的信息咨询等）作为赠品在传统商业企业的促销活动中给顾客发放。通过这些方式来提高网站的访问量和关注度。

12.2.6 客户吸引与维护

（1）吸引新客户。由老客户介绍新客户，新客户接受服务可享受9折优惠。

（2）留住老客户。为老客户提供咨询、设计信息化解决方案及相关解决方案培训等免费服务。同时采取9.5折的销售策略防止客户流失。

（3）即时沟通。通过网络电话、传真和即时通信等沟通方式与客户随时沟通交流，询问公司产品的运作情况及对公司服务态度、售后服务等方面的反馈意见，善于倾听客户的意见并及时解决客户的问题，做到想客户所想，并随时跟踪客户，进行售前、售中、售后服务的访问调查。

12.3 网站维护

12.3.1 自建服务器维护

（1）定期检查服务器运行状态，及时排除服务器故障，及时升级服务器操作系统，定期测试网站连接速度以提高访问流量。

（2）每天定期检查网站的运行情况，当更新网站时也要检查网站的运行情况。

（3）安全管理，定期对服务器进行查、杀毒工作，检查防火墙、路由器设置，查看网站与数据库连接代码漏洞，避免出现软件接口错误。

（4）每周对网站中的所有文件进行一次备份，每天对数据库文件进行备份。

（5）每周两次登录系统，检查服务器的安全、性能并将检查结果登记在册。业务应用程序应在通过检查后安装；禁止空口令、弱口令、未修复漏洞的服务器接入网络；服务器口令只能由有权限访问的人员掌握；禁止在网吧等公共环境登录服务器。

经验分享：

下面介绍怎样处理各类故障。

1）系统服务器

系统服务器故障是指服务器出现网络故障或意外停机，故障表现为连接网站时无法进入界面。检测办法是选择"开始"→"运行"命令，在弹出的"运行"对话框中输入"ping ×××.×××.×××.×××"（目标网站的 IP 地址），然后单击"确定"按钮，检测服务器能否联网。

2）Web 服务器故障

检测系统服务器正常，但网站不能打开，则可能是 Web 服务器出现了故障。检测 Web 服务是否停止、暂停或有其他故障。

3）页面故障

只是个别网页无法打开，大多数页面能打开，则是页面故障。可能的原因是程序出错、文件不存在、删除或更名、链接地址错误等。

4）数据库故障

常见的数据库故障有 SQL 语句故障、用户进程故障、误操作故障。解决方案是定期进行数据库备份，发生故障后恢复数据库。

5）网站访问速度慢

网站访问速度慢主要表现在静态页面显示慢和数据库调用慢。主要原因如下：使用了大量占用资源的交互式程序，耗费太多资源，从而使得带宽不够而出现浏览困难；数据库设计不合理、未建立索引或索引数目不够，影响查询和检索数据功能的工作效率等。

6）网站登录困难

网站登录困难主要原因如下：DNS 解析问题；服务器的配置只支持一定用户数的请求连接，超过了连接数而无法登录。

12.3.2 域名和备案维护

1. 域名维护

域名注册机构提供了 DNS 解析服务，但功能和服务保障较为简单。为了保证域名正常运行，每周登录西部数码官网关注域名到期信息和注册邮件中的其他重要信息。

2. 备案维护

定期关注工信部网站，避免在其网站维护期间提交备案信息。定期查看工信部网站上本网站的备案状态。

12.3.3 网站内容的更新维护

（1）根据优化、推广等活动，及时制作网页并测试完成，更新网站。

（2）设计科源 APP 网上商城。

（3）维护好移动网站营销方式的信息：手机短信、手机邮件、微博、微信。

（3）各页面的关键字、描述、标题信息的维护。

（4）网站流量监控：监控总的 IP 流量值，监控访问量的关键字、时间、地理位置等，监控用户浏览总量、用户注册情况等，对数据进行分析以判断变化趋势。

12.3.4 网站安全

企业网站安全是集技术、管理、法规综合作用为一体的、长期的、复杂的系统工程，需采取多种技术和相关的管理措施，防止问题发生。

1. 病毒防治

增强防病毒观念，思想上要重视计算机病毒给计算机安全运行带来的危害；提高网络安全意识，来历不明的电子邮件不要轻易打开；及时观察和发现异常情况，避免病毒传染整个磁盘及相邻的计算机；部署病毒防火墙，对病毒进行有效阻隔。

2. 系统备份和恢复

突发性事件的发生、不可抗拒的自然现象或恶意的外来攻击都会给计算机系统带来无法预知的灾难。因此，必须建立系统备份与恢复，以便在灾难发生后确保计算机系统正常运行。

3. 脚本安全

互动网站大多有数据库，动态网页代码通过 SQL 语句对数据库进行管理，SQL 语句中的某些变量是通过用户提交的表单获取的，如果对表单提交的数据没有做好过滤，攻击者就可以构造特殊的代码提交给系统，造成 SQL 语句的异常执行，从而使攻击者获得额外的操作权限，危及系统安全。此外，攻击者还可通过上传文件来危害系统，如木马、病毒等。

 任务总结

【巩固训练】

将工作任务 11 巩固训练中制作完成的网站进行发布。具体要求如下。

（1）与教师一起参观学习学校网站服务器和管理校园内的多个网站，学习学校的多个网站与学校各系部、各部门的网站是如何建设、运行和维护的，完成《参观调查报告》。

（2）发布网站。

（3）策划移动端线上线下运营推广活动，形成文档。

（4）全班同学用各种移动设备互访网站，互相评价，互测兼容性。根据评价和测试结果，对网站进行修改、维护。

【任务拓展】

拓展 1：如何使用 IIS 建立多个站点？

拓展 2：IIS 属性中每个配置项的作用是什么？在不同的情形下该如何配置？

拓展 3：如何更好地分析与运用网站运营监控的数据？

拓展 4：如何收集整理、分析多种网络沟通方式获取的信息，使其成为领导决策的信息？

拓展 5：如何做好网站的安全和性能管理？

【任务考核】

（1）网站是否正确发布。

（2）《参观调查报告》是否清晰、有条理。

（3）网站推广动营活动是否有创意，是否可行。

（4）是否有对其他团队网站测试的反馈。

（5）是否根据其他团队对自己团队网站的反馈，进行了修改维护。

反侵权盗版声明

电子工业出版社依法对本作品享有专有出版权。任何未经权利人书面许可，复制、销售或通过信息网络传播本作品的行为；歪曲、篡改、剽窃本作品的行为，均违反《中华人民共和国著作权法》，其行为人应承担相应的民事责任和行政责任，构成犯罪的，将被依法追究刑事责任。

为了维护市场秩序，保护权利人的合法权益，我社将依法查处和打击侵权盗版的单位和个人。欢迎社会各界人士积极举报侵权盗版行为，本社将奖励举报有功人员，并保证举报人的信息不被泄露。

举报电话：（010）88254396；（010）88258888

传　　真：（010）88254397

E-mail：　dbqq@phei.com.cn

通信地址：北京市万寿路173信箱
　　　　　电子工业出版社总编办公室

邮　　编：100036